認識財務報表

Understanding Financial Statements, 7th Edition

台灣大學財務金融學系副教授　廖咸興 審訂

Lyn M. Fraser、Aileen Ormiston 著

王力宏、蕭莉蘭 譯

PEARSON
Education
Taiwan

台灣培生教育出版股份有限公司

審訂序

　　近幾年來國內外發生一連串金融失序事件，國外有名者諸如美國的安隆案、世通案；國內近者有博達案與訊碟案等地雷股事件。無論在學術或實務上，公司治理近來也成為一個熱門而重要的議題。公司治理主要的基礎在於企業資訊的公開透明，以期使得公司內部人與外部人的資訊能夠對稱。以國內為例，主管當局致力於建立獨立之外部董監事制度，加重簽證會計師責任，以及相關企業重大訊息公布制度等都是政策上努力創造資訊對稱的措施。企業資訊的揭露有多重管道，但是，最系統化且內容最豐富的公司資訊來源是公司定期發佈的財務報表。不過企業公布之財務報表，僅是依據繁雜的會計原則編製的制式報表，並不一定能滿足閱讀報表者的資訊需求。因此，如何由制式報表的內容正確解讀出所需的資訊，乃是增進企業資訊透明的重要方法之一。

　　要正確解讀出制式財務報表的內容所隱含的資訊，最直接的方法當然是從報表編製所依循的會計原理與原則入手。但是，會計學的教科書籍厚度動輒千頁以上，又分初會、中會等不同深度，進入門檻極高，即便是具商學院背景專業人士也不一定能完全掌握財務表報所透露的訊息。而以財務報表分析為名之專著，則常失之兩極化。一種極端是圍繞會計原理原則作詳盡討論，且其份量常不下於會計教科書，以致於也形成高度進入障礙；而另一種極端則是將財務報表分析過度的簡化為一些財務比率的分析，以致於流於膚淺，無法真正提供讀者解讀財務報表資訊內涵必要指導。

　　相對於前述兩極化的財務報表分析著作，本書的寫作是使採行「中庸」

之道。針對影響財務報表數字的權衡性會計處理方法做分析，卻不至於做過多的理論探討，以致讀者迷失繁複的理論論述中；也不至於過度簡化會計理論的演變探索，以致於讀者只知其然而不知其所以然。本書作者能在兩個極端中取得良好的平衡，實令人欽佩，這也是本書的一大特色。此一特色使得讀者閱讀本書的進入障礙相當低，只要有基本（初等會計）會計知識即可自行順利瞭解；而更基礎的讀者，只要有教師作適當的引導，也能吸收到本書大部分的精華。

　　本書另外有兩個優點特別值得一提。其一是本書的中譯版的翻譯文筆非常優雅流暢，閱讀起來有如原書以中文寫作一般，與一般翻譯之專業書籍文字生硬拗口的情形完全不同。另一優點為本書特別重視實務的操作性，除了舉美國實際公司為例子穿插於不同財務報表分析議題的討論外，也提供相關財務報表資訊的網路資源，使讀者能夠自行取得財務報表資訊並依據本書例舉之分析方法自己動手進行分析。而每章尾所附的測驗題與研究題，特別適合以本書做為教科書之讀者作為自我複習以及增進學習深度之用。

　　總之，這本以財務報表分析為主題的好書，對於僅具備基礎會計知識卻想一窺財務報表分析堂奧的讀者是非常有用的入門書，也非常適合作為第一門財務報表分析課程之教科書。個人深信社會上唯有更多的人士能夠進入財務報表分析的領域，公司治理所宣示的企業資訊透明的境界就離我們更近。而者本書應該可以算是引領進入財務報表分析大門眾多鑰匙的其中一把！

廖咸興

台灣大學財務金融系副教授

前言

第七版內容架構

第 1 章為整體財務報表的總覽，並針對財務報表使用者可能會遇到的挑戰、困難與盲點提供適當的解決方法：(1)資訊量，舉例說明某些領域會遇到的問題，例如審計報告、管理階層討論與分析，以及管理階層提供給分析者一些無用的資料等；(2)編制與揭露財務報表所依據會計原則的複雜性；(3)財務報告品質的多元性，包括在某些會影響分析的重要項目上，管理階層的自主性問題；(4)傳統財務報表中遺漏或難以查覺的財務資訊的重要性。

第 2 章至第 5 章敘述並分析了一家虛構但卻具有真實代表性的休閒設備與服裝公司（R.E.C.公司）的財務報表。該公司在美國西南部透過零售店銷售休閒產品。公司的詳細資訊有助於說明如何透過財務報表分析以深入瞭解一家公司的優勢與弱勢。本書所介紹的原理與概念可以適用於任何公開發佈的財務報表（不包括特殊行業，例如金融機構或公營單位）。

由於一家公司不可能涵蓋所有在使用財務報表時會遇到的項目與問題，因此，文中在必要的時候，還會加入其他公司的例子，以說明重要的會計原則與分析問題。

第 2 至 4 章詳細討論財務報表的基本原理：第 2 章介紹資產負債表；第 3 章說明損益表（包括對盈餘品質的評估）與股東權益表；第 4 章則是現金流量表。這幾章的重點在於介紹如何得到財務報表中的資料，以及財務報表中傳達了哪些有關企業狀況以及業績的資訊。

有了以上內容作為分析的基礎，第 5 章則針對第 2 至 4 章所介紹財務報表進行說明與分析，包括計算與闡釋財務比率、一段時間的趨勢觀察、公司

財務狀況的比較分析以及相較於同業競爭者的績效表現，還有依據公司過去歷史紀錄所做出的未來潛力評估。除此之外，其他能夠促進分析過程的資訊來源，第 5 章也都有加以說明。

讀者可以透過第 1 章至第 5 章節後段的自我評量，評估自己對章節中重要內容的理解程度（或是有否遺漏）。自我評量的答案可參見附錄 D。在每個章節最後還有問題與討論，可當作進一步討論的學生作業。而取自於實際公司年報的案例，則是以案例的方式突顯每一章節所要討論的核心問題。

附錄 A 探討並說明關於財務報告品質及相關問題。附錄 A 中逐項列出重要項目，而且每個項目都有例子說明，幫助分析者評估報告的品質。

附錄 B 說明經營多種不相關業務的多角化經營公司，應該如何評估各單位的會計資料。

附錄 C 整理出第 5 章中用於評價財務報表的關鍵財務比率的定義與計算方法。

附錄 D 為第 1 至 5 章自我評量的答案。

書末還附有本書重要專有名詞的中英文索引。

本書的最終目標是幫助讀者解讀財務報表中的資料以提高執行決策的判斷能力。希望各章節與附錄中所介紹的內容能夠幫助每位讀者在接觸財務報表時更具信心，並對公司過去、現在與未來的財務狀況與業績表現有更深入的瞭解。

琳·斐瑟 (Lyn M. Fraser)

艾琳·奧明斯特 (Aileen Ormiston)

第七版的特性與用途

本書特性

在第七版修正的內容中，我們特別著重來自各界的建議，這些建議包括有採用本書為教科書的教師、使用本書為主要或輔助參考資料的學生，以及閱讀本書的其他讀者等。本書主要目的在於提供讀者有關瞭解與解釋商業上財務報表必須使用到的分析工具與企業背景的觀念介紹。過去幾個版本的讀者與審核者認為本書的優點在於其可讀性、精簡的內容與易讀性，這些特性在第七版中我們都將完整保留。

第七版涵蓋了許多在會計報告與準則上新的要求與變化，包括的項目有：

- 在所有章節中舉出新的例子以說明會計觀念與目前的會計準則。
- 第 1 章舉出近幾年發生的會計作假實例，該章節的內容經過重新整理，以更清楚地說明年報與 10K 表中常見的各種資訊類型。
- 關於共同比資產負債表將於第 2 章資產負債中說明，共同比損益表則於第 3 章損益表與股東權益表中進行說明。
- 我們重新編寫第 4 章以強調編製現金流量表時所採用的間接法，直接法則擺在該章節的補充資料中說明。第七版特別增加現金流量表分析的部分。
- 第 5 章的內容經過重新整理，增加了一套評估企業效率的比率與數個新的比率以取代前幾個版本的內容。
- 五個章節中的自我評量及問題與討論都已經更新過。
- 附錄 A 經過重新編寫，以說明更多關於盈餘與財報品質的議題，除了更新盈餘品質的一覽表，還增加了兩個單元以討論損益表與現金流量

7

表的財務報表品質。

- 附錄 A 與附錄 B 皆增加了問題與討論的部分。

- 寫作技巧題、網路習題與英代爾習題都還保留在新的版本中。英特爾習題讓學生透過文章的內容，分析一家實體的科技公司。關於英特爾習題與其他的網路習題，皆可以在 Prentice Hall 的網站上 www.pren-hall.com/fraser 取得。

- 每個章節末的所有案例皆採用全球實體公司最相關、最新的資訊內容。

- 各章節中的附註說明了資料來源，可當作教師提供學生書單的參考。

- 第七版保留了先前幾個版本中讀者認為很有用的內容，例如分析分部資料的附錄、各章節末的自我評量、習題解答、問題與討論、專有名詞索引。

本書適用對象及其用途

《財務報表》旨在提供廣泛讀者群與多種用途包括：

1. 財務報表分析課程的教材或輔助教材。

2. 涉及財務報表分析內容的會計、財務和企業管理課程的輔助教材。

3. 短期在職教育與主管培訓計畫中財務報表的學習教材。

4. 銀行信貸分析培訓計畫中的自我學習指南或課程內容。

5. 依據財務報表分析來進行決策判斷的投資人或其他人的參考書。

我們希望讀者能繼續認為《理解財務報表》是一本易懂、有關聯性、而且非常有用的書。

琳‧斐瑟 (Lyn M. Fraser)

艾琳‧奧明斯特 (Aileen Ormiston)

目次

第 3 章　損益表和股東權益表　133

第 4 章　現金流量表　177

第5章　財務報表分析　227

Chapter 1 財務報表總覽

公司財務報表中的數字精確到美元甚至美分，因此總是顯得確鑿無誤。在安隆(Enron)事件發生後，監管單位和投資者才發現這些數字常常是令人不可信賴的。

——《華爾街日報》記者　肯‧布朗 Ken Brown
摘自「創造性會計：如何吹捧一家公司」，2002 年 2 月 21 日

1.1 是地圖，還是迷宮？

地圖(Map)主要的目標是透過清楚的指示來幫助使用者到達他想去的目的地。相反地，迷宮(Maz)則是故意加入各種相互衝突的複雜情況，以阻止使用者達到目標，進而讓他迷惑不解。企業的財務報表既有可能成為地圖，也有可能變成一個迷宮。

若是地圖，財務報表是理解企業的財務狀況、評價其歷史和未來財務業績的準則。財務報表能夠清楚地說明一個公司的財務健康狀況，為制定商業決策提供有用資訊。

很可惜的是，財務報表資料中也存在著迷宮般的干擾因素，使得欲理解一些有用的資訊卻受到阻礙。財務報表中包含極為豐富的資訊內容卻讓人望而生畏。獨立審計師們驗證財務報表的公正性，但是由於會計公司出具無保留意見查核報告的公司有的後來倒閉了，結果引發了許多訴訟，而且會計公司也得到敗訴。編制會計報表所依據的會計準則相當複雜，導致所提供資訊

在品質上並不穩定,除此之外,會計原則不斷地在演變也是原因之一。在許多領域上,管理當局會權衡性地以各種方式影響甚至阻礙公司的評價,進而影響財務報表的內容與揭露方式。因此,用來評估公司所需的某些關鍵資訊在財務報表上常看不到,有的資訊則是很難找到,還有很多資訊更是難以去評估衡量。

圖1-1　資訊的迷宮

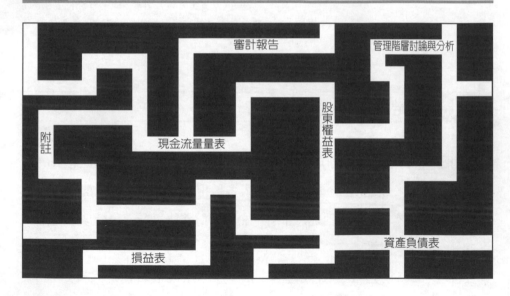

　　本書的主要目的之一是使財務報表能夠發揮地圖的作用,而不是讓它們變成迷宮;並盡可能透過它們來清楚地判斷出企業的財務健康狀況,以便對該公司做出明智的商業決策。

　　本書將介紹如何閱讀和評價企業的財務報表,作者並且試圖以簡單明瞭的方式來說明內容,讓無論是何種背景的讀者或是以何種角度評價財報時都駕輕就熟。本書可供希望瞭解更多財務報表內容及其解釋的人士使用,無論

目的是對某家公司進行投資或執行信貸評核，還是為了當前或未來就業而評估一家公司，亦或是欲在目前任職的企業獲得職務升遷，甚至是為了通過考試或一門課程等，皆可利用本書。

讀者看到的內容將不會是枯燥地闡述財務資料和會計原則。我們將超越數字、會計準則和稅法所能闡述的內容，透過範例、圖示以及說明來評價公司的業績表現情形。本書各章節以及附錄更進一步說明欲從財務報表內容中獲得既實際又有用資訊的方式。雖然本書中的範例是依據公司財務報表，但對於採用公認會計準則的中小企業而言，同樣適用文中所討論的方法。

整本書的重點都是擺在**分析**(analysis)。我們將把財務報表分成若干部分來個別學習，進而才能更清楚地理解整體的內容，讓財報成為執行重要決策的地圖。

有用性

財務報表及其附註包含關於公司財務狀況、經營成果、管理政策和經營策略以及未來業績預測等許多有用資訊。財務報表使用者的目的就是尋找並解釋這些資訊，以回答關於一家公司的種種問題，例如：

- 投資是否能產生具吸引力的報酬？
- 投資的風險程度有多高？
- 目前持有的投資是否應該變更？
- 現金流量是否足夠償還利息和本金，以支應該公司的融資需求？
- 該公司是否為就業、未來發展和員工福利提供了良好機會？
- 該公司在其經營環境中的競爭力為何？
- 該公司是否能成為一個好客戶？

財務報表以及由財務報告中得出的其他資料能夠幫助使用者回答許多諸如此類的問題。本章的其他部分將提供有效利用公司年報資訊的各種方法。本書中的年報是指針對主要股東與一般投資大眾所發佈的資訊。證券交易委員會(SEC)要求大型上市公司每年提交內容更為詳細的10-K報告，通常被監管單位、分析師和研究員所使用。兩個文件的基本財務報表和補充資料是相同的，本書所闡釋的正是基本的資訊──財務報表、附註以及要求的補充資料。

1.2 資訊量

使用公司年報時常會遇到所需要的資料內容被包含在龐大的資訊當中──財務報表、財務報表附註、審計報告、關鍵財務資料的5年期摘要報告、最高與最低股價以及管理階層對營運的討論與分析，而管理階層自主權的內容也囊括在報告中的內容中。為了讓使用者瞭解如何穿越這片資訊海洋，本書有必要介紹關於會計規則制定的環境背景。財務報表是根據公認會計準則(GAAP)編制的。採用這些準則是為讓使用者能理解內容並作為制定決策可靠的依據。為了達到這些目標所公佈的會計規則相當複雜，而且有時還會讓人為迷惑不解。在美國，建立公認會計準則主要由兩個機構負責分別是證券交易委員會（公共部門機構）和財務會計準則委員會（私人部門機構）。

證券交易委員會(SEC)監管公開發行證券的美國公司，並要求在發行任何新證券時出具說明書。SEC還要求定期提交：

- 年報（10-K表）；
- 季報（10-Q表）；

依具體情況而定的其他報表，例如更換審計師、破產或其他重要事項（都要提交 8-K 報告）。

SEC 擁有國會授權來制定會計政策，並且發佈了稱爲會計系列公告和財務報告規則的各種規定。不過，在大多數情況下，制定會計規則的權力已隸屬於財務會計準則委員會。

財務會計準則委員會(FASB)由七名領薪的全職成員所組成。委員會發佈財務會計準則公告與解釋時，通常要經過下列幾項長期的準備過程：

1. 把專題或項目提交到 FASB 的議事行程中。

2. 對問題進行研究與分析。

3. 發佈討論備忘錄。

4. 公聽會。

5. 委員會分析和評估。

6. 對外公佈草案。

7. 大眾評論階段。

8. 考察大眾反應，進行修改。

9. 公佈財務會計準則公告。

10. 需要時進行修正與解釋。

近年來，SEC 與 FASB 共同致力於會計政策的發展工作，其中 SEC 主要擔負起支援的角色。但是，有些時候 SEC 也會向 FASB 施加壓力，迫使其發佈某些會計準則或更改一些政策（通貨膨脹會計，石油與天然氣會計）。FASB 當前的壓力主要來自私人單位，而且近年來也倍受爭議。例如，FASB 提議要求公司從利潤中扣除以股票選擇權形式發放給經理人員的報酬，如此可能會降低利潤，因此受到受到企業界猛烈抨擊。FASB 最初在 1984 年開始討論這一項問題，但由於受到企業界甚至於政府的干預，直到 1995 年仍未

解決。企業界的遊說團體獲得了國會的支持，成功地讓 FASB 在這一項議題上妥協（註1）。結果，財務會計準則第 123 號公告「**股票基礎獎酬會計 (Accounting for Stock-Based Compensation)**」，只要求公司在財務報表的附註中揭露新進員工股票選擇權依其發放日的公平價值估算對利潤所產生的影響。由於基於股票酬勞的爭議，使得 SEC 更加密切地關注 FASB 的準則制定過程。 1996 年當時， SEC 就因 FASB 的準則制定過程過於緩慢的情況對外界發表了自己的看法，然而，對於企業經理們所提出的私人單位應該在制定過程中佔有更大影響力的建議卻遭到 SEC 的回絕。 SEC 宣稱要保持 FASB 的有效性和獨立性（註2）。最近出現的安隆和世通等公司醜聞，使得 FASB 在制定會計規則時所面臨的挑戰與壓力等問題再一次為大眾所矚目。不僅是對股票選擇權的會計方法再度受到爭議，而且還涉及其他會計問題，例如將審計師、分析師、投資銀行和政治家牽扯其中的資產負債表外融資和利益衝突

圖 1-2　FASB/SEC 關係圖

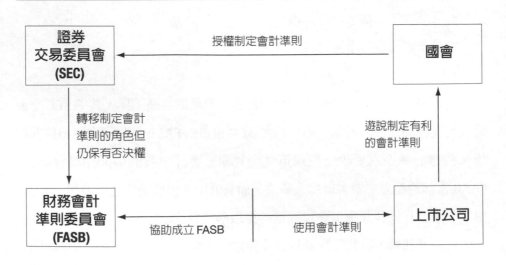

問題。直到本書印刷時，已經有許多針對解決這個危機所提出的建議，但是到目前仍不清楚會計準則的制定過程會做出怎樣的修正。毫無疑問地是 SEC 將在未來更積極地參與 FASB 的活動與會計規則的制定過程。

到哪裡查看公司的財務報表

公司的財務報表可以透過許多來源得到。首先，所有上市公司必須每年向 SEC 提交 10-K 表。 SEC 強制規定文件中的資料內容，要求所有公司統一的內容，並使用相同的順序揭露。圖 1-3 為 10-K 表中必要項目的範例。提交予 SEC 的文件通常可以透過 SEC 的網站 www.sec.gov 上的電子資料收集、分析或搜尋(EDGAR)資料庫中查到。部分公司會向股東寄送公司的 10-K 表，

圖 1-3 10-K 表的組成內容

項目	主題
項目 1	業務
項目 2	產權
項目 3	訴訟中案件
項目 4	由證券持有者投票決定的事項
項目 5	註冊公司的普通股市場及相關股東事宜
項目 6	選定財務資料
項目 7	管理階層對財務狀況和經營成果的討論與分析
項目 7A	關於市場風險的定量和定性揭露
項目 8	財務報表和補充資料
項目 9	對會計和財務揭露的變更和不同意見
項目 10	註冊公司的董事和經理人員
項目 11	經理人員的酬勞
項目 12	特定受益人和管理階層的證券持有情況以及相關股東事項
項目 13	特定關係和關聯的交易
項目 14	8-K 表上的圖示、財務報表日程和報告主題

而不是編制單獨的年報。其他一些公司會向股東和潛在投資者發放精心編制的年報，裏面包括財務報表以及其他的公關資料。而現在大多數公司都會在自己的網站上提供年報（或提供連結至EDGAR資料庫）。

財務報表

公司年報包含四種基本的財務報表，如R.E.C.公司的表1-1所示。

1. **資產負債表**(balance sheet)：說明公司在某一特定日期，例如季末或年終的財務狀況——資產、負債以及股東權益。

2. **損益表**(income or earnings statement)：揭露會計期間的經營成果——收入、費用、淨損益以及每股淨損益。

3. **股東權益表**(statement of stockholders)：將出現在資產負債表中的所有股東權益項目的期初和期末餘額進行調整。有些公司通常與損益表一起編制保留盈餘表，可以顯示保留盈餘項目的期初和與期末餘額。採用後者的公司通常會在附註中提供股東權益表。

4. **現金流量表**(statement of cash flows)：反映了會計期間經由經營活動、融資活動和投資活動而產生的現金流入量和現金流出量。

在本書後面的章節中將對上述的報表分別進行詳細的說明、描述和討論。

表 1-1	R.E.C.公司合併資產負債表（截至日為12月31日）		單位：千美元
		2004年	**2003年**
資產			
流動資產			
現金		$ 4,061	$ 2,382
有價證券（附註A）		5,272	8,004
應收帳款，2004年和2003年分別減去448000美元和			
417000美元的壞帳準備		8,960	8,350
存貨（附註A）		47,041	36,769
預付費用		512	759
流動資產合計		65,846	56,264
土地、工廠和設備（附註A、C和E）			
土地		811	811
建築和租賃改良		18,273	11,928
設備		21,523	13,768
		40,607	26,507
減：累積折舊和攤銷		11,528	7,530
土地、工廠和設備淨值		29,079	18,977
其他資產		373	668
總資產		$95,298	$75,909
負債和股東權益			
流動負債			
應付帳款		$14,294	$ 7,591
應付票據──銀行（附註B）		5,614	6,012
長期負債在未來1年內到期的部分（附註C）		1,884	1,516
應計負債		5,669	5,313
流動負債合計		27,461	20,432
遞延聯邦所得稅款（附註A和D）		843	635
長期負債（附註C）		21,059	16,975
承諾（附註E）			
總負債		49,363	38,042
股東權益			
普通股，面值1美元，核准1000萬股，2004年發行在外的			
有4803000股，2003年發行在外的有4594000股（附註F）		4,803	4,594
額外實收資本		957	910
保留盈餘		40,175	32,363
股東權益合計		45,935	37,867
總負債和股東權益		$95,298	$75,909

相對應的附註不可與報表分開表述。

表1-1 R.E.C.公司合併損益表

（2004年度2003年度和2002年度，截至日為12月31日）

	2004年	2003年	2002年
銷售收入淨額	$215,600	$153,000	$140,700
銷貨成本（附註A）	129,364	91,879	81,606
銷售毛利	86,236	61,121	59,094
銷管費用（附註A和E）	45,722	33,493	32,765
廣告	14,258	10,792	9,541
折舊和攤銷（附註A）	3,998	2,984	2,501
修理和維護	3,015	2,046	3,031
營業利潤	19,243	11,806	11,256
其他收入（費用）			
利息收入	422	838	738
利息費用	（2,585）	（2,277）	（12,74）
稅前盈餘	17,080	10,367	10,720
所得稅費用（附註A和D）	7,686	4,457	4,824
本期淨利	$ 9,394	$ 5,910	$ 5,896
簡單每股盈餘（附註G）	$ 1.96	$ 1.29	$ 1.33
完全稀釋後每股盈餘（附註G）	$ 1.93	$ 1.26	$ 1.31

相對應的附註不可與報表分開表述。

表1-1 R.E.C.公司合併股東權益表

（2004年度、2003年度和2002年度，截至日為12月31日）

普通股	股數	面值	額外實收資本	保留盈餘	合計
2001年12月31日的餘額	4,340	$4,340	$857	$24,260	29,457
淨利				5,896	5,896
行使股票選擇權所帶來的賣出股票收入	103	103	21		124
現金股利				（1,841）	（1,841）
2002年12月31日的餘額	4,443	$4,443	$878	$28,315	$33,636
淨利				5,910	5,910
行使股票選擇權所帶來的賣出股票收入	151	151	32	183	
現金股利				（1,862）	（1,862）
2003年12月31日的餘額	4,594	$4,594	$910	$32,363	$37,867
淨利				9,394	9,394
行使股票選擇權所帶來的賣出股票收入	209	209	47		256
現金股利				（1,582）	（1,582）
2004年12月31日的餘額	4,803	$4,803	$957	$40,175	$45,935

單位為千美元

表 1-1	**R.E.C.公司合併現金流量表** (2004 年度、2003 年度和 2002 年度,截至日為 12 月 31 日)		
	2004 年	**2003 年**	**2002 年**
來自經營活動的現金流量——間接法			
淨利	$ 9,394	$ 5,910	$ 5,896
將淨利調整為經營活動所提供(使用)的現金			
折舊和攤銷	3,998	2,984	2,501
遞延所得稅款	208	136	118
流動資產和負債所提供(使用)的現金			
應收帳款	(610)	(3,339)	(448)
存貨	(10,272)	(7,006)	(2,331)
預付費用	247	295	(82)
應付帳款	6,703	(1,051)	902
應計負債	356	(1,696)	(927)
經營活動所提供(使用)的淨現金	$ 10,024	($ 3,767)	$ 5,629
來自投資活動的現金流量			
固定資產的增加額	(14,100)	(4,773)	(3,982)
其他投資活動	295	0	0
投資活動所提供(使用)的淨現金	($ 13,805)	($ 4,773)	($ 3,982)
來自融資活動的現金流量			
普通股出售	256	183	124
短期借款(包括長期負債在 1 年內到期的部分)			
的增加(減少)	(30)	1,854	1,326
長期借款的增加額	5,600	7,882	629
長期借款的減少額	(1,516)	(1,593)	(127)
已付股利		(1,841)	
融資活動所提供(使用)的淨現金	$ 2,728	$ 6,464	$ 111
現金和有價證券的增加額(減少額)	($ 1,053)	($ 2,076)	$ 1,758
年初的現金和有價證券	10,386	12,462	10,704
年終的現金和有價證券	9,333	10,386	12,462
補充現金流量資訊			
用於支付利息的現金	$ 2,585	$ 2,277	$ 1,274
用於支付稅款的現金	$ 7,478	$ 4,321	$ 4,706

相對應的附註不可與報表分開表述。

財務報表附註

在四種財務報表之後的部分是財務報表附註（表 1-2）。財務報表相對應的附註不可與報表分開表述，若要理解各財務報表內的內容，就必須詳閱其內容。

財務報表的附註 1 提供了公司會計政策的摘要項目。如果在報告期間會計政策有任何變更，就應該在財務報表附註中進行解釋，並對所造成的影響給予量化。財務報表附註的其他內容則是對特定項目做了詳細說明，例如：存貨；土地、工廠和設備；投資；長期負債；權益項目。

附註中還包括下述資訊：

- 在會計期間所發生的任何重大購併或撤資行為；
- 管理階層和員工退休、退休金和股票選擇權計畫；
- 租賃安排；
- 債務的條款、成本和期限；
- 具爭議的法律訴訟；
- 所得稅；
- 或有事項和承諾；
- 季度營運結果；
- 營運分部

會計政策的政府和會計當局，主要是證券交易委員會(SEC)和財務會計準則委員會(FASB)，也要求公司提供某些補充資訊。例如，在石油、天然氣或是其他探勘行業的公司，皆要對相關礦藏儲存量進行補充揭露。在國外有營運的公司必要說明外幣交易的影響。如果公司有不同業務種類，每個可提供報告的分部單位的財務資訊都應該在附註中說明（在附錄 B 中討論了對分部資料的分析）。

表 1-2　R.E.C.公司合併財務報表附註

附註 A ——重要會計政策概述

R.E.C.公司是一家娛樂設備和服飾零售公司。

- **合併**：合併財務報表包括本公司及其獨資子公司的會計項目和交易。本公司對其子公司的投資採用權益法記帳。所有公司內部重要交易在合併報表中都已抵銷。

- **有價證券**：有價證券由短期的附息證券組成。

- **存貨**：存貨以成本與市價孰低法列示，其中成本採用後進先出法(LIFO)計算。如果在存貨會計中採用了先進先出法，則存貨價值將比 2004 年 12 月 31 日和 2003 年 12 月 31 日報告的資料分別高出 2681000 美元和 2096000 美元。

- **折舊和攤銷**：土地、工廠和設備按成本列示。折舊費用主要按直線法計算，估計的使用年限為：設備 3 至 10 年，租賃改良工程 3 至 30 年，建築物 40 年。租賃改良工程的估計使用年限為自改良工程完成後租約的剩餘有效期限。

- **新店費用**：與新店開張有關的費用在發生時計入費用。

- **其他資產**：其他資產指不用於企業經營的房地產投資。

附註 B ——短期負債

公司擁有 1000 萬美元的銀行信用額度。對任何尚未償還餘額，按基礎利率加 1% 計息。 2006 年 3 月 31 日的任何餘額將轉換成應付短期票券，在 5 年內按季度分期攤還。

附註 C ——長期負債

各年年終的長期負債如下（單位：美元）：

	2004 年	2003 年
● 以土地和建築（成本約為 7,854,000 美元）為抵押的抵押券，每月的分期付款總額為 30,500 美元，按年率 8 3/4% ～ 10 1/2% 計息，15 至 25 年內到期。	$ 3,808,000	$ 4,174,000
● 2010 年 12 月到期的無擔保票券，每季度的分期付款額為 100,000 美元，按年率 8 1/2% 計息。	4,800,000	5,200,000
● 以設備（成本約為 9,453,000 美元）為擔保的票券，每半年的分期付款額為 375,000 美元，按年率 13% 計息，2012 年 1 月到期。	6,000,000	6,750,000
● 無擔保票券，分 2006 年、 2007 年和 2008 年三次各償還 789,000 美元，每年按 9 1/4% 計息。	2,367,000	2,367,000
● 以設備（成本約為 8,546,000 美元）為擔保的票券，每年的分期付款額為 373,000 美元，按年率 12 1/2% 計息，2014 年 6 月到期。	5,968,000	一
	22,943,000	18,491,000
減：在未來 1 年內到期的部分	1,884,000	1,516,000
	$21,059,000	$16,975,000

續表 1-2

以下 5 年中長期負債在未來 1 年內到期的部分分別為：

2005 年 12 月 31 日	$2,678,000 美元
2006 年 12 月 31 日	2,678,000 美元
2007 年 12 月 31 日	2,678,000 美元
2008 年 12 月 31 日	1,884,000 美元
2009 年 12 月 31 日	1,884,000 美元

附註 D —— 所得稅

按聯邦法定稅率計算的所得稅費用與按本公司的有效稅率計算的所得稅費用分別列示如下（單位：美元）：

	2004 年		2003 年		2002 年	
按法定稅率得出的聯邦所得稅	$7,859,000	46%	$4,769,000	46%	$4,931,000	6%
增加額（減少額）						
州所得稅	489,000	3	381,000	4	344,000	3
抵稅額	(465,000)	(3)	(429,000)	(4)	(228,000)	(2)
其他項目淨額	(197,000)	(1)	(264,000)	(3)	(223000)	(2)
所得稅費用報告額	$7,686,000	45%	$4,457,000	43%	$4,824,000	45%

遞延所得稅款反映了以財務報告為目的的資產與負債的帳面金額與以計稅目的所採用的金額之間的暫時性差異所導致的稅收淨效應。

本公司在財政年度終結時遞延稅款資產和負債的主要組成部分如下所示（單位：美元）：

	2004 年	2003 年	2002 年
計稅時折舊額超出帳面折舊額部分	$628,000	$430,000	$306,000
分期銷售造成的暫時性差異	215,000	205,000	112,000
合計	$843,000	$635,000	$418,000

附註 E —— 承諾

本公司營運中所用的某些設施是根據不可撤銷的經營租賃協議而來。某些協議包含購買該財產的選擇權，某些協議包含續租選擇權，並在續租期內提高租金。租賃費用在 2004 年為 13,058,000 美元，在 2003 年為 7,111,000 美元，在 2002 年為 7,267,000 美元。

至 2004 年 12 月 31 日止，最低年度租賃承諾費用如下所示：

續表 1-2

2005 年	$14,561,000 美元
2006 年	14,082,000 美元
2007 年	13,673,000 美元
2008 年	13,450,000 美元
2009 年	13,003,000 美元
之後	107,250,000 美元
	$176,019,000 美元

附註 F——普通股

本公司編製了股票選擇權計畫,規定可授與選擇權價格不低於選擇權授與日股票市價的 100% 的股票選擇權給公司重要員工。至 2004 年 12 月 31 日止,本公司有 75,640 股股票屬於選擇權(2003 年為 96,450 股)。所有選擇權在授與日之後 5 年內到期。

附註 G——每股盈餘

每股簡單盈餘由各個期間的淨利除以該期間流通在外的普通股加權平均股數計算而來。稀釋後每股盈餘由淨利除以該期間股票選擇權實施後的普通股加權平均股數計算所得出。 2004 年、 2003 年和 2002 年的每股基本盈餘和稀釋後每股盈餘計算如下所示:

	2004 年			2003 年			2002 年		
	淨利	加權平均股數	每股金額	淨利	加權平均股數	每股金額	淨利	加權平均股數	每股金額
普通股每股盈餘——基本	$9,394	4,793	$1.96	5,910	$4,581	1.29	$5,896	4,433	$1.33
稀釋性證券的影響:選擇權		76			96			82	
普通股每股盈餘——假設稀釋	$9,394	4,869	$1.93	5,910	$4,677	1.26	$5,896	4,515	$1.31

審計報告

與財務報表及附註相關的為獨立的審計報告(表 1-3)。管理階層有責任編制財務報表及附註,審計報告則是用在驗證其合理性。

表 1-3 所顯示的**無保留意見**(unqualified)審計報告,認為財務報表在所有

表 1-3 審計報告

董事會和股東

R.E.C.公司

　　我們已審計了 R.E.C..公司及其子公司截至 2004 年 12 月 31 日和 2003 年 12 月 31 日的合併資產負債表，並審計了截至 2004 年 12 月 31 日的三年中每年相對應的合併損益表、合併股東權益與合併現金流量表。編制這些報表是貴公司管理階層的責任。我們的責任是根據審計結果對這些財務報表發表意見。

　　我們的審計是依據美國公認審計準則。這些準則要求我們在計畫和執行審計時，應合理確保財務報表沒有實質性錯誤的陳述。審計包括透過抽樣來檢查財務報表中的數據與揭露項目是否有足夠的證據。審計還包括對管理階層所採用的會計準則及所做的預估進行評估，以及評估財務報表的總體內容。我們相信我們所提供的意見有專業的審計素養作為基礎。

　　我們認為，上面所提到的財務報表在合理地反映了 R.E.C.公司及其子公司在 2004 年 12 月 31 日和 2003 年 12 月 31 日的合併財務狀況，以及截至 2004 年 12 月 31 日的三年中每一年的合併經營成果與現金流量情況。公司的會計方法符合美國公認會計準則。

J.J. Michaels 公司

Dime Box

2005 年 1 月 27 日

重大方面都合理地反映了企業的財務狀況以及在會計期間的經營成果和現金流量情況，並符合公認會計準則。在某些情況下，有必要發表非無保留的意見，稱作**有保留意見**(qualified)審計報告。偏離公認會計準則會導致有保留的意見產生，在發表意見時使用如下語句：「我們認為，除之……之外（解釋偏離的性質），財務報表合理地反映了……」如果對公認會計準則的偏離影響了眾多項目以及財務報表之間的關係，則應發表**否定的**(adverse)意見，指出財務報表未能依據公認會計準則合理地反映情況。當審計工作的執行程度受到限制時，則稱為在範圍上被限制。這會導致發表有保留意見的審計報告；如果受到的限制極為嚴重，則需要**拒絕發表意見**(disclaimer of opinion)，這意味著審計師無法評價財務報表的合理性，因此不能對其發表意見。如果審計師缺乏獨立性，也應該拒絕發表意見。

在很多情況下，無保留意見會有如下的描述語句：由於會計準則的改變而偏離了一致性原則、合約爭議與訴訟等造成未來營運的不確定性，或是任何可能導致經營風險與永續經營等問題，審計師都會對此加以描述。帶有解釋性語句的無保留意見審計報告比標準的三段式報告會多出一段。

理論上，審計公司執行審計與發佈報告是獨立於被審計的公司。但分析者應該知道審計師是由提報財務報表公司所雇用的。同一家審計公司常常還替被審計的公司提供諮詢、稅務代理與其他營利性質的工作。由於安隆公司倒閉後美國國會舉行了聽證會，這些慣例可能會有所改變。許多公司雇用自己審計公司的會計師來編制財務報表與提供財務相關服務。由於外部審計師必須讓其顧主滿意，發生利益衝突的可能性是一定會存在的。近年來，財經新聞中充斥者對審計公司的訴訟和罰責報導。審計師任諸如 W.R.Grace 公司（資誠）、Cendant 公司（致遠）和 SunBeam 公司（勤業）等官司中付出了慘痛代價。

2001 年 SEC 對勤業會計公司提出了民事訴訟。勤業對 Waste 管理公司的審計失誤，最後導致 1998 年重複出現 14 億美元的盈餘。勤業同意支付 700 萬美元的罰金，這是會計公司所支出的最大的罰款金額。 Waste 管理公司在 20 世紀 90 年代早期和中期曾高估利潤，而勤業在該時期都出具了無保留意見的審計報告。 Waste 管理公司所有的高階財務主管都是勤業的前審計師（註3）。安隆公司的官司使許多公司與其會計公司的關係為人所矚目，這些會計公司一方面審計財務報告，另一方面充當財務顧問，涉及的資金每年高達數百萬美元。 2000 年當時，安隆公司支付給勤業 5,200 萬美元的費用，其中 2,500 萬美元是審計費，剩下的是對有關諮詢在內的其他工作的報酬（註4）。勤業被證實在對安隆公司的聯邦調查期間曾經阻礙司法調查，2002 年它被勒令停止對上市公司的審計。

2002 年， SEC 與全錄公司和解，要求全錄因 1997 年至 2000 年間虛報

30 億美元收入而支付創記錄的 1,000 萬美元的罰金（註5）。在 SEC 近年來的第二次針對會計公司的起訴中（第一起是 2001 年關於勤業對 Waste 管理公司的審計），它在 2003 年 1 月對安侯建業（剩下的四大會計公司之一）提起了民事詐騙指控，指責安侯建業多年來默許全錄公司不正當地虛報利潤。安侯建業在 2002 年也捲入兩起股東訴訟案：來德愛公司承認在兩年間多報了 10 億多美元的收益；比利時軟體公司 Lernout&Hauspie Speech Products NV 承認捏造了 70% 的銷售額後倒閉（註6）。

在 SEC1999 年公佈的涉及欺詐性財務報告的註冊公司的研究中，人們發現在 29% 的案例中，外部審計師要不是被指責為參與詐欺，要不然就是被指責為審計疏忽。在 25% 的案例中，公司在發佈詐騙性財務報告之前更換了審計師（註7）。鑑於針對會計公司的訴訟大批湧現，以及眾多廣為人知的企業倒閉事件，SEC 和美國註冊會計師協會(AICPA)力圖制定嚴格的法規以杜絕詐欺行為。SEC 的前任主席亞瑟‧莉維(Arthur Levitt)在任職期間對 SEC 如何加強監管提出了一些看法，並在國會舉行的安隆聽證會上進一步強調了自己的建議（註8）。美國國會針對安隆、世通和勤業為代表的公司醜聞做出了的回應，於 2002 年通過了 Sarbanes-Oxley 法案，該法案要求建立一個由 5 名成員組成的上市公司會計審查委員會，成員由 SEC 任命。然而，對該委員會人選的爭議卻導致 SEC 主席哈維‧彼特(Harvey Pitt)辭職，他是接任 Levitt 的下一位官員，但任期很短。到本書付印時。尚不清楚這個新的委員會能肩負起多大程度的使命。

管理階層討論與分析

管理階層討論與分析(Management Discussion and Analysis)部分，有時也

稱爲「財務總覽表」。該內容可能對分析者很有意義，因爲它包含了財務資料中看不到的資訊。這一部分內容包括在流動性、資本來源和經營成果領域上有何有利或不利的趨勢分析，以及重要事項或不確定事項等內容。分析者甚至可以發現有關下述問題的討論：

1. 流動性的內部和外部來源；

2. 流動性的任何重大缺口，以及如何補救；

3. 資本支出承諾，該承諾的目的，以及預期的資金來源；

4. 融資來源在組成與成本上的預期變化；

5. 影響持續經營收入的特殊或非經常性交易；

6. 引起成本與收入之間關係發生重大變化的事項（例如勞動力或原材料價格在未來上漲或存貨調整）；

7. 銷售增長額細分爲價格和銷售量兩個組成部分的變化。

管理階層討論與分析這一部分雖然有用，但也存在一些問題。 SEC 對這一部分的監管目的是讓大眾了解關於未來事項和趨勢的訊息，因爲這些訊息可能會影響企業未來的經營。有一項研究就是在判斷該部分的資料是否對未來的財務表現提供有用的線索。但研究結果發現，公司在描述已發生事件時表現得不錯，但很少公司能提供準確的預測。很多公司根本幾乎沒有提供任何前瞻性資訊（註9）。 2001 年所發生的事件，例如經濟下滑、 911 事件和安隆公司倒閉等，對公司在 2001 年度年報中管理階層討論與分析中的預警性和解釋性資料數量，似乎產生了一些影響。有些公司增加了太多說明，涵蓋了所有能發生的負面事件，例如：

我們因爲無法擴張而導致銷售下滑。

我們可能無法成功地開發新產品。

我們從事的行銷活動可能並不成功。

圖 1-4　管理階層討論與分析項目：它們的含義是什麼？

項目	解釋
1. 流動性的內部和外部來源。	公司從何處獲得現金——銷售產品或服務（內部來源）或者透過借款或出售股票（外部來源）？
2. 流動性的任何重大缺口，以及如何補救。	如果公司在長期沒有足夠的現金來繼續營運，它們用什麼辦法來獲取現金和避免破產？
3. 資本支出承諾，此類承諾的意圖，以及預期的資金來源。	公司計畫下一年在土地、工廠和設備上投資多少，計畫在購並上支出多少？為什麼？它們怎樣為這些項目付款？
4. 金融資源在組成和成本上的預期變化。	公司未來負債與股權的比例相對以前年度是否會有變化，即公司負債是增還是減，是否發行更多股票，或者產生重大損益？
5. 影響持續經營收益的特殊或非經常性交易。	收入和費用在未來是否會受到企業正常經營中無法預期的事件影響？
6. 引起成本與收入之間關係發生重大改變事項。	是否會發生重大變化，導致收入（或費用）增加或降低而費用（或收入）沒有相應改變？
7. 將銷售增長額細分為價格和銷售量兩個組成部分的變化。	公司的銷售額增長是因為賣出了更多的產品或服務，還是因為價格提高而帶來的（銷售量甚至可能下降）？

我們的經營成果有變動而導致股價下跌。

我們的供應商可能無法滿足我們對原材料的需求。

我們的產品可能有重大的缺陷。

雖然這些說明可能是事實，但評估一下這些事件發生的可能性也許對資訊使用者會更有用。

在管理階層討論與分析中加入對獲利能力和流動性變化的說明解釋，也是相當有用。例如，由於大眾指責奇異(GE)公司沒有揭露足夠資訊，奇異公司在 2001 年度發佈的年報長達 93 頁，其中針對管理階層討論與分析就有 19 頁。很多公司在這一部分內容中對流動性和資本來源的討論常常少於 1 頁，而奇異公司在 2001 年報中的討論多達 5 頁，解釋了為什麼某些數字會增加或

降低。這樣的變化得到了很好的反應，但 GE 和其他公司仍然沒有在管理階層討論與分析中提供足夠的前瞻性資訊。

財務資料和市場資料的 5 年摘要

SEC 要求的財務資料 5 年摘要包括銷售收入淨額或經營收入、持續經營業務的損益、持續經營業務的每股損益、總資產、長期負債和可贖回優先股，以及每股現金股利。公司常常選擇提供不止 5 年的資料。這些摘要使得財務報表使用者能夠迅速地察看整體的趨勢，不過，本書的討論將集中於財務報表本身而不是摘要資料。

SEC 要求的市場資料包括兩年來各季度普通股市場價值的最高和最低價。由於財務報表沒有包含普通股的市場價值，因此這一項目對於分析公司在市場上的表現是相當有用的。

潘朵拉

除了必須列示的內容之外，很多公司還在年報中添加了各種彩色圖像、表格及 CEO 給股東的信等項目，使得年報和公司本身對當前及潛在投資者顯得很有吸引力。在公司網站上，也開始出現類似的創新內容。要透過一層公關包裝(PR Fluff)來找到所需的資訊內容是不太容易。有一些公司甚至巧妙地把重要的財務資訊移到年報以外，放在一份單獨黑白印刷的、不吸引人的文件之中，或者放到**投票權代理說明書**(proxy statement)（隨後討論）中。我們不禁會好奇的問，這些公司是否真的希望投資者保留漂亮的報告，而把詳細分析公司所需要的重要財務資訊扔到一邊。

例如，2001 年摩托羅拉公司和德州儀器公司把投資者和債權人所需的大部分重要資訊放到了投票權代理說明書中。摩托羅拉的「2001 年度年報摘要」有 32 頁，其中的 25 頁都是印刷精美的彩色圖片和公關材料。剩下的幾頁中包括了四份財務報表中的三份、審計報告、財務資料 5 年摘要以及有限的分部資訊。管理階層討論與分析、市場資料以及財務報表附註沒有放在年報中，而是放在投票權代理說明書中。德州儀器公司的「2001 年度年報摘要」提供的資訊甚至更少，13 頁的內容中沒有一項符合 SEC 或 GAAP 的要求。德州儀器公司提供了三份財務報表中的某些資料以及一份「擬制損益表精選資料」報告，而所要求的財務資訊也是放到了投票權代理說明書中。〔**預測報表**(Pro forma)不屬於 GAAP 的部份，將在第 3 章節與附錄 A 中另外討論〕。財務報表使用者只需要稍為花點時間，就能找到這些公司的股價資訊。有趣的是，摩托羅拉的股價從 2000 年的每股 61.42 美元跌到了 2001 年的每股 10.45 美元，德州儀器公司的股價從 2000 年的 99.78 美元跌到了 2001 年的 20.10 美元。

公關題材（包括股東信件）有提供資訊的作用，但常常會產生誤導的作用。通信設備製造商朗訊公司的主席兼 CEO 在他 2000 年致股東的信中開頭這樣寫道，「這對朗訊來說是艱難的一年。」這聽起來似乎很誠實，因為朗訊的收益下降了 75%。他承認公司在「執行和營運重點」上有問題，但在討論這項問題之後，他接著寫道，「從許多層面上來看，我把這看做是朗訊的重生。」他所說的重生卻是在 2001 年度帶來了 47 億美元的虧損。相反地，資產管理公司博克夏；哈莎維(Berkshire Hathaway)的 CEO 華倫巴菲特在 2001 年向股東遞交了一封 18 頁的信中，他以其貫有的坦率、真誠的風格詳細闡述了自己認為對股東有意義的任何事情，例如：「雖然我們公司去年的業績令人滿意，我個人的業績卻不是如此。我管理公司大部分的股票投資組

合，而我的成績很糟糕，這幾年都不太好。更重要的是，我允許了一名屬下在進行交易時沒有採取一個我認為很重要的保護措施。在 9 月 11 日時，這個錯誤造成我們許多麻煩。在後面我將更詳細地告訴你們我的失誤以及我們所採取的糾正措施。」

投票權代理說明書

由於很多股東不參加股東大會，SEC 要求公司在一份稱為**投票權代理說明書**(proxy statement)的文件中徵求股東授予投票權。投票權代理說明書中包括下述內容：投票方式和資訊，關於公司董事的背景資訊、董事的報酬、經理人員的報酬及報酬計畫的任何更改提議、審計委員會報告、對支付給審計公司的審計費用和非審計費用的分析。這些資訊有助於分析是公司管理人員、管理階層的薪酬情況以及與審計師潛在的利益衝突問題。

投資者和債權人應該盡可能地就管理階層的任期與薪酬問題來瞭解最高管理階層狀況。不僅要透過投票權代理說明書中的資訊，還需要查閱報紙和雜誌來進一步了解。而且，透過投票權代理說明書可以發現公司是否對高層管理者提供貸款。2002 年時，投資人很訝異的發現除了高額薪酬之外，一些 CEO 還以相當低的利率從公司大量借款。更令人憤怒的是，公司卻不追究 CEO 未能歸還的借款。最明顯的一個例子是擔任世通公司 CEO 的本尼・艾勃斯(Bernie Ebbers)，他以 2.1% 的低利率借了超過 3 億美元的資金。他是在 SEC 開始調查世通的會計問題的時候被任命為 CEO（註 10）。鑒於最近有許多醜聞涉及審計公司對有問題的公司會計發表了無保留意見的審計報告並同時收取了巨額的諮詢費用。因此，投資大眾也應該對支付給外部審計公司過多非關審計費用進行仔細評估。

1.3　遺漏和難以察覺的資訊

關於評價一家公司所需的資訊，有些在財務報表上是找不到的。其中包括有些是無形的，例如員工與管理階層的關係、員工的士氣和效率、公司在顧客中的聲譽、公司在社會中的聲望、管理階層的效率、管理的連續性、面臨政府監管法規變化的潛在風險——例如有關環境或者食物與藥品方面的立法。這些因素都會直接或間接地影響到公司經營成果，但卻是很難去量化。

企業在媒體中的知名度會影響大眾對它的認知程度，也可能會影響到企業的財務表現。位於紐約的聲譽研究機構(Reputation Institute)在 2001 年與 Harris 互動公司進行合作，針對公司的聲譽進行排行。嬌生公司連續三年都名列前茅，而 Bridgestone/Firestone 名列最後一位 (註 11)。嬌生公司於調查同時期的三年平均股票報酬率為 13.6% (註 12)。有一個可能的是這兩家公司在處理危機的方式影響了大眾對它們的認知。嬌生公司以消費者安全至上著稱。7 人因服用了被加入氰的泰諾膠囊而死亡之後，嬌生公司收回了全部泰諾產品。相反地，普利司通／凡士通(Bridgestone/Firestone)多年來拒絕承認其輪胎產品瑕疵而導致的死亡事故，到最後才同意收回產品。

有一些有關的資訊會出現在財務報表上，但一般財報使用者很難可以察覺它們。例如，公司未償還的長期債務金額在資產負債表中的非流動負債部分中揭露。但是，「長期」可以是指 12.5 個月，也可以是指 2 年或 15 年。為了要確定使用現金資源來償還債務的時點，使用者必須找到財務報表附註中說明的長期債務的本金、利息、到期日等資訊，才能進行分析。

目前 FASB 第 107 號公告「金融工具公平價值揭露」要求所有的美國公司——無論是大型的、小型的、金融類、非金融類的公司——都要揭露金融

工具的市場價值，包括應收款、應付款、遠期合約，選擇權、擔保以及股權工具。公司可以在資產負債表中顯示這些資訊，也可在財務報表附註中揭露。

　　有許多不相關業務領域的多角化經營公司，還會提報告另一種重要的補充資訊。這些補充資訊將企業在財務報表中對合併後的整體報告資料整合成財務資訊。若要分析個別經營分部的財務資料，分析者必須利用財務報表附註中的資訊。從 1998 年開始，公司必須遵從 FASB 第 131 號公告「對企業分部及相關資訊的揭露」（對分部資料的分析在附錄 B 中介紹）。

　　安隆倒閉事件顯示一些公司利用複雜的融資方案，並且在財務報表附註中未能完全地揭露。即使附註中有提供資訊，大多數的報表使用者會發現這些項目超出了他們的理解能力，除非他們獲得過會計或財務學的博士學位。

1.4　複雜性

全球化市場

　　由於經營活動的全球化，有必要擬定一套各國都適用的會計準則。如果不論公司的所在地，其財務報表都是一致且可以相比較，國際市場上的投資者和債權人就會因此而受益。

　　為了因應這樣的需求，國際會計準則委員會(IASC)於 1973 年成立，現在的成員達 90 多個專業會計委員會。IASC 的目的是使世界各地最終都能接受一套國際公認會計準則。這將使公司在任何市場上交易證券時，都只需要編制一套財務報表。目前仍有多國家還沒有接受現在的國際準則，美國就是

其中之一。按美國的會計準則編制的財務報表通常符合國際會計標準，而根據國際會計標準編制的財務報表則可能不符合美國的會計標準。 SEC 和 FASB 與 IASC 正密切合作，希望有一天國際會計標準會達到美國現有的高水準（註13）。本書的重心將放在美國的會計標準上，不過，對國外投資感興趣的投資者，應該花時間去研究其他國家採用的會計標準。

雪山

FASB 和 SEC 頒佈的公認會計準則(GAAP)，提供衡量一致性的依據，但是該準則也允許在編制財務報表時有相當大的自主權。爲了向財務報表使用者說明這些問題，下面提供了一個例子：關於**固定資產**(fixed assets)〔也稱爲**有形固定資產**(tangible fixed assets)、**長期資產**(long-lived assets)和**資本資產**(capital assets)〕的折舊。固定資產是指能使公司受益若干年的資產，例如機械和設備，通常在資產負債表上列爲財產、工廠和設備等。當購入了這樣的資產時，資產的成本在其有效使用期限內按期分攤，而不是在購入的當年計入費用。這一項成本攤提的過程就稱爲折舊。（土地是一個例外，它不需要進行折舊，因爲土地在理論上擁有無限的使用壽命。）

假設 R.E.C.公司爲其休士頓旗艦店購買了一座用來展示滑雪運動的人造滑雪場，並讓潛在的顧客可以嘗試一下滑雪運動。人造滑雪場的成本是50,000 美元。爲了認列與滑雪場相關的年度折舊費用，必須先做出幾項選擇與估計。例如，R.E.C.公司管理階層必須先估計這座滑雪山能使用多久，而且，在有效使用期結束時，它的殘值能有多少。

此外，管理階層必須選擇折舊的方法：直線法對折舊期內的每一年分配等額的費用，而加速法對資產折舊期裏起始的幾年分配更高的費用，對後面

的年份分配較低的費用。

如果估計這座 50,000 美元的滑雪場的有效使用期為 5 年，並且期末的殘值為零，那麼第 1 年折舊費用的計算如下所示：

直線法

$$\frac{折舊基數（成本減殘值）}{折舊期} = 折舊費用$$

$$\frac{（\$50,000 - \$0）}{5 年} = \$10,000$$

加速法 （註 14）

減去累計折舊後的成本 × 直線法折舊率的 2 倍 ＝ 折舊費用
$$\$50,000 \times （2 \times 0.2） = \$20,000$$

與設備折舊相關的選擇和估計會影響財務報表中與該資產有關金額的認列。固定資產項目在資產負債表上是以歷史成本減累計折舊來認列，而損益表中會扣減每年的折舊費後得出淨利。在第 1 年終時，依據所選擇的折舊方法不同，項目會有如下的差異：

直線法

資產負債表（單位：美元）		損益表（單位：美元）	
固定資產	$50,000	折舊費用	$10,000
減：累計折舊	（10,000）		
淨固定資產	$40,000		

加速法

資產負債表（單位：美元）		損益表（單位：美元）	
固定資產	$50,000	折舊費用	$20,000
減：累計折舊	（20,000）		
淨固定資產	$30,000		

如果對有效使用期或殘值的估計有所不同，上述的數字也會產生改變。例如，如果 R.E.C. 公司管理階層認為滑雪山在第 5 年終可以賣給 Denver 公

司，那麼在計算時就要考慮滑雪山的預期殘值。鑒於公司擁有眾多可折舊資產以及會受到會計方法影響的其他項目，例如存貨項目（第 2 章中詳細討論），情況會更加複雜。

◼ 其他權衡性的議題

財務報表中不僅充滿了會計選擇和估計，例如折舊，而且還要反映出會計期間的收入和費用是否配合。如果一家公司賒銷產品，那麼在產品售出日和收款日之間存在時間差。已發佈的財務報表是根據會計的應計基礎制所編制，而不是根據現金基礎制。權責發生制意味著收入在銷售完成的那一會計期間確認，而不是在收到現金時確認。同樣的原則也適用於費用的確認，與產品相關的費用的發生日期有可能會先於支出現金的日期。將收入和費用在會計期間配合的過程中涉及大量的估計和判斷，而且，正如折舊的例子一樣，會影響到財務報表數位的結果。

例如，由於某位顧客把價值 50000 美元的滑雪場側壁撞出了一個大洞，造成需要為滑雪場支付高昂的修理費。管理階層必須要決定是在第 2 年認列修理成本，還是在第 2 年至第 5 年進行攤提。

進一步來說，財務報表是在會計期間結束時的某個日期編制的，例如年度末或季度末。但公司的經營是持續不斷的，因而必須將財務資料分配到特定的期間內。

1.5　更多複雜情況

由於編制財務報表所依據的會計準則相當複雜，因此，根據會計規則而認列的資料可能讓人產生疑惑。FASB 最近發佈的第 142 號公告「商譽和其他無形資產」自 2002 年 1 月 1 日起生效。可以預期的是，該公告在執行初期很可能會造成混亂。這一規則會使某些公司因扣除喪失價值的資產而記錄大量損失，而另一些公司由於不再對商譽記錄攤銷而使淨利增加（帳面）。

商譽和無形資產的計算，只不過是財務報表中眾多迷題中的其中一項。母公司和子公司的合併報表、對租賃和退休金的會計、以及美國公司的國外業務的換算，要把這些項目整理出頭緒，對財務分析者來說簡直就是惡夢。資產負債表表外融資，能使公司在借款時不用把債務記錄在資產負債表的貸方。這種方式 FASB 頗為關注。因此，委員會發表了 FASB 第 133 號公告「對衍生性商品和避險操作的會計」，讓情況變得更加複雜。衍生性商品是指其價值取決於基礎資產或指數的金融商品，例如期貨或選擇權合約（註15）。如今，因衍生性商品而產生的負債必須記錄在資產負債表上。第 133 號公告還要求公司揭露下述資訊：公司持有的衍生性商品的類型、持有該類型商品的目的、以及為實現該目的而採用的策略（註16）。

另一次重大變化發生在 1998 年，FASB 第 130 號公告「報告綜合性收益」於此年生效。公司現在必須報告又一項收入資料──綜合性收益，它所包括的項目以前沒有出現在損益表中，而是作為股東權益組成部分（在第 3 章中更充分地討論了這一重要變化）（註17）。

管理階層所採用的兩套會計規則也使得情況更為複雜──一套是用於報告目的（為大眾編制財務報表），一套是出於稅收目的〔國稅局(IRS)計算稅

款〕。在前面的內容中，曾舉出一個針對資產選擇不同折舊方法的例子。公司常常為報告目的選擇某種折舊法，而計稅時則採用稅法規定的折舊法（現在最常採用的稅收方法是修改後加速成本回收系統）。基於稅收目的是為了盡可能地支付較少的稅款，而以財務報告為目的則是盡可能地公佈較高的收益，且同時使收益流較為平穩。因此，在出於報告目的時，公司可能會選擇直線法，因為此法平均地分攤費用，使資產於使用期間裏的前期報告中收益高於加速法的金額。就前面的例子而言，根據第 1 年的兩種折舊方法可得到不同結果：

直線法	加速法
折舊費用 $10,000	折舊費用 $20,000

使用直線法時，費用扣減額要比加速法少 10,000 美元；因此採用直線法第 1 年的淨利要多 10,000 美元。這是在國稅局允許採用加速法使得第 1 年的折舊費用為 20,000 美元的假設下。根據該加速折舊法向國內稅務署支付的稅款，要低於採用直線法的財務報表中公佈的所得稅費用，因為應稅所得會低於報告所得（這筆差異最終會扭轉過來，因為在資產有效使用期的後半段時間裏，加速法下的折舊額會低於直線法下的金額；兩種方法下的折舊總額是相同的）（註 18）。為了調整稅收費用之間的差額，資產負債表上有一個稱為遞延稅款的項目。這個項目及其含義對財務報表使用者來說又是另一個挑戰。我們將在第 2 章對此進行討論。

1.6 財務報告的品質

我們曾提到過，在公認會計準則的總體框架內，管理階層有相當大的自

主權。因此就存在著管理階層操縱損益以及財務報表其他項目的可能性。就理想狀況而言，財務報表應該是反映公司財務狀況和業績的精確藍圖。資訊應該既有助於評價過去，也有助於預測未來。財務資料所代表的藍圖越鮮明、越清晰，與真實的財務狀況就越接近，財務報表以及所報告的盈餘品質就越高。

管理階層有很多機會可以影響財務報表的品質，下面就有幾個例子。

會計政策的估計、選擇與變更

在編制財務報表時，管理階層必須針對會計政策作出選擇，而且在使用這些政策時還要加以估計。在前面有討論過對固定資產折舊方法的選擇，就是其中一個例子（在以後的章節中將會討論其他的選擇問題）。讓我們繼續討論這個折舊的例子。在選擇折舊方法時，管理階層需要決定如何來分攤與購買固定資產相關的折舊費用。

假設價值 50,000 美元的滑雪場在其使用期限的前幾年，因為滑雪者尚未在模擬滑道上弄出凹痕，使得前幾年裏的生產效率較高。實際的財務情況會使得選用加速折舊法產生爭議，因為它在滑雪山有效使用期限的前幾年認列較多的折舊費用。不斷上漲的物價也適合選用加速折舊法，因為通貨膨脹會提高大多數資產的重置成本，從而使根據歷史成本確認的折舊過少。但是如果管理階層希望在早期顯示較高的收益，那麼就會選擇直線法。請注意在第 1 年認列的折舊費用之間的差異。

直線法	加速法
損益表	損益表
折舊費用 $10,000	折舊費用 $20,000

請記住，費用越低，報告的淨利就越高。因此，在直線法下，淨利會比加速法下多出 10,000 美元。折舊方法的選擇會影響到與該資產相關的收入，而且還會影響到所報告的盈餘數字的品質。在本例中，採用加速法得出的較高品質的盈餘。

管理階層可以選擇變更一項會計政策或估計，只要可以驗證變更後的結果比原來採用的方法更好。在這個例子中，原來估計滑雪場的有效使用期為 5 年。銷售體育用品的競爭對手對滑雪場的折舊期限為 10 年，而不是 5 年。如果公司選擇採用直線法，並進行此會計變更（稱為會計估計變更），折舊費用將從每年 10,000 美元降至每年 5,000 美元，淨利將增加 5000 美元。

會計估計變更前	會計估計變更後
損益表	損益表
折舊費用 $10,000	折舊費用 $5,000

當公司進行了此項變更時，必須在財務報表附註中揭露變更的影響數目。會計變更的累計影響數目在扣除稅款之後，必須在損益表上單獨顯示，而且，在比較未來年份和過去年份的損益時也應該加以考慮，因為過去年份的盈餘是採用不同的會計方法所計算出來的。

收入和費用的認列時間點

公認會計準則中奠定編制財務報表基礎的其中一項就是配合原則：費用與收入相符，以確定一個會計期間的淨利。前面已經提到過，公佈的財務報表是根據應計基礎制而不是現金基礎制編制的，這意味著收入在獲得時確認，費用在發生時確認，而不論現金流入和流出發生在什麼時間。在配合過程中，需要由管理階層對費用和收入的確認時間作出判斷。雖然會計準則在

必要與適當分配這點上提供說明，但這些準則總不是很明確。

例如，假設一家公司在接近會計期末時得知一筆龐大的應收帳款有可能無法收回。這筆帳款應在何時當作損失沖銷——是現在，還是在下一個會計期間時？那些在倉庫裏蓋滿灰塵的老舊庫存，也會有同樣的問題。在這些項目上面，有時管理階層可以任意地決定。一般來說，管理階層在作這類判斷時越穩健（穩健通常指作出的選擇是對公司最不利的那一個），在當時會計期間的收入和費用配合所得出的收益品質就越高。

近年來，許多公司的會計做法受到了質疑，有些情況下，股東還會對財務報告中不當的做法提出了訴訟。全錄公司被指控為違反會計準則，在 1997 年至 2000 年之間利用各種方法虛報利潤和收入。全錄公司的前財務經理 James Bingham 坦言說，公司的經理人員指使會計師，要求他們透過會計動作來製造利潤。Bingham 向 SEC 解釋說他是如何把巴西的影印機的短期租賃協定偽裝成長期交易，這樣全錄就能立即記錄收入。之所以這麼做都是為了符合分析者的預期，但投資者和債權人無從得知這樣的做法是否不當（註 19）。

HBO 公司是一家醫療軟體公司。在它於 1999 年 1 月被 McKesson 公司購併之前試圖將收益資料提高。在購併之後，經理們才發現銷售的認列比公認會計準則允許的更快，在很多情況下，軟體被發送出去之後便從客戶那裏拿到收據，即使客戶並沒有開具有約束力的訂單。HBO 公司還記錄了升級軟體產品的銷售額，而新公佈的會計規則是禁止公司在提供服務之前就認列預訂用戶的銷售額。在調整了錯誤項目之後，HBO 公司 1999 年的盈餘從 2.371 億美元調低至 0.849 億美元（註 20）。

管理權衡項目

　　一個企業的很多支出從本質上來看是可以自由決定的。對於機器設備的修理和維護、行銷和廣告、研究和開發以及資本擴張，管理階層都可以對預算水準和支出時間加以控制。對於工廠資產的重置、新產品種類的開發以及營業分部的處置，政策也都是相當有彈性。對這些隨意性項目的各種選擇，都會對營利產生直接和長遠的影響，而且兩種影響的方向可能不一致。公司可以選擇延遲設備維護來提高當期的盈餘；這樣的方式到最後可能是不利的。

　　企業的性質在某種程度上決定了費用支出的隨意性高低。對某些行業而言，廣告費用與市場佔有之間存在著直接的關係。透過廣告上的投資，使得可口可樂公司和百事可樂公司成爲了飲料市場上的兩大巨頭。早在 1909 年，可口可樂就在廣告戰上贏過百事可樂，總共支出了 75 萬美元以上的廣告費。雖然百事可樂出師不利，1939 年它首創以 15 秒廣播廣告詞形式，變成了一個強大的競爭對手。這兩家公司不僅利用廣播，而且還利用電視、社會名流、宣傳口號和線上廣告等形式來推銷自己的產品（註21）。到 2001 年，可口可樂擁有飲料市場43.7% 的佔有率，百事可樂緊隨其後，佔有率達 31.6%。這些資料反映可口可樂的市場佔有率下降了 0.4%，百事可樂的市場佔有率上升了 0.2%（註22）。這項變化的一個可能的解釋就是，2001 年可口可樂選擇延遲廣告支出，使得該年度第二季度的收益增加了 21%（註23）。但是一家公司也有可能出現在廣告上支出了過多費用的現象。Royal 機械製造公司股價在 1992 年由每股 31 美元下降至 8 美元，部分原因就是市場對該公司過度的廣告支出產生反應。Royal 公司支出幾乎近兩倍的廣告和促銷費用，從 1991 年的 4,000 萬美元提高到 1992 年的 7,900 萬美元。公司的淨利從 3300 萬美元下降至 2,000 萬美元。1992 年廣告和促銷費用佔全部經營費用的 70% 以上。

研究和開發費用對高科技和醫藥類行業來說是極為重要的。這些產業的激烈競爭，導致需要支付較高的研發成本，同時還要降低價格以獲取市場佔有率。《商業週刊》在「資訊科技」年度報告中，考察了 2000 家上市的科技公司是如何度過 1985 年和 1990 年兩次的經濟衰退時期。在經濟衰退後獲得成功的公司都具有一些共同的特徵。其中一個特徵就是儘管出現了衰退仍然加強研究開發。例如，Veritas 軟體公司 2001 年把研發支出增加了 36%，結果在該行業中的市場佔有率提高了 2%。微軟和英代爾也決定在 2001 年和 2002 年採用此一策略（註24）。

財務分析者應該觀察支出的變動趨勢（絕對額和相對額），並比較產業內競爭者的情況，從而仔細審查管理階層對這些自主項目的政策。這樣的分析方式可以讓我們更深入瞭解公司的現有實力與不足之處，有助於評斷公司將來實現良好業績的能力。

非經常性項目和營業外項目

企業的財務交易中，有些從性質上看是非經常性與（或）營業外的收支。如果分析者目的是要找出能反映公司未來經營潛力的盈餘數字，像上述這類型交易——它們不屬於正常持續的經營業務——應該要仔細評估，或甚至從盈餘中剔除掉。有一個例子就是關於出售事業單位的利得。IBM 就是因為對資產出售利得的會計處理方式而受到批評質疑。IBM 不是把這些項目與持續經營業務分開揭露，而是選擇把這些一次性項目作為費用的抵減項來報告。唯一能判斷 IBM 對這些項目採取了不尋常的處理方式，就只能從閱讀財務報表附註中得知。IBM 公司在 1999 年把 Global Network 賣給了 AT&T 公司而獲利達 40 億美元。像這樣重要的訊息卻被隱藏在財務報表的附註中，

附註中跟讀者說明利得是作為銷售、總務和行政費用的減項記錄（註25）。由於該項目在實質上是非經常性的和營業外的，在衡量企業未來產生經營利潤的能力時應該被忽略。

其他應被當做是非經常性項目和（或）營業外項目的交易包括對資產減值的沖銷、會計變更以及非常項目。企業在過去的重組費用或成本被當做是一次性的非經常費用，但是在20世紀八九十年代，許多公司卻利用重組費用來操縱經營盈餘數字。如果公司定期地記錄重組費用，分析師就會懷疑這些費用實際上是公司的經常性營業費用。例如，AT&T聲稱1985年至1994年間利潤每年成長10%。當1996年AT&T宣佈公司將承擔一筆40億美元的重組費用時（這是過去10年來公司第四次出現此種費用），分析師們這時就會開始懷疑公司的利潤數字。自1985年以來發生的重組費用總計達到了142億美元，這個數字超出了所公佈的103億美元的盈餘。而在計算10%的成長率時，重組費用並沒有被考慮在內，因為它們被假設是一次性的支出。AT&T的財務報表中對這類費用的描述聽起來似乎有點常態性，以致於不能把它們當做是非經常性的（註26）。

在附錄A中，將詳細地介紹影響財務報告品質的其他更多項目。

1.7　穿越迷宮的旅程仍在持續

還有很多的例子可以說明尋找和解釋財務報表資訊有多麼困難，在後面的章節中會繼續討論。年報可以提供許多豐富的有用資訊，但是要找到與財務決策相關的資訊則需要克服像迷宮般的挑戰。本書後面各章節的目的就是要幫助讀者尋找資料，並讓讀者能有效地利用財務報表和補充資料中的資訊。

自我評量 （答案請見附錄 D）

_____ 1. 在美國有哪些組織機構負責建立 GAAP？

    (a) IASC 和 EDGAR。

    (b) FASB 和 IASC。

    (c) SEC 和 IASC。

    (d) SEC 和 FASB。

_____ 2. 年報中提供了哪些基本財務報表？

    (a) 資產負債表和損益表。

    (b) 財務盈餘表和股東權益表。

    (c) 資產負債表、損益表、現金流量表。

    (d) 資產負債表、損益表、現金流量表、股東權益表。

_____ 3. 財務報表附註包括了哪些內容？

    (a) 會計政策摘要。

    (b) 會計政策的變更(如果有)。

    (c) 關於特定項目的細節。

    (d) 以上都是。

_____ 4. 無保留意見的審計報告表示什麼？

    (a) 財務報表不公正且不準確地揭露公司於會計期間的財務狀況。

    (b) 財務報表公正地揭示了公司的財務狀況、經營成果以及現金流量變化。

    (c) 存在某些因素可能會損害公司持續經營的能力。

    (d) 公司的某些經理人員不適任，沒有公正地或充分地代表股東權益。

_____ 5. 誰雇用審計師？

    (a) 被審計的公司。

    (b) 審計師所屬的會計公司。

    (c) 財務會計準則委員會。

    (d) 證券交易委員會。

_____ 6. 在管理階層討論與分析部分應包括哪些內容？

    (a) 流動性。

    (b) 資本支出的承諾。

    (c) 將銷售額成長細分為價格和銷售量兩部分。

    (d) 以上都是。

_____ 7. 下列哪句話是正確的？

    (a) 年報只包含漂亮的圖片。

    (b) 公關題材應該謹慎地使用。

    (c) 市場資料指一家公司的廣告預算。

    (d) 致股東信函應該省略。

_____ 8. 在投票權代理說明書中可以找到什麼資訊？

    (a) 關於投票方式的資訊。

    (b) 關於經理人員報酬的資訊。

    (c) 關於付給審計公司的審計費用和非審計費用的詳細資訊。

    (d) 以上都是。

_____ 9. 固定資產的成本分配稱為什麼？

    (a) 固定成本分配。

    (b) 殘值。

    (c) 折舊。

(d) 收入和費用配合。

_____ 10. 爲什麼折舊費用被認爲是一個自主決定的項目？

(a) 管理階層必須估計資產的有效使用壽命。

(b) 必須估計殘值。

(c) 管理階層必須選擇折舊方法。

(d) 以上都是。

_____ 11. 有關折舊的選擇和估計會影響到哪些項目？

(a) 資產負債表中的固定資產毛值和損益表中的折舊費用。

(b) 損益表中的累計折舊和資產負債表中的折舊費用。

(c) 資產負債表中的固定資產淨值和損益表中的折舊費用。

(d) 只有資產負債表中的固定資產淨值。

_____ 12. 下述哪句話是正確的？

(a) 公佈的財務報表是根據會計的現金制編制的。

(b) 公佈的財務報表是根據會計的應計制編制的。

(c) 公佈的財務報表既可根據現金制也可根據應計制編制。

(d) 公佈的財務報表必須根據現金制和應計制兩者編制。

_____ 13. 爲什麼 FASB 第 142 號公告「商譽和其他無形資產」的實施可能引起混亂？

(a) 該規則允許公司借款而不用記錄負債。

(b) 該規則要求某些收入和費用繞過損益表。

(c) 該規則使一些公司記錄巨額損失，而另一些公司的收益則增加。

(d) 該規則要求公司記兩套帳。

_____ 14. 資產負債表中哪一個項目是用來調節暫時性差異？該差異是因爲

實際支付給 IRS 的稅款與損益表中報告的所得稅費用間的暫時性差額。

(a) 應付稅款。

(b) 稅款調節負債。

(c) 應收稅款。

(d) 遞延稅款。

_____ 15. 爲什麼使用加速折舊法而不是使用直線折舊法會得到更高品質的盈餘資料？

(a) 加速折舊更準確地反映了財務現實狀況，因爲在高生產率的早期會需要更多的折舊費用。

(b) 在通貨膨脹時期，價格上漲使得大多數資產的重置成本提高，因而導致按歷史成本認列折舊費用不足。

(c) (a)和(b)。

(d) 以上都不是。

_____ 16. 管理階層可以透過下列哪一方法來操縱盈餘以及降低盈餘報告的品質？

(a) 改變會計政策來提高盈餘。

(b) 當存貨報廢時拒絕在此會計期間對其認列損失。

(c) 降低自主性費用支出。

(d) 以上都是。

_____ 17. 你可以在哪裡找到下列資訊？

_____ (1) 證實財務報表的合理性。

_____ (2) 重要會計政策摘要。

_____ (3) 經營、融資和投資活動所產生的現金流量。

_____ (4) 有保留的意見。

_____ (5) 關於長期負債本金、利息和期限的資訊。

_____ (6) 特定日期的財務狀況。

_____ (7) 對公司經營成果的討論。

_____ (8) 對退休金計畫的描述。

_____ (9) 對資本支出的預期承諾。

_____ (10) 權益項目期初和期末餘額的調整。

   (a) 財務報表。

   (b) 財務報表附註。

   (c) 審計報告。

   (d) 管理階層討論與分析。

問題與討論

1.1 年報與 10-K 報告有何區別？

1.2 分析者在年報中應該研究哪些具體項目？哪些內容應該謹慎地閱讀？

1.3 什麼原因導致審計師簽署有保留意見的審計報告？什麼原因導致拒絕發表審計意見？什麼導致簽署有解釋說明的無保留意見審計報告？

1.4 什麼是投票權代理說明書？為什麼它對分析者很重要？

1.5 哪些無形因素對評估公司的財務狀況和業績很重要，但在年報中卻找不到？

1.6 為什麼折舊費用不是衡量與資本資產相關的年流出量的正確依據？

1.7 擁有「兩套會計帳」指的是什麼？對財務報表分析者有何意義？

1.8 Timber 產品公司最近以 450,000 美元的成本購買了新機器。管理階層估計該設備的有效使用期為 15 年，殘值為 0。如果財務報告時採用直線折舊法，計算：

(a) 年度折舊費用。

(b) 在第 1 年終和第 2 年終的累計折舊費用

(c) 資產負債表項目：第 1 年終和第 2 年終的固定資產淨值。

假設出於稅收目的第 1 年的折舊費用是 45000 美元，公司稅率為 30%。

(d) 第 1 年出於稅收目的的報告的折舊費用將比第 1 年財務報表中報告的折舊費用多出多少？

(e) 第 1 年實際支付的稅款與第 1 年財務報表中報告的所得稅費用相差多少？

1.9 R-M 公司：盈餘品質問題。

R-M 公司的財務總監斯特恩剛剛與公司總裁麥肯一起考察了公司本年度第 3 季度的財務結果。R-M 公司定下了盈餘年成長率為 12% 的目標。現在看來公司將達不到這一目標，盈餘只成長了 9%。這數字可能會損害公司的股價。麥肯已命令斯特恩擬定幾個計畫來刺激第 4 季度的盈餘以達到 12% 的目標。斯特恩來找你——一個剛從一家著名商學院畢業的財務專業學生——建議讓公司盈餘成長率達到本年度目標的方法。討論能夠用於提高盈餘的技巧。根據下述標準將它們分類：

(a) 提高盈餘但降低盈餘報告的品質。

(b) 提高盈餘並對公司的財務狀況也有積極的「實際」影響。

1.10 寫作技巧題

你所任職公司的行銷部門員工在銷售產品給顧客時表現非常好。實際上，很多顧客都非常滿意還購買了公司的股票。這表示他們會收到一份公司年報。可惜的是，有時候也會出現麻煩的狀況：行銷人員們不太擅長回答顧客對年報所提出的問題。關於公司財務狀況和業績等技術問題可以向財務總監請教，但是行銷主管請你寫一份備忘錄，在備忘錄中，你要解釋年報中一些重要數字，這樣行銷人員就可以充分地準備以回答顧客一般性的問題。

- **要求**：準備一份少於一頁有關年報內容的備忘錄（單行間距，各段落間採雙行間距），讓行銷人員能夠理解其中的基本要素。你要在備忘錄註名日期，遞交給行銷主管。備忘錄主題為「年報的內容」。

- **註**：在商業文書中，最重要的要素是清楚與簡潔。你應該要注意寫作的對象與說明的目的為何。

1.11 網際網路問題

1998 年 9 月 28 日 SEC 主席亞瑟利維(Arthur Levitt)在紐約大學法律和商學中心發表「數字遊戲」的演講。可以在網址 www.prenhall.com/ fraser 中找到演講的全文。請閱讀這一文件並回答下述問題：

(a) 何謂盈餘管理？

(b) 為什麼公司要採用盈餘管理技術？

(c) 請描述一般公司常用但利維認為是一種錯覺的 5 種技術。你知道有公司在使用這些技術嗎？

(d) 利維建議採用哪些方法來解決由於盈餘管理而產生的問題？

(e) 關於審計方式，利維有何憂心之處？對這一問題他提出了哪些解決之道？你認為這些辦法有效嗎？原因何在？

1.12 英代爾問題

英代爾公司 2001 年度年報可以在下述網址中找到：www.prenhall.com/fraser。利用該年報回答下列問題：

(a) 描述英代爾公司經營業務類型。

(b) 閱讀致股東信函，並討論有哪些資訊可以從信中獲得並對分析者有用。

(c) 關於英代爾公司財務報表的審計意見的類型爲何？解釋審計報告中所討論的關鍵內容。

(d) 閱讀管理階層討論與分析這一部分。討論這一部分的內容是否完整。從英代爾公司管理階層討論與分析中的例子來佐證你的答案。

(e) 閱讀完管理階層分析與討論這一部分之後，討論英代爾的未來狀況。你是否有所考量？如果有，請描述你的想法。迪士尼公司是一家全球著名的娛樂公司。迪士尼公司經營的事業包括迪士尼樂園和渡假飯店、迪士尼國際公司、迪士尼電影公司、ABC 廣播集團、迪士尼消費產品事業、迪士尼互動/博偉家庭娛樂司與以及迪士尼網際網路集團。下面摘錄自迪士尼公司 2002 年 1 月 4 日投票權代理說明書。

案例 1.1　迪士尼公司

迪士尼公司是一家全球著名的娛樂公司。迪士尼公司經營的事業包括迪士尼樂園和渡假飯店、迪士尼國際公司、迪士尼電影公司、ABC 廣播集團、迪士尼消費產品事業、迪士尼互動/博偉家庭娛樂司與以及迪士尼網際網路集團。下面摘錄自迪士尼公司 2002 年 1 月 4 日投票權代理說明書。

要求

1. 利用公司投票權代理說明書中標題為「審計委員會報告」中的內容，以審計委員會的角色向股東說明討論資訊的品質。是否還有其他資訊可以提高此份報告的品質？如果有，請具體指出股東會希望把其他哪些資訊包括在這份報告中？

2. 評估迪士尼公司投票權代理說明書中的「審計和非審計費用」部分。這項資訊對股東有何價值？

3. 如果你是一位股東，要針對股東第一個提議中的第 4 項投票，你將如何投票？對於與你意見相左的股東，請說明你的理由。

審計委員會報告

審計委員會的下述報告不屬於宣傳題材，也不應被認為是作為依照 1933 年證券法或 1934 年證券交易法所提交其他任何文件的參考資料，除非本公司特別載明此報告可作為參考。

在 2000 年會計年度中，董事會的審計委員會制定了一個最新章程，並在 2000 年 4 月 24 日得到了全體董事會的批准。最新章程反應了新的證券交易委員會法規和紐約股票交易所規則所制定的標準，把委員會的職責劃分為三大類：

- 監督本公司管理階層對季度和年度財務報告的編制；
- 管理本公司與其外部審計者之間的關係，包括推薦外部審計者的任命或撤銷、審查審計服務和非審計服務的範圍及相關費用、判斷外部審計者是否獨立；
- 考核管理階層對有效的內部控制制度的實施情況，包括檢查本公司的內部審計計畫及其在法規、商業倫理和利益衝突方面的政策。

委員會在 2001 年度舉行了 7 次聚會以履行其職責。委員會在安排會議時間上有確保所有事務都有涵蓋在內。

委員會在所有財務報表發佈前，與管理階層和外部審計者一起對其進行了檢查和討論，視為是對該公司財務報表監督的一部分。任何情況下管理階層都要告知委員會所有的財務報表均按公認會計準則編制，並與委員會一起審核重要的會計問題。這些審核包括依據審計公告第 61 號（與審計委員會溝通）的要求，必須與外部審計者討論必要共同商榷的事項。

委員會還與資誠會計師事務所討論了關於其獨立性的問題，包括對審計費用和非審計費用的考察，以及依據獨立性準則委員會第 1 號標準（與審計委員會的獨立性討論）對委員會進行的揭露。

此外，委員會還考察關於加強本公司內部控制結構的有效性等重要措施與方案。在這個過程中，委員會繼續監督本公司內部審計方案的涵蓋範圍與適當性，並進一步考察用於改善內部工程和控制的人力分配和具體步驟。

將所有這些考核與討論項目納入考量之後，委員會建議董事會批准本公

司會計年度結束於 2001 年 9 月 30 日並納入 10-K 表中的財務報表，以提交給證券交易委員會。

2001 年審計委員會成員

Leo J. O'Donovan, S. J.（主席）

Reveta F. Bowers

Judith L. Estrin

Monica C. Lozano

Thomas S. Murphy

Andrea L. Van de Kamp

Raymond L. Watson

審計和非審計費用

下面表格顯示由資誠會計師事務所為本公司 2001 年度財務報表所提供的專業審計服務費用情況，以及對資誠會計師事務所在 2001 年度提供其他服務的付費情況：

	（單位：百萬美元）
審計費用	$ 8,660
財務資訊系統設計和實施 (a)	11,009
所有其他費用：	
其他審計相關費用和稅務服務費用 (b)	6,771
其他的資訊系統設計和流程改善費用 (c)	25,170
其他費用合計	$31,941

(a) 對全公司範圍內的財務資訊系統的諮詢服務。

(b) 其他審計相關服務主要包括對員工福利計畫及其他項目的審計，以及審核是否符合國際勞工標準。稅務服務包括稅務規範（包括美國聯邦和國際納稅申報）與協助稅務調查。

(c) 諮詢服務是針對本公司員工內部網路系統與其他資訊系統和流程改進項目提供策略外包和電子採購行動與開發。

所有非審計服務都經過了審計委員會的檢查，認定由資誠會計師事務所提供的這類服務無損於其行使審計職能的獨立性。

項目 4——股東提議

本公司獲悉若干股東欲在年度大會上提交建議。一旦收到口頭或書面的要求，公司秘書處將立即提供下述這些提議者的位址和股權情況。

提案 1

本公司得到通知，聯合協會標準普爾 500 指數基金的一位代表欲在年會上提出下述建議：

● **決議**：迪士尼公司股東要求董事會採用一項政策，即未來被任符命為本公司獨立會計師的公司將只能為本公司提供審計服務，而不得提供其他任何服務。

● **論證**：證券交易委員會透過了新的投票權代理說明書規則，於 2001 年 2 月 5 日生效。它要求公司揭露為會計公司的審計服務和非審計服務各支付了多少費用。

　　結果令人震驚。根據《華爾街日報》2001 年 4 月 10 日的報導，「最新揭露的資料表明，美國的大公司們去年付給它們的獨立會計公司的非審計服務費用要遠遠高於估計金額，使人們重新質疑這些高額費用是否會給審計公司帶來利益衝突……問題在於：一家會計公司透

過對客戶提供其他服務賺取了成百萬美元，那麼它在進行審計時能做到有多客觀呢？」

《華爾街日報》報導說，在它所調查的 307 家標準普爾 500 公司中，非審計服務的平均費用幾乎三倍於審計費用。

本公司在 2001 年投票權代理說明書中公佈 2000 年度對資誠的審計和非審計服務付費情況時，SEC 新的資訊揭露規則尚未生效，但 2000 年度投票權代理說明書的確指出資誠行使下述非審計職能：「與向 SEC 提交文件相關的服務，與監督特許方和製造商是否遵循本公司行為準則相關的服務，以及對稅務、會計、資訊服務和業務流程等事項的諮詢服務。」

當 SEC 徵求對其會計師揭露規則的意見時，大量機構投資者要求審計者不得收取來自同一公司的非審計費用。加利福尼亞州政府員工退休系統的總顧問凱拉·吉蘭(Kayla J. Gillan)寫道：「SEC 應該考慮簡化其建議，採用一個明確的標準：對審計客戶不提供非審計服務。」TIAA-CREF 主席兼執行總監約翰·畢格(John H. Biggs)寫道：「獨立的公共審計公司不應該充當任何它們同時提供其他服務的公司的審計者。就這麼簡單。」

有理由承認，如果董事會採納一條政策，即在未來任何被任命為本公司獨立會計師的公司將只向本公司提供審計服務而不提供任何其他服務，那麼將會是最大程度地符合本公司股東的利益。」

本公司董事會建議對該提議投反對票，理由如下：

正如在對項目 2 的討論中所指出的，本公司聘用獨立會計師資誠在其核心的審計職能之外就眾多事項提供建議。這些聘用決策是在滿足兩個條件的

情況下做出的。第一條是確定資誠的特殊專長,加之其對本公司及本公司管理和財務體系的瞭解,能夠顯著保證帶來高品質、專注、及時和有用的結果。第二條是確定聘用是與保持審計公司的獨立性相一致的。正如在審計委員會報告中指出的,審計委員會定期對這兩個條件是否滿足進行檢查。

決定各項任務在會計(和其他)公司中的如何最佳分配的自主權,是董事會和審計委員會得以履行它們對本公司及其股東的職責的一項基本的權力。我們認為,保留這一自主權不會削弱本公司監督和確保我們的審計公司的獨立性的能力。公司官員和審計委員會持續地監督和評估資誠在審計服務和非審計服務兩方面的績效、對所有上述服務的付費情況,以及非審計服務與保持審計公司獨立性的相容程度。

而且,根據美國註冊會計師協會指南和資誠的內部程式,資誠已設有流程來確保其審計是以客觀、無偏袒的方式進行,包括業務合夥人的強制輪換,由一名獨立合夥人同時對每次審計進行檢查,以及由另一家大的會計公司定期檢查其審計做法。

除了這些內部程式之外,我們每年都尋求股東批准我們對獨立審計公司的選擇。我們還向股東提供關於對審計公司的付費情況的資訊,並揭露審計委員會對非審計服務是否與保持審計公司的獨立性相容的看法。這些都是按照證券交易委員會所要求的規則進行的。

鑒於已有的保護性措施及當獨立審計公司執行非審計工作時所要求的資訊揭露,我們認為不存在濫用權力的可能性,而且,如果隨意限制管理階層和董事會在選擇審計公司或其他外部提供者時實施商業判斷的權力,本公司或其股東得不到任何利益。

因此,董事會建議您對這一提案投反對票。除非您具體說明,在面對這一提案時,您的投票權代理說明書中將會投反對票。

案例 **1.2** Cyberonics 公司

Cyberonics 公司成立於 1987 年，它設計、開發、製造和行銷一種可植入的醫療設備 NCP，用於對癲癇、精神疾病和其他功能失調症狀的治療。公司 1997 年獲得聯邦藥物與食品管理局(FDA)的批准在美國使用 NCP 治療癲癇。 2001 年，治療抑鬱症、肥胖症、阿茲海默氏症和憂鬱症等功能失調病症的種種研究也在進行之中。下面摘錄自公司 2001 年度年報中的管理階層討論與分析部分。

要求

1. 年報中的管理階層討論與分析部分為什麼對財務分析者有用？在這一部分能找到什麼類型的資訊？

2. 利用 Cyberonics 公司 2001 年報中管理階層討論與分析部分的摘錄，討論應該在這一部分進行討論的項目是否確實被闡述。舉例支持你的回答。

3. 評價在管理階層討論與分析部分， Cyberonics 公司提供的資訊的總體品質。

4. 僅基於這一部分，你對公司的前景有何評價？

摘要

我們成立於 1987 年，所設計、開發和行銷的醫療設備為治療癲癇和其他的精神、心理疾病以及功能失調提供了一種獨特的療法——迷走神經刺

激。1988年11月，NCP系統在FDA的要求下開始進行第一次人體植入的臨床試驗。1997年7月我們獲得了FDA的批准在美國行銷NCP系統，作爲一種附屬療法來降低對癲癇治療藥物有不良反應的成人和12歲以上的兒童的發病頻率。1994年我們獲得監管當局的批准在歐盟成員國銷售NCP系統。我們還獲准在其他某些國際市場銷售，這些市場把更廣泛的症狀認定爲癲癇治療藥物的不良反應，並且沒有對病人年齡的限制。

2001年3月，NCP系統被N.V.KEMA（這是一個代表歐盟成員國的官方實體）認可，用於治療處於無法接受傳統治療的嚴重抑鬱期的病人的慢性或反復性抑鬱症狀。這一ＣＥ認證按定義包括對患有抑鬱型功能失調（或稱爲單極性抑鬱症）以及患有躁鬱型功能失調（或稱爲狂鬱症）的病人的抑鬱症治療。2001年4月，NCP系統得到加拿大的批准，用於治療處於無法接受傳統治療的嚴重抑鬱期的病人的慢性或反復性抑鬱症狀。加拿大和歐盟對NCP系統的批准令的相似之處在於，患有單極性抑鬱症和患有躁鬱症的病人都被包括在內。

從開業到1997年7月，我們的主要重心是獲取FDA批准NCP系統用於治療癲癇。自開業以來，我們支出了巨額的費用，主要用於研發活動，包括：產品和流程開發，臨床試驗和相關的法規事項，銷售和行銷活動，以及生產的啓動成本。近期我們還在下述方面投入了大量資金：在美國市場上推出NCP系統，以及與新的適應症（最主要的是抑鬱症）開發相關的臨床研究成本。我們預期至少到2003財政年度仍不會營利，因爲我們將繼續努力對新的適應症開發迷走神經刺激，包括抑鬱症、肥胖、阿茲海默氏症、憂鬱症以及我們的專利所涵蓋的其他功能失調病症。

2001年3月，我們選擇將財政年度從6月30日改爲結束於每年4月最後一個星期五的含52或53個星期的一年，自2001年4月27日生效。相應

的，2001 財政年度開始於 2000 年 7 月 1 日，結束於 2001 年 4 月 27 日。

　　從開業到 2001 年 4 月 27 日，我們的累計淨虧損約為 1.036 億美元。而且，我們預期會把抑鬱症和其他適應症業務單元的大量資金投入開發 NCP 系統的新的使用範圍的臨床研究。對抑鬱症的臨床研究是探索性的療法，在獲得 FDA 批准之前不會帶來顯著的銷售額，而獲得 FDA 的批准不會早於 2003 日曆年度。因此，我們將遭受的經營虧損程度會超過近期。此外，這些支出的時間和性質是依不在我們控制中的若干因素而定的，可能會超出證券分析者和投資者的當前預期。我們在 2003 財政年度之前不指望出現營利。

▌ 營運結果

■ 銷售收入淨額

　　在截至於 2001 年 4 月 27 日的 10 個月裏，銷售收入淨額總計為 4,340 萬美元，而在截至於 2000 年 4 月 30 日的 10 個月中的銷售額為 3,770 萬美元，即增長率為 15%。這一增長是抑鬱銷售量增長和產品組合種類增多共同帶來的。在截至於 2000 年 6 月 30 日的 12 個月中的銷售額是 4,790 萬美元，而在截至於 1999 年 6 月 30 日的 12 個月中的銷售額為 2,990 萬美元。在截至於 2001 年 4 月 27 日的 10 個月裏的國際銷售額是 440 萬美元，而在截至於 2000 年 4 月 30 日的 10 個月中的國際銷售額為 390 萬美元，即增長率為 13%。在截至於 2000 年 6 月 30 日的 12 個月中的國際銷售額是 540 萬美元，而在截至於 1999 年 6 月 30 日的 12 個月中的國際銷售額是 360 萬美元。在截至於 2001 年 4 月 27 日的 10 個月裏的美國銷售額為 3,900 萬美元，而在截至於 2000 年 4 月 30 日的 10 個月中的美國銷售額為 3,380 萬美元，即成長率為 15%。在截至於 2000 年 6 月 30 日的 12 個月中的美國銷售額是 4,250 萬美元，而截至

於 1999 年 6 月 30 日的 12 個月中的美國銷售額是 2630 萬美元。

截至於 2001 年 4 月 27 日的年度以及截至於 2000 年 6 月 30 日和 1999 年 6 月 30 日的兩個年度,幾乎所有的銷售都來自於癲癇治療產品。

雖然我們期望在美國和世界範圍內實施更多的臨床試驗活動,並尋求與這些研究相關的補償,但我們不能指望補償金額在未來會很高。銷售收入淨額的未來增長將取決於市場對 NCP 系統的接受程度和我們從第三方支付者那裏擴大補償的能力。我們不能保證以後期間的銷售水準會以與近期相同的速度成長。

■ 銷售毛利

銷貨成本主要包括:直接勞力成本,分配的製造費用,第三方承包商成本,特許使用費,以及原材料和部件的購買成本。在截至於 2001 年 4 月 30 日的 10 個月裏的銷售毛利率是 72.8%,而在截至於 2000 年 4 月 30 日的 10 個月中的銷售毛利率是 75.4%。在截至於 2000 年 6 月 30 日和 1999 年 6 月 30 日的 12 個月的銷售毛利率分別是 75.3% 和 74.2%。在 2001 財政年度銷售毛利率之所以下降是因爲有 180 萬美元的無形損耗成本。 2000 年 2 月, 101 型號產品被引入,並立即獲得了付款方、病人和醫生的認可,從而導致對 100 型號產品的偏好不復存在,這是未曾預料到的。鑒於這一需求變化, 100 型號產品的現有存貨被認爲是過時的,在 2001 年度沖銷。如果沒有這些無形損耗成本,在截至於 2001 年 4 月 27 日的 10 個月裏的銷售毛利率將是 77.0%,即比截至於 2000 年 4 月 30 日的 10 個月增長了 1.6%。在未來,我們有義務按銷售收入淨額的 4% 的費率支付特許權使用費。未來的銷售毛利率預期會根據下列因素的情況而波動;直接銷售和國際銷售的比例,直接銷售和分銷商銷售的比例, NCP 系統的售價,適用的特許使用費費率,以及

產量水準。

■ 銷售、管理和總務費用

截至於 2001 年 4 月 27 日的 10 個月裏的銷售、管理和總務費用為 3,360 萬美元，占同期銷售額的 77.3%。截至於 2000 年 4 月的 10 個月中的銷售、管理和總務費用 2,700 萬美元，占同期銷售額的 71.6%。費用的增長主要是由於 2000 財政年度末期銷售人員隊伍的擴張，以及用於支援總體基礎設施和業務系統改進的人員增多而造成的。截至於 2000 年 6 月 30 日的 12 個月中的銷售、管理和總務費用為 3,330 萬美元，占同期銷售額的 69.5%。截至於 1999 年 6 月 30 日的 12 個月中銷售、管理和總務費用為 2,960 萬美元，占同期銷售額的 98.9%。我們預期在 2002 財政年度銷售、管理和總務費用會有顯著增長，主要是與治療抑鬱症的產品發佈前的行銷活動有關。

2001 財政年度，我們在每一個適應症業務單元都發生了某些直接管理費用，我們根據估計的資源利用程度來對每一個適應症業務單元分配直接管理費用。在截至於 2001 年 4 月 27 日的 10 個月中，癲癇業務單元的銷售、管理和總務費用為 2,910 萬美元，而截至於 2000 年 4 月 30 日的 10 個月中為 2,700 萬美元。截至於 2001 年 4 月 27 日的 10 個月中，抑鬱症業務單元的銷售、管理和總務費用為 350 萬美元，而截至於 2000 年 4 月 30 日的 10 個月中沒有發生費用。

■ 研發費用

研發費用由與產品和流程開發、產品設計、臨床試驗以及監管活動相關的費用組成。截至於 2001 年 4 月 27 日的 10 個月中，研發費用為 1720 萬美元，占同期銷售額的 39.6%。而截至於 2000 年 4 月 30 日的 10 個月中，研發

費用爲 580 萬美元，占同期銷售額的 15.4% 。費用的增長是由與抑鬱症關鍵性研究和其他的新的適應症嘗試性研究相關的額外成本而帶來的。在截至於 2000 年 6 月 30 日的 12 個月中，研發費用爲 800 萬美元，而在截至於 1999 年 6 月 30 日的 12 個月中爲 670 萬美元。

截至於 2001 年 4 月 27 日的 10 個月中，癲癇業務單元的研發費用爲 470 萬美元，而在截至於 2000 年 4 月 30 日的 10 個月中爲 450 萬美元。在截至於 2000 年 6 月 30 日的 12 個月中，癲癇業務單元的研發費用爲 580 萬美元，而在截至於 1999 年 6 月 30 日的 12 個月中爲 530 萬美元。

截至於 2001 年 4 月 27 日的 10 個月中，抑鬱症業務單元的研發費用爲 1,080 萬美元，而在截至於 2000 年 4 月 30 日的 10 個月中爲 110 萬美元。費用的增長主要是由與完成嘗試性研究和發起對 240 名病人的關鍵性研究相關的額外成本帶來的。在截至於 2000 年 6 月 30 日的 12 個月中，癲癇業務單元的研發費用爲 190 萬美元，而在截至於 1999 年 6 月 30 日的 12 個月中爲 80 萬美元。

截至於 2001 年 4 月 27 日的 10 個月中，其他適應症業務單元的研發費用爲 170 萬美元，而在截至於 2000 年 4 月 30 日的 10 個月中爲 20 萬美元。費用的增長是由於正在進行的評估 VNS 的其他適用範圍（包括肥胖症、Alzheimer 病、焦慮症和我們的專利產品可以治療的其他症狀）的臨床試驗研究方案而造成的。在截至於 2000 年 6 月 30 日的 12 個月中，肥胖症和其他適應症業務單元的研發費用爲 35 萬美元，而截至於 1999 年 6 月 30 日的 12 個月中爲 57 萬美元。

■ 非經常性費用

截至 2001 年 4 月 27 日的 10 個月中，非經常性費用爲 650 萬美元。 2000

年 9 月 11 日，Medtronic 公司公開宣佈購併本公司，價格為每股 26.00 美元，用其普通股股票支付。公司董事會在財務顧問摩根士丹利公司的幫助下，決定保持獨立性，以便抓住自己受專利保護的業務機遇。2000 年 9 月 28 日，Medtronic 公司宣佈取消購併。本公司發生了 650 萬美元的非經常性費用，包括支付給摩根士丹利的 600 萬美元的投資銀行費。本公司還發生了大約 350,000 美元的法律、會計和諮詢費用，及 117,000 美元的相關成本。

■ 利息收入

　　截至於 2001 年 4 月 27 日的 10 個月中，利息收入為 110 萬美元，而截至於 2000 年 4 月 30 日的 10 個月中也為 110 萬美元。在截至於 2000 年 6 月 30 日的 12 個月中，利息收入總計為 140 萬美元，而在截至於 1999 年 6 月 30 日的 12 個月中為 150 萬美元。我們預期，隨著我們利用自有資源來為未來的營運資本要求融資，利息收入和其他收入的絕對金額會逐漸減少。

■ 利息費用

　　截至於 2001 年 4 月 27 日的 10 個月中，利息費用為 65,000 美元，而截至於 2000 年 4 月 30 日的 10 個月中也為 330 美元。截至於 2000 年 6 月 30 日的 12 個月中，利息費用為 3,300 美元，而在之前的期間沒有利息費用。利息費用與製造設備的資本租賃有關，利率是 6.56%，期限為 5 年。

■ 其他收入（費用），淨值

　　在截至於 2001 年 4 月 27 日的 10 個月中，其他收入（費用）的淨值總計為－147,000 美元，而在截至於 2000 年 4 月 30 日的 10 個月中為－154,000 美元。在截至於 2000 年 6 月 30 日的 12 個月中，其他收入（費用）的淨值總

計為－44,900 美元,而在截至於 1999 年 6 月 30 日的 12 個月中為 115,000 美元。在所有報告期間,其他收入(費用)主要由外幣波動造成的淨損益組成。我們預期未來期間的其他收入(費用)的波動取決於匯率的波動。

■ 所得稅

在 2001 年 4 月 27 日,我們在繳納聯邦所得稅時有大約 9,760 萬美元的營業虧損前轉額。

■ 會計原則的變更

自 1999 年 7 月 1 日起,我們把國內固定資產的折舊計算方法由雙重抵減法改為直線法。之所以實施這一變更,是為了根據這些資產和我們的業務的性質來更好地把收入和費用配合。新的折舊方法被追溯用於以前年份獲取的國內資產。會計變更對以前年份的累積影響數是 881,159 美元(淨值,扣除了所得稅 0 美元),並被納入截至於 2000 年 6 月 30 日的財政年度的收益中。

▌ 流動性和資本來源

從一開始,我們主要就是透過公開或私下出售我們的證券來為營運進行融資。2000 年 6 月,我們為了獲取一套製造設備而簽署了資本租賃合同,該設備的估價約為 650,000 美元,用於 NCP 系統的生產。資本租賃合同的利率為 6.56%,期限是到 2005 年 4 月。

在截至於 2001 年 4 月 27 日的 10 個月中,我們使用了來自經營活動的大約 510 萬美元現金。應收帳款和存貨分別從 2000 年 6 月的 830 萬美元和 660 萬美元減少到 2001 年 4 月的 660 萬美元和 430 萬美元。我們還使用了約 360

萬美元購買資本設備，以便擴大製造和業務體系產能。由於員工行使所持有的股票選擇權，我們獲得了大約 300 萬美元的收入。在截至於 2001 年 4 月 27 日的 10 個月中，我們在私募發行中透過出售普通股股票籌集了大約 4,250 萬美元。

截至於 2000 年 6 月 30 日的 12 個月中，我們使用了來自經營活動的大約 820 萬美元的現金。應收帳款和存貨分別從 1999 年 6 月的 540 萬美元和 520 萬美元增加到 2000 年 6 月的 830 萬美元和 660 萬美元。我們還使用了約 410 萬美元購買資本設備，以擴大產能和顯著改善一體化業務體系。由於員工行使所持有的股票選擇權，我們在截至於 2000 年 6 月 30 日的 12 個月中獲得了大約 810 萬美元的收入，在截至於 1999 年 6 月 30 日的 12 個月中獲得了大約 140 萬美元的收入。由於需要在持續臨床試驗和相關法規事項、產品和流程開發，以及基礎設施開發方面支出費用，我們的流動性將會繼續下降。雖然我們沒有做出確定的承諾，但預期 2002 財政年度的資本支出大約為 420 萬美元，主要是用於擴大產能及強化業務基礎設施。

我們相信現有的資源將足以為我們直至 2003 年 4 月 30 日的營運提供資金，但我們不能對此做出保證，因為這項預測是根據許多假設條件得出的，而它們有可能不成立。在 2003 年 4 月 30 日之前和之後的資金可得性將取決於眾多重要因素，包括：美國資本市場和經濟總體狀況，保健和醫療設備市場的具體情況，我們的國外和國內銷售狀況，以及我們的臨床試驗和法規事項的進展。對於有利於我們條件時，我們有可能無法籌措到額外的資金。

Chapter 2 | 資產負債表

> 老會計師尚未死亡，他們只是找不到一個平衡點。

── 匿名

　　資產負債表也稱爲財務狀況表，提供了大量關於企業的有價值資訊，尤其是用於評估包括幾年間的一段特定期間的表現，以及與其他財務報表共同比較分析時使用。然而，瞭解資產負債表中所涵蓋資訊的一個先決條件是先要理解資產負債表中各個項目，並理解每個項目與整體財務報表之間的關係。

　　例如，我們可先來分析資產負債表中的**存貨**(inventory)項目。存貨是流動性分析中的一項重要內容，而流動性分析涉及公司在必要時滿足現金需求的能力（流動性分析將在第5章中討論）。如果對資產負債表中存貨金額的來源缺乏完整性的瞭解，那麼依據存貨所進行的流動性分析計算就變得無意義了。因此，本章節將涵蓋諸如此類問題：何謂存貨、存貨餘額受到會計政策的影響程度、公司將如何選擇以及爲何有時會改變存貨的計價方式、何處可找到關於存貨的會計揭露資訊、該項目將如何影響公司的財務狀況與經營業績的整體評估。對存貨以及資產負債表其他項目進行逐一說明的方式，能提供讀者分析和解釋資產負債表資訊時所必需的知識與背景介紹。

2.1　財務狀況

　　資產負債表說明一家公司在特定期間的財務狀況。資產負債表整理了公

司所**擁有**(owns)的「資產」，**積欠**(owes)外部人士的「負債」以及內部所有者
的「股東權益」。從定義上來看，資產負債表中各項目的餘額必須平衡，即
所有資產項目的總合必須等於負債與股東權益之加總。等式可如下表示：

$$資產＝負債＋股東權益$$

　　本章將逐項說明R.E.C.公司的合併資產負債表（表2-1）。該公司在美國
西南部的城市中透過零售店銷售娛樂產品。部分零售店為該公司所擁有，部
分則是採租用的方式。雖然資產負債表中的項目依行業別與企業別而有所不
同，但本章節所提及的項目可適用在大多數的公司。

報表合併編制

　　首先要注意的是該報表為R.E.C.公司及其子公司的合併報表。當母公司
擁有子公司50%以上具投票權的股票時，即時它們在法律上屬於不同實體的
公司，公司的財務報表就會進行合併。報表必須合併是鑑於母公司擁有控制
權的比例而言，顯示這些公司在**實質上**(in substance)是屬於一家公司。就
R.E.C.公司而言，它全資擁有各子公司，這表示母公司控制著子公司100%有
投票權的股票。當控股權低於100%時，合併資產負債表和損益表中會反映
出少數股東權益的項目。

資產負債表日期

　　資產負債表通常於一個會計期間（一年或一個季度）的期末編制。大多
數公司，例如R.E.C.公司，皆使用結束日期為12月31日的日曆年度作為會計

表2-1	**R.E.C.公司合併資產負債表（截止日為12月31日）**	單位：千美元	
		2004年	**2003年**
資產			
流動資產			
	現金	$ 4,061	$ 2,382
	有價證券（附註A）	5,272	8,004
	應收帳款，2004年和2003年分別減去448,000美元和		
	417,000美元的壞帳準備	8,960	8,350
	存貨（附註A）	47,041	36,769
	預付費用	512	759
	流動資產合計	65,846	56,264
土地、工廠和設備（附註A、C和E）			
	土地	811	811
	建築和租賃改良	18,273	11,928
	設備	21,523	13,768
		40,607	26,507
	減：累積折舊和攤銷	11,528	7,530
	土地、工廠和設備淨值	29,079	18,977
其他資產（附註A）		373	668
資產總計		95,298	75,909
負債和股東權益			
流動負債			
	應付帳款	$14,294	$ 7,591
	應付票據──銀行（附註B）	5,614	6,012
	長期負債在未來1年內到期的部分（附註C）	1,884	1,516
	應計負債	5,669	5,313
	流動負債合計	27,461	20,432
	遞延聯邦所得稅款（附註A和D）	843	635
	長期負債（附註C）	21,059	16,975
	承諾（附註E）		
	總負債	49,363	38,042
股東權益			
	普通股，面值1美元，核准1000萬股，2004年流通在外的		
	有4803000股，2003年流通在外的有4594000股（附註F）	4,803	4,594
	額外實收資本	957	910
	保留盈餘	40,175	32,363
	股東權益合計	45,935	37,867
負債和股東權益總計		95,298	75,909

相對應的附註不可與報表分開表述。

期間。公司在每個季度的終止日（3月31日、6月30日和9月30日）皆會編制期間財務報表。而有些公司所採用的會計年度的結束日期則不是12月31日。

　　資產負債表必須在特定日期進行編制是相當重要的一件事。例如，現金是資產負債表上列出的第一個項目，代表12月31日的現金金額；該數字與12月30日或1月2日的數字可能會有很大差異。

比較性資料

　　單一會計年度的財務報表的價值相當有限，因為沒有一個參考點來判斷公司財務狀況於一段時間內的變化情形。根據SEC所要求的整合揭露方式，年報中提交給股東的資訊息應包含2年審計過的資產負債表以及3年審計過的損益表與現金流量表。因此，R.E.C.公司的資產負債表揭露了公司在2004年12月31日和2003年12月31日的財務狀況。

共同比資產負債表

　　共同比資產負債表是分析資產負債表時的相當有用的工具。共同比財務報表採垂直比率分析的方式，透過一個共同的分母，對銷售額或總資產額不同的公司進行比較。共同比報表對於評價一個公司的發展趨勢與產業比較分析也相當有用。R.E.C.公司的共同比資產負債表請見表2-2。本章節及第5章節都將用到該表中的資料。共同比資產負債表把資產負債表中的每一項目計算成總資產的一個百分比。共同比報表使得進行公司內部或結構分析時更為方便。共同比資產負債表揭露一個主要類別下各項資產的組成情況，例如現

表2-2 R.E.C.公司共同比資產負債表				單位：%	
	2004年	2003年	2002年	2001年	2000年
資產					
流動資產					
現金	4.3	3.1	3.9	5.1	4.9
有價證券	5.5	10.6	14.9	15.3	15.1
應收帳款，減去壞帳準備	9.4	11.0	7.6	6.6	6.8
存貨	49.4	48.4	45.0	40.1	39.7
預付費用	0.5	1.0	1.6	2.4	2.6
流動資產合計	69.1	74.1	73.0	69.5	69.1
土地、工廠和設備					
土地	0.8	1.1	1.2	1.4	1.4
建築和租賃改良	19.2	15.7	14.4	14.1	14.5
設備	22.6	18.1	17.3	15.9	16.5
減：累積折舊和攤銷	（12.1）	（9.9）	（6.9）	（3.1）	（3.0）
土地、工廠和設備淨值	30.5	25.0	26.0	28.3	29.4
其他資產	0.4	0.9	1.0	2.2	1.5
資產總計	100.0	100.0	100.0	100.0	100.0
負債和股東權益					
流動負債					
應付帳款	15.0	10.0	13.1	11.4	11.8
應付票據──銀行	5.9	7.9	6.2	4.4	4.3
長期負債在未來1年內到期的部分	2.0	2.0	2.4	2.4	2.6
應計負債	5.9	7.0	10.6	7.7	5.7
流動負債合計	28.8	26.9	32.3	25.9	24.4
遞延聯邦所得稅款	0.9	0.8	0.7	0.5	0.4
長期負債	22.1	22.4	16.2	14.4	14.9
總負債	51.8	50.1	49.2	40.8	39.7
股東權益					
普通股	5.0	6.1	6.7	7.3	7.5
額外實收資本	1.0	1.2	1.3	1.6	1.8
保留盈餘	42.2	42.6	42.8	50.3	51.0
股東權益合計	48.2	49.9	50.8	59.2	60.3
負債和股東權益總計	100.0	100.0	100.0	100.0	100.0

金與現金等值物與其他流動資產的比例、資金投入於各資產的分佈形式（短期、長期和無形資產），以及負債結構（短期和長期負債）。

2.2　資產

流動資產

　　資產負債表上的資產根據其使用的方法進行分類（見表2-3）。流動資產包括現金或預期可以在1年或1個經營週期（兩者中取較長的一個）內變現的資產。**經營週期**(operating cycle)是指採購或生產庫存、銷售產品並收回現金所需的時間。對大多數公司來說，經營週期通常低於1年，但對煙草或酒類產品的行業來說，通常高於1年。「流動」這個用字的意義基本上是指那

表2-3　**R.E.C.公司合併資產負債表（截止日為12月31日）**	2004年	2003年
資產		
流動資產		
現金	4,061	2,382
有價證券（附註A）	5,272	8,004
應收帳款，2004年和2003年分別減去448,000美元和		
417,000美元的壞帳準備	8960	8,350
存貨（附註A）	47,041	36,769
預付費用	512	759
流動資產合計	65,846	56,264
土地、工廠和設備（附註A、C和E）		
土地	811	811
建築和租賃改良	18,273	11,928
設備	21,523	13,768
	40,607	26,507
減：累積折舊和攤銷	11,528	7,530
土地、工廠和設備淨值	29,079	18,977
其他資產（附註A）	373	668
資產總計	95,298	75,909

單位：千美元

些在企業持續營運過程中經常損耗且需要不斷補充的資產。**營運資本**(working capital)或淨營運資本(net working capital)是指流動資產超出流動負債的部分（流動資產減去流動負債）。

現金及有價證券

R.E.C.公司的表2-3中分別揭露了這兩個項目，通常被統稱為「現金和約當現金」。現金項目是指任何形式的現金——待存入的現金或存在銀行帳戶中的現金。有價證券（也稱作短期投資）是現金的替代物，是將企業不會立即用到的現金暫時進行投資以獲取報酬。這類投資的期限較短（少於1年），以使得利率波動風險降到最低。投資標的必須是相對低風險且流動性高的證券，這樣即可在必要時就撤回資金。具有這些特性的投資標的包括美國國庫券、存單、短期票券、債券、金融機構的可轉讓存單以及商業本票（大公司發行的無擔保票券）。從共同比資產負債表可以看出，R.E.C.公司持有的現金和有價證券從2000年的20%降到2004年的10%以下。

根據1993年發佈的一項會計原則，資產負債表上有價證券以及其他債務或權益證券的評價取決於該項目的投資目的。財務會計準則第115號「對債務和權益證券的部份投資的會計方法」(註1)，對自1993年12月15日起的會計年度生效，它要求把投資證券分成三類：

1. **持有至到期日**(Held to maturity)：適用於公司具有正面意圖並能夠持有至到期日的債務證券。這類證券依攤銷成本提列。

2. **交易證券**(Trading securities)：是指準備在短期內再行賣出的債務與權益證券，持有目的不是想藉由資本升值來獲取長期收益。這類證券以**公平價值**(fair value)進行提列未實現之損益則包含於盈餘中。

3. **可銷售證券**(Securities available for sale)：是指未歸類於上述兩類的債務與權益證券，無論是持有至到期日或是交易證券。可銷售證券按公平價值提列，未實現損益列入在綜合收益項目中。累積未實現損益在股東權益中的累積其他綜合收益項目中揭露。

財務會計準則第115號公告不適用於合併子公司的投資，也不適用於按權益法記帳的權益證券的投資（見第3章）。

這項會計要求對金融機構和保險公司的影響最為明顯，原因是不斷地進行證券交易是屬於其經營活動的一部分。例如像R.E.C.公司的「有價證券」或「約當現金」項目下的證券類型，很容易轉化成現金且市價等於或非常接近成本，就如R.E.C.公司財務報表附註A所示（見表1-2）。（「有價證券指短期的附息證券，以成本價表示，且成本價接近市價。」）但是，如果市價與成本有很大差異，公司就必須決定採用哪種投資類型。例如，如果這類證券被認為是「可銷售」，它們將按當前價格表示，而且累積未實現損益將作為資產負債表中股東權益的一部分處理。

應收帳款

應收帳款是對顧客賒銷所產生的未償清帳款餘額，在資產負債表上按可實現淨價值提列，即實際帳款金額減去**壞帳準備金額**(allowane for doubtful accounts)。管理階層必須根據過去的經驗、對顧客信譽的認識、經濟狀況、公司的收款政策等諸多因素，判斷一段會計期間預期不能收回的帳款金額。實際損失從壞帳準備中抵減，在每個會計期間結束時再對其進行調整。

壞帳準備對評價盈餘的品質相當重要。例如，如果公司透過降低賒銷標準來增加銷售，那麼壞帳準備應該有相對比例的增加。對壞帳準備的估計，

不但影響資產負債表上應收帳款的評價，也影響到損益表上壞帳費用的認列。分析者應該對壞帳準備的變化額提高警覺——與銷售額和未償還應收帳款額兩者之間的關係，還應該注意在改變舊有壞帳提列方式時是否有是適當的理由。

R.E.C.公司的壞帳準備提列了全部應收帳款金額的5%左右。為了得到實際的百分比資料，壞帳準備金額必須與報表中的應收帳款淨餘額加在一起：

	2004年		2003年	
壞帳準備	448	= 4.8%	417	= 4.8%
應收帳款（淨值）＋壞帳準備	8,960＋448		8,350＋417	

從資產負債表上的應收帳款項目扣除而來的壞帳準備項目應該反映出賒銷規模、公司過去與顧客的經驗、顧客基礎、公司的賒銷政策、公司的收款方式、經濟狀況以及上述因素所出現的變化。銷售額、應收帳款變化率與壞帳準備之間的關係應該有一致性。如果金額出現顯著不同的速度變化，或者呈現不同的變化方向，例如銷售額與應收帳款成長中，而壞帳準備卻減少或者增加的速度慢很多，分析者就應該注意是否對壞帳準備項目有操縱的現象。當然，這種變化也可能有合理的原因。

找出銷售增加的情況與應收帳款和壞帳準備之間的關係所需的相關項目可以在損益表（銷售）與資產負債表（應收帳款和壞帳準備）上找到。下列資訊來自於R.E.C.公司的損益表和資產負債表（單位：千美元）。

項目	2004年	2003年	變化百分比（%）
淨銷售額	$215,600	$153,000	40.9
應收帳款（合計）	9,408	8,767	7.3
壞帳準備	448	417	7.4

在2003年至2004年期間，R.E.C.公司的銷售額有明顯地成長（40.9%），

而應收帳款和壞帳準備則略有成長（7.3%和7.4%）。可以看出，2004年銷售成長不是因為放寬賒銷條件所得來，這是一個好現象。另個正面的訊息是，隨著應收帳款的成長壞帳準備也有所成長。如果壞帳準備減少了，就應該注意管理階層是否有可能在操縱數字以增加盈餘數字。第5章將介紹如何進一步分析應收帳款及其品質。

存貨

存貨是指持有銷售產品或在生產銷售產品時需使用的物品。像R.E.C.公司這樣的零售公司在資產負債表上只列示一種類型的存貨：為銷售給大眾所購買的商品存貨。相反地，製造業公司持有三種不同類型的存貨：原物料、在製品、製成品。對大多數公司而言，存貨是公司主要的收入產生來源。但是服務業是個例外，它們僅持有很少或是根本不持有存貨。表2-4提供製造

表2-4 存貨占總資產的百分比	單位：%
行業別	百分比
製造業	
藥品與醫療	22.7
傢俱	32.1
體育運動用品	36.2
批發業	
藥品	32.6
傢俱	27.0
體育和休閒用品	48.7
零售業	
藥品	41.0
傢俱	48.9
體育用品和自行車	60.3

資料來源：Robert Morris Associates, *Annual Statement Studies,* Philadephia, PA,2001.

業、批發業和零售業中存貨所占的比例。藥品、傢俱和體育用品三個行業的存貨占總資產的比例對製造業是在22.7%至36.2%之間，對零售業則在41.0%至60.3%之間。共同比資產負債表顯示，R.E.C.公司2004年和2003年存貨占總資產的比例分別為49.4%和48.4%。前面有提到過，2000年到2004年之間現金和有價證券所占比例下降了大約10%。同一時期的存貨所占比例上升了大約10%，這數字表示公司的資產結構有所改變。R.E.C.公司很可能選擇現金支付的方式來進行業務擴張。新開設的店面必須備有存貨。

相對於存貨的重要性，公司所選擇的存貨計價會計方法以及相關的銷貨成本衡量方法，對公司的財務狀況和經營成果也有很大影響。因此，瞭解存貨會計的基本知識以及不同會計方法對公司財務報表的影響，對財務報表資訊的使用者來說是相當重要的。

存貨會計方法

公司所選擇的存貨計價方式將決定資產負債表上的存貨金額和損益表上所認列的銷貨成本金額。若有通貨膨脹以及納稅和現金流量等問題存在，更顯示了存貨會計的重要性。存貨計價是根據商品流動的**假設**(assumption)，與產品銷售的實際順序沒有任何關係。成本流動假設是把每個會計期間所賣出產品的成本與銷售所產生的收入進行**配合**(match)，並在會計期間結束時，替未銷售的存貨認定一個貨幣價值。

美國公司最常採用的三種成本流動假設是先進先出法、後進先出法和**平均成本法**(average cost)。正如其名，先進先出法假設最先購入的物品在會計期間內最先售出，後進先出法假設最後購入的物品最先售出，平均成本法用平均購買價格來確定所售產品的成本。有一個簡單的例子可以說明三種方法

的區別。一家新公司在營業的第一年度中買入5件產品銷售，買入順序和價格如下所示：

物品	購買價格（美元）
#1	$ 5
#2	$ 7
#3	$ 8
#4	$ 9
#5	$11

公司在年底時賣出其中3件。成本流動假設是：

會計方法	所售產品	所剩存貨
先進先出法	#1, #2, #3	#4, #5
後進先出法	#5, #4, #3	#2, #1
平均成本法	〔總成本/5〕×3	〔總成本/5〕×2

對損益表和資產負債表所產生的影響是：

會計方法	銷貨成本（損益表）	存貨計價（資產負債表）
先進先出法	20美元	20美元
後進先出法	28美元	12美元
平均成本法	24美元	16美元

可以清楚地看到，通貨膨脹時期的產品價格會不斷地上升。因此，後進先出法會得出最高的銷貨成本（28美元）和最低的期末存貨價值（12美元）。並且，後進先出法下的銷貨成本最接近當前存貨的成本，因為它們是於最近期所購買的。另一方面，資產負債表上的存貨項目與重置成本相較之下是被低估了，因為它反映的是價格較低時的原有成本。如果公司採用後進先出法對存貨計價，不需要按通貨膨脹率重新調整銷貨成本，因為後進先出法使當前的成本與當前的銷售相符。但是，資產負債表上的存貨將不得不向上調整，以反映通貨膨脹。先進先出法的效果正相反：在物價上漲時，資產

圖2-1 存貨會計方法

會計方法	銷貨成本 （損益表）	存貨計價 （資產負債表）
先進先出法	最先購入的貨品	最後購入的貨品 （接近於當前成本）
後進先出法	最後購入的貨品 （接近於當前成本）	最先購入的貨品
平均成本法	所有購入貨品的平均值	所有購入貨品的平均值

負債表上的存貨按現行成本計價，而損益表上的銷貨成本則被低估了。

　　在70年代早期針對美國600家工業和商業公司進行的會計慣例年度調查中，其中146家被調查的公司報告採用後進先出法認列全部或部分的存貨。到90年代，這個數字已上升到326家公司（註2）。為什麼如此多的公司轉變成後進先出法？答案在於稅賦的因素。

　　回到上述的例子，你可以注意到當物價上漲時，後進先出法會得出最高的銷貨成本費用。費用扣減越多，應稅所得就越少。因此，採用後進先出法在通貨膨脹時期可以減少公司的應納稅額。不同於某些會計原則（公司允許在計稅時採用一種方法，而在財務報告時採用另一種方法），選擇後進先出法計算應稅所得的公司在公佈盈餘時也必須採用後進先出法。很明顯地，許多轉換成後進先出法的公司願意公佈較低的盈餘資料，以換取因為後進先出法的稅收效應所帶來的現金利益。不過，有證據顯示轉換成後進先出法的趨勢正在改變，選擇先進先出法的公司數目也逐漸增加中。原因在於通貨膨脹率較低以及公司希望公佈較高的會計盈餘。

　　在上述例子中，後進先出法產生的盈餘低於先進先出法或平均成本法，

但是也有一些例外。**物價下跌時期**(period of falling prices)結果會出現明顯的相反情形。而且，某些公司所出現的物價變動可能與整體趨勢相反。高科技產業就是一個很好的例子，該產業中有許多產品價格都已經下跌（註3）。

由於存貨成本流動假設對財務報表——資產負債表上公佈的存貨金額和損益表上的銷貨成本——有很大的影響，因此了解資訊揭露的方式就很重要。存貨的計價方法通常是出現在與存貨相關的財務報表附註中。R.E.C.公司在附註A中有如下解釋：存貨按成本（後進先出法）與市價兩者中較低的一項提列。這點說明了公司採用後進先出法來認列成本。對存貨按成本或市價孰低法計價反應了會計的穩健原則。如果存貨的實際市價跌至按成本流動假設（對R.E.C.公司而言是後進先出法）所認定的成本以下，那麼存貨就應該依市價提列。請注意所用的字眼是成本與市價「孰低」。存貨的帳面價值決不能調高至市價，只能向下調整。

R.E.C.公司有關存貨的附註還提供了採用先進先出法時的計價結果，因為先進先出法計價將高於資產負債表上列示的金額，並且更接近於當前價值：「如果存貨會計採用先進先出法，存貨將比2004年12月31日和2003年12月31日報告的結果分別大約高出2,681,000美元和2,096,000美元。」

預付費用

例如保險金、租金、財產稅和水電費等部份費用，有時會提前支付。如果它們在1年或1個經營週期（兩者取其較長者）內會到期，就被列入流動資產中。通常預付款對整體資本負債表並不重要。對R.E.C.公司而言，2004年預付費用占總流動資產的比例不到1%。

土地、工廠和設備

　　這個類別組成了公司的固定資產（也稱為耐久資產和資本資產），這些資產不會在企業一個年度的營運中消耗完畢。這些資產能夠產生一年以上的經濟效益，而且由於它們具有實體形態，被當作是「有形」資產。除了土地（在理論上有無限的使用壽命）之外的固定資產，必須於企業使用期間內進行「折舊」。折舊過程是對耐用資產分配成本的方法。原始成本減去資產使用結束時的估計殘值之後，在資產預期使用期間內進行分攤。成本還包括為了將資產投入營運所支出的任何費用。在資產負債表日，土地、工廠和設備皆按帳面價值認列，即原始成本減去至資產負債表日的累計折舊金額。

　　正如同第1章所說明到的內容，管理階層對固定資產的處理方法有相當大的自主權。折舊涉及估計資產的經濟壽命以及使用期結束時預期可收回的殘值金額。並且，每期認列的折舊費用取決於所選擇的折舊方法。雖然無論何種方法，在資產使用期內的折舊總額都是相同的，但折舊率則會有所差別。直線法在各期之間平均分攤費用；加速法在資產的使用早期計提較高的折舊費用，在後期計提較低的折舊費用。另一種折舊方法是單位產量法，它根據資產在各期的實際使用情況來確定折舊費用。據《會計趨勢與技巧》一書指出，絕大多數公司在財務報告中使用直線法（註4）：

直線法	576
加速法	82
單位產量法	34

　　現在來看R.E.C.公司資產負債表中土地、工廠和設備這一部分。首先要注意的是有三種單獨認列的類型：土地、建築物和租賃資產改良、設備。固定資產中的土地指的是企業使用的地產，可以是公司的辦公場所或是零售店

所在之地。任何為投資目的而持有的土地應該與企業經營用地分離開來看待（對R.E.C.公司而言可參見「其他資產」部分）。

R.E.C.公司的零售店中有部分為公司所有，有部分是租來的。固定資產中的**建築物**(Buildings)包括公司辦公場所以及這些屬於公司所有的零售店。**租賃資產改良**(Leasehold improvements)是對租來的不動產進行增建或改良工程。在租賃期限屆滿後，租賃資產改良工程上的設施歸出租人所有。因此，租賃資產改良工程的成本應在改良工程的經濟壽命期或租賃期兩者中選擇時間較短的期間內進行攤銷（註5）。

部分公司設有「在建工程」項目。這是指尚未完工的新建築物的建設成本。R.E.C.公司的資產負債表上沒有這一項目。

設備(Equipment)項目記錄的是企業營運中使用的機器和設備的原始成本，包括運費和安裝費。這個項目包括的物品種類很多，例如中央電腦系統，辦公室、零售店和倉庫所用的裝備和設備，以及運貨卡車。土地、工廠和設備這一部分最後的兩行分別認列了累計折舊和攤銷額（除了土地之外的所有固定資產），以及在扣除累計折舊和攤銷額之後的土地、工廠和設備淨額。

固定資產在公司資產結構中所占的相對比例主要是由業務性質決定。製造業在資本資產上的投資一般要遠高於零售企業和批發產業。表2-5說明了表2-4所列的三個行業中，固定資產淨值占總資產的相對百分比。不過應該了解到一點，新購買固定資產的公司的比例會高於因固定資產較舊而使得淨值較低的公司。

製造業的固定資產所占的比例最高；零售業其次，這可能是因為零售商需要店面來銷售產品；批發業在固定資產上的投資最少。

對R.E.C.公司而言，固定資產淨值占總資產的比例，2003年至2004年由25.0%上升至30.5%。第5章中介紹的財務比率可用來衡量這些資產的管理

表2-5	固定資產淨值占總資產的百分比	單位：%
	行業別	百分比
	製造業	
	藥品和醫療	28.6
	傢俱	20.7
	體育運動用品	18.3
	批發業	
	藥品和醫療	9.5
	傢俱	12.4
	體育和休閒用品	9.6
	零售業	
	藥品和醫療	13.0
	家電	17.5
	體育用品和自行車	16.8

資料來源：Robert Morris Associates, *Annual Statement Studies,* Philadephia, PA, 2001.

效率。

其他資產

公司資產負債表上的其他資產包括大筆其他非流動性項目，例如用於銷售的不動產、與新事業相關的開辦費用、人壽保單的現金折讓以及長期預付款等。R.E.C.公司的其他資產項目是持有不用於企業經營的少量不動產（如財務報表附註A所示）。

常會見到的其他非流動資產類型（R.E.C.公司中不存在）有長期投資與無形資產，例如商譽、專利、商標、版權、品牌與經營授權（註6）。在無形資產中，**商譽**(goodwill)這個項目對分析特別重要，原因是它對於進行併購活動的公司的資產負債表有潛在重大的影響。當一家公司收購（企業合併就視為是購買）另一家公司時的價格高於可識別淨資產的公平市價（可識別資產

減去承擔的債務）時，就存在商譽計價的問題。在FASB第142號公告「商譽與其他無形資產」頒佈以前，對收購有兩種會計處理方法：權益結合法（財務報表合併，不認列商譽）和購買法（把超出可識別淨認資產的部分計爲商譽）。自2002年1月1日起，FASB完全取消了聯營法，而且採用購買法的商譽也不再攤銷。自2002年開始，公司開始評估商譽並判斷它是否減值。如果確實已減值，損失的金額將在做出判斷的當年計入費用。但是升值則不計爲收益。這表示有些公司必須承擔自己所收購企業價值下降所造成的損失。這條新規則生效後，由於不需要記錄攤銷費用，部分公司的盈餘比以前有所成長。盈餘的成長反映了FASB規則改變所帶來的「帳面」增加。公司對於何時認列商譽的減值金額方面也有一定的自主權。

在《商業週刊》(Business Week)和標準普爾2001年對美國的1000家大型公司所做的研究中，估計有數十家公司沖銷了數百萬美元的商譽（註7）。例如，由於收購U.S.West公司，Qwest宣佈2002年將沖銷300億到400億美元。相反地，由於公司不必每年都扣減攤銷費用，使得很多公司的盈餘都增加。自2002年該條規則生效後，柯達公司估計因爲不需扣減攤銷費用，使得公司的每股盈餘上升45美分。

2.3 負債

流動負債

負債表示對資產的求償權，流動負債是指必須在1年或1個經營週期（兩者取其長）內償還的債務。流動負債包括應付帳款與票據、長期債務中

的流動部分、應計負債、未實現收入與遞延稅款。

應付帳款

應付帳款是指購買商品或勞務時由供應商提供信用所產生的短期債務。例如，當R.E.C.公司從批發商那方賒購產品賣給自己的顧客，該筆交易就產生了應付帳款。

當款項償還後，應付帳款就結清了。企業持續不斷的經營過程造成應付帳款的相繼的產生。應收帳款的消長取決於供應商對公司的信用政策、經濟狀況以及公司本身營運的週期性。必須注意到的是R.E.C.公司在2003年至2004年間的應付帳款金額幾乎上升一倍（表2-6）。在分析資產負債表時，應該研究其增加的原因。先簡單說明一下，讀者也許會注意到2004年損益表中的銷售額有明顯地升高。銷售額的升高，可能多少能解釋應付帳款增加的原因。

應付票據

應付票據是以票據的形式向供應商或金融機構出具的短期債務。R.E.C.公司的應付票據（見財務報表附註B）是出具給一家銀行並呈現信用額度下的借款金額。公司依信用額度向金融機構借款，直至達到最高限額為止。在R.E.C.公司的信用額度下能借到的總金額是1,000萬美元，在2004年末大約有一半（561.4萬美元）是未償還債務。

表2-6	R.E.C.公司合併資產負債表（截止日為12月31日）	單位：千美元	
		2004年	**2003年**
負債和股東權益			
流動負債			
	應付帳款	$14,294	$ 7,591
	應付票據——銀行（附註B）	5,614	6,012
	長期負債在未來1年內到期的部分（附註C）	1,884	1,516
	應計負債	5,669	5,313
	流動負債合計	27,461	20,432
遞延聯邦所得稅款（附註A和D）		843	635
	長期負債（附註C）	21,059	16,975
	承諾（附註E）		
	總負債	49,363	38,042
股東權益			
	普通股，面值1美元，核准1,000萬股，2004年發行在外的有4,803,000股，2003年發行在外的有4,594,000股（附註F）	4,803	4,594
	額外實收資本	957	910
	保留盈餘	40,175	32,363
	股東權益合計	45,935	37,867
負債和股東權益總計		$95,298	$75,909

相對應的附註不可與報表分開表述。

長期債務中短期內到期的部分

　　當公司存在債券、抵押貸款或其他形式的未償還長期債務時，本金中在下一年將要償還的部分被視為流動負債。如財務報表附註C所述，R.E.C.公司行將到期的債務來自幾筆長期債務。附註中列示了未償還長期債務扣除下一年到期部分後的金額，並且還提供了接下來5年內每年到期的金額。

■ 應計負債

　　就如同多數的大公司一樣，R.E.C.公司在會計中使用應計基礎而不是現金基礎：無論款項是否收付，收入在實現時即予以認列，費用在發生時就予入帳。會計記錄中費用的認列如果早於現金的實際支付，就產生了應計負債。由於最終會有現金流出來償還這些費用，因此它們屬於負債。

　　假設某公司有10萬美元的未償還票據，年利為12%，一年分3月31日和9月30日兩次付息。在12月31日編制的資產負債表中，應該計提3個月（10月、11月和12月）的利息：

$$年息：100,000 美元 \times 0.12 = 12,000 美元$$
$$月息：12,000 美元/12 = 1,000 美元$$
$$3個月的應計利息：1,000 美元 \times 3 = 3,000 美元$$

　　12月31日的資產負債表將包括3000美元的應計負債。應計負債也可能來自於工資、租金、保險、稅收和其他費用。

　　準備帳戶(Reserve account)通常是為了支應品質保證成本、銷售退回或重組費用等而設立的，被當作是應計負債。一般來說，欲判斷公司是否設立了準備帳戶的惟一辦法就是仔細閱讀財務報表附註。下面的例子中是柯達公司2001年報中找到關於準備帳戶的資訊：

附註14：重組成本及其他

下表摘錄了2001年、2000年和1999年記錄的重組費用和轉回額情況，以及2001年12月31日關於重組與資產減值準備項目的餘額（員工人數的單位為百萬人，其他項目的單位為百萬美元）：

	員工 人數	離職 準備	存貨 準備	長期 資產準備	撤出 成本準備	合計
1999年度費用	3,400	$ 250	$ —	$ 90	$ 10	$ 350
1999年度發生額	（400）	（21）	—	（90）	—	（111）

1999年12月31日餘額	3,000	229	—	—	10	239
2000年度轉回額	（500）	（44）			—	（44）
2000年度發生額	（2,500）	（185）	—	—	（10）	（195）
2000年12月31日餘額	—	—			—	—
2001年度費用	7,200	351	84	215	48	698
2001年度轉回額	（275）	（20）				（20）
2001年度發生額	（2,700）	（56）	（84）	（215）	（5）	（360）
2001年12月31日餘額	4,225	$ 275	$ —	$ —	$ 43	$ 318

資料來源：柯達公司2001年度年報

　　2000萬美元的費用轉回在柯達公司財務報表附註中解釋為「由於實際平均員工離職成本低於原先估計值所造成」。由於這些項目很容易被濫用，因此分析者必須對準備項目的資訊進行分析——管理層可能藉由高估準備金來降低或者選擇低估準備來增加收益。（準備帳戶也用於記錄資產價值的降低，本章前面所講的壞帳準備帳戶就是一個例子。）

未實現收入或遞延貸項

　　當客戶對公司的勞務或產品提前付款時，公司收到現金後應記錄為負債。該負債項目被稱作為未實現收入或遞延貸項。當依要求履行了勞務或交付了產品之後，根據會計的配合原則，該項目中的金額將轉成收入帳戶。由於R.E.C.公司是一家零售公司，通常不會在銷售產品之前預收款項，因此並沒有未實現收入。但是，像高科技產業、出版業或製造業等公司在資產負債表上可能會有未實現收入項目。例如，英代爾公司2001年的資產負債表上「向經銷商出貨的遞延收入」項目金額為4.18億美元。在財務報表附註中，於「收入認列」這個標題下對該項目的解釋如下：「由於與顧客的協議已經

簽署、所有權已經轉讓、價格已經確定、款項有可能收回,即可證明盈餘階段完成,此時本公司可認列為淨收入。由於本產業中常發生銷售價格下跌以及技術汰換快速,因此在價格保護及(或)產品退回的協議下,允許延遲認列此類型銷售,直到商品被經銷商售出時才認列。」(註8)

遞延聯邦所得稅

遞延稅款是由於計算應稅所得和報告損益時對收入和費用的認列存在暫時性差異所造成的。記錄和報告遞延稅款的會計準則由財務會計準則第109號「所得稅會計」明文規定,該項規定取代了財務會計準則第96號,並對自1992年12月15日起始的會計年度開始生效。大多數大公司在計算應納所得稅款時採用一套規則,在計算財務報表中報告的損益時則採用另一套規則。這種做法的目的在於利用所有可用的遞延稅款來減少實際納稅額,同時盡可能發佈最高的淨收益。公司在很多項目上都可以將納稅和財務報告分別採用不同的做法。第1章節中曾就折舊方法討論過類似的例子。大多數公司利用加速折舊法來計算應稅所得,卻利用直接法來進行會計報告。於是在計算應納稅款時,在資產的有效壽命前期認列了較多的折舊費用。

折舊方法是造成暫時性差異的最常見的例子,不過,對分期付款銷售、長期合約、租賃、保單和服務合約、退休金和其他員工福利以及子公司投資盈餘等的會計處理方法也會造成暫時性差異。它們之所以稱為**暫時性差異**(temporary differences)(或時間性差異),是因為從理論上來看,出於納稅目的和財務報告目的所認列的費用和收入總額最終將會是一致的。在所得稅會計中也存在著**永久性差異**(permanent differences)。例如,市政債券收入在財務報告中認列為收入,但在計稅時則不是如此;公司主管的人壽保險保費在

財務報告中認列爲費用，但在計算應稅所得時則屬於不可扣減項目。這些永久性差異不影響遞延稅款，因爲永遠不會對這類收入繳納稅款，政府也不將這類費用視爲費用而退稅。

遞延稅款帳戶用於調整任何一個會計期間費用和收入認列中的暫時性差異。根據FASB第109號公告，企業對所有的暫時性差異認列遞延稅款負債，即當該項目造成財務所得高於應稅所得，並預期差額將在未來的會計期間被抵消（註9）。對可扣減的暫時性差異、經營損失和稅款貸項轉回，則列爲遞延稅款資產。可扣減的暫時性差異造成應稅所得高於財務所得，並預期差額將在未來抵消。稅款負債和資產的衡量取決於現行稅法條款，沒有考慮未來稅法改變所將造成的影響。當認爲遞延稅款資產不能全部實現的可能性較大時，**可利用備抵金**(valuation allowance)將遞延稅款資產減少至預期可實現值。

爲了說明遞延稅款的會計方法，我們假設一家公司的年度總收入爲500,000美元，折舊之外的費用爲250,000美元，稅法會計下的折舊費用爲100,000美元，財務報告中的折舊費用爲50,000美元（到最後這項差異將相反，往後年度中財務報告中的折舊費用將高於計稅時的折舊費用）。假設所得稅率爲34%，將採用兩種不同方式計算應稅所得和財務報告中的收益（單位：美元）

	稅法	財務報告
收入	$500,000	$500,000
費用	（350,000）	300,000）
稅前盈餘	$150,000	$200,000
所得稅（×0.34）	（51,000）	（68,000）
淨收益	$ 99,000	$132,000

實際支付的稅款（51,000美元）低於財務報表中列示的所得稅費用（68,000美元）。爲了調整所列示費用與現金流出量之間17,000美元的差額，

提列遞延稅款負債為17,000美元：

財報的所得稅費用	68,000美元
支付的稅款金額	51,000美元
遞延稅款負債	17,000美元

有另一個包含了多項暫時差異轉回的遞延稅款的範例，請見圖2-2。

遞延稅款依據構成暫時性差異的相關資產和負債的種類，在資產負債表上相應分類為流動性或非流動性項目。例如，90天期限的品質保證而產生的遞延稅款資產在會計上被認為是流動性項目。相反地，由5年保單所造成的暫時性差異就屬於非流動性項目。由於工廠和設備屬於非流動性項目，因此折舊會計也帶來了非流動的遞延稅款。與財務報告中的資產或負債不相關的遞延稅款資產或負債，包括與結轉相關的遞延稅款資產，則根據預期的轉回或利益來分類。在會計期間結束時，除非遞延稅款資產和負債被歸類到企業不同的納稅組成成分或不同的稅收管轄權，公司將提報一個流動性的淨額和一個非流動性的淨額。因此，遞延稅款項目在資產負債表上可能會列示為流動資產、流動負債、非流動資產或非流動負債。

R.E.C.公司把遞延聯邦所得稅款報告為非流動負債。暫時性差異是由於折舊方法和長期分期付款銷售而帶來的。

下面舉例說明了如何揭露與遞延所得稅款相關的資訊。表2-7摘錄自梅塔格公司2001年度關於所得稅的財務報表附註。在表中的上半部分列出了產生遞延稅款淨資產的8個暫時性差異。其中的兩項「土地、工廠和設備」與」其他——淨值」在2000年度產生了遞延稅款負債。這點說明了梅塔格公司在納稅申報表上對這些項目的扣抵額大於損益表上記錄的金額。其他項目也產生了遞延稅款資產，表示公司在損益表上的扣抵額高於納稅申報表上的金額。總計2,666,424,000美元的遞延稅款淨資產表示將來當這些暫時性差異回

圖2-2　遞延稅款——範例

　　某家公司用30,000美元購買了一件設備。該設備預期使用3年，3年後的殘值為零。在進行財務報告時使用直線法折舊，在計稅時則使用加速法折舊。下表提供該設備的3年使用期中兩套帳本上記錄的折舊金額（單位：美元）：

年份	折舊費用 （財務報告）	折舊費用 （稅務報告）
1	$10,000	$20,000
2	$10,000	$ 6,667
3	$10,000	$ 3,333

　　假設每年的收入為90,000美元，除折舊之外的所有費用為20,000美元，稅率為30%，而且折舊是唯一造成遞延稅款項目的暫時性差異。財務報告和稅務報告兩種情況下的稅款計算過程如下（單位：美元）：

第1年	損益表		納稅申報表
收入	$90,000		$90,000
費用：			
折舊	（10,000）		（20,000）
其他	（20,000）		（20,000）
稅前盈餘	$60,000	應稅所得	$50,000
稅率	× 0.30		× 0.30
稅款	$18,000		$15,000

　　在第1年底對所得稅的記錄為現金帳戶減少了15,000美元，所得稅款用增加了18,000美元，遞延稅款負債的增加額為兩者的差額，即3,000美元。

第2年	損益表		納稅申報表
收入	$90,000		$90,000
費用：			
折舊	（10,000）		（6,667）
其他	（20,000）		（20,000）
稅前盈餘	$60,000	應稅所得	$63,333
稅率	× 0.30		× 0.30
稅款	$18,000		$19,000

　　在第2年底對所得稅的記錄為現金帳戶減少了19,000美元，所得稅款用增加了18,000美元，遞延稅款負債的減少額為兩者的差額，即1,000美元。在第2年底遞延稅款負債帳戶的餘額為2,000美元。

圖2-2　遞延稅款範例（續）

第3年	損益表		納稅申報表
收入	$90,000		$90,000
費用：			
折舊	（10,000）		（3,333）
其他	（20,000）		（20,000）
稅前盈餘	$60,000	應稅所得	$66,667
稅率	× 0.30		× 0.30
稅款	$18,000		$20,000

　　在第3年底對所得稅的記錄為現金帳戶減少了20,000美元，所得稅款用增加了18,000美元，遞延稅款負債的減少額為兩者的差額，即2,000美元。在第3年底遞延稅款負債帳戶的餘額為零。因為暫時性差異已經被全部轉回了。必須要注意的是，財務報告中的所得稅款用總額（54,000美元）正好等於三年中支付的稅款（54,000美元）。

表2-7　所得稅──梅塔格公司

　　遞延所得稅款反映了資產和負債的帳面金額與稅基之間的暫時性差異對未來納稅額的預期影響。遞延稅款資產和負債包含以下項目（單元：千美元）：

遞延稅款資產（負債）	2001年12月31日	2000年12月31日
土地、工廠和設備	$（74,094）	$（69,724）
退休後福利負債	181,713	181,511
產品品質保證／負債應付款	49,807	37,988
退休金和其他員工福利	75,056	（4,085）
廣告和促銷應付款	8,953	8,333
利率交換	2,242	9,146
特殊費用	12,531	19,590
其他──淨值	16,398	（6,505）
	272606	176254
減：遞延稅款資產備抵金	6,182	41,708
遞延稅款淨資產	$ 266,424	$ 134,546
合併資產負債表中的認列值		
遞延稅款資產──流動	$ 63,557	$ 45,616
遞延稅款資產──非流動	227,967	110,393
遞延稅款負債──非流動	（25,100）	（21,463）
遞延稅款淨資產	266,424	134,546

轉時，公司可以少支付2,666,424,000美元稅款。造成遞延稅款淨資產的主要原因是「退休後福利負債」。公司在員工獲取退休後福利時記錄費用，但實際以現金支付這些費用之前不能在納稅時抵扣這些費用。6,182,000美元的備抵金(valutation allowance)是梅塔格公司預計在未來無法兌現的金額。請注意，梅塔格公司在資產負債表的三個類別中認列遞延稅款項目：流動資產、非流動資產和非流動負債。其中金額最大的一類為227,967,000美元，主要是由退休後福利負債的暫時性差異所帶來的遞延稅款資產。退休後福利的主要部分是屬於非流動性項目。

長期負債

期限超過1年的債務在資產負債表上列為非流動負債。該類型包括長期債券、長期應付票據、抵押貸款、租賃負債、退休金負債和長期品質保證。在財務報表附註C中，R.E.C.公司明確揭露了各種長期負債的性質、期限和利率。雖然從2003年到2004年長期負債增加了400多萬美元，但長期負債占總資產的比例卻下降了。這是因為增加了較多應付帳款所導致的結果。

資本租賃負債

有一種常見的租賃合約類型為資本租賃。資本租賃實質上是「購買」而不是「租賃」。如果租賃合約滿足下述四個標準中的任何一個，承租方就必須按照FASB第13號公告「租賃會計」對租賃予以資本化：所有權轉讓給承租方，包含一個優惠承購權的選擇權、租賃期占所租賃資產的經濟壽命達75%或更長、最低租賃付款的現值為租賃資產的公平價格的90%或更高。不

滿足四個條件中任何一條的租賃將被視為營業租賃，在本章隨後的承諾和或有事項部分將進行討論。R.E.C.公司只使用了營業租賃。

　　資本租賃不但會影響資產負債表也會影響損益表。在承租方的資產負債表上，在兩邊各紀錄等於按合約所付的租賃款的現值的資產和負債。資產帳戶實質上反映了資產的購買，負債則是為購買融資所承擔的責任。每次租賃付款的部分用於扣減未償還債務，部分列為利息費用。資產帳戶則需進行攤銷，在損益表上認列攤銷費用，就如同購買的資產一樣。在財務報表附註中可以找到對資本租賃資訊的揭露，通常出現在「土地、工廠和設備」附註與「承諾和或有事項」附註之下。

退休金以外的退休後福利

　　其他負債項目（R.E.C.公司中沒有），例如退休金和退休後福利債務列在資產負債表的負債類別下（註10）。FASB在1990年採用了財務會計準則委員會第106號公告「對退休金之外的退休後福利的雇主會計」。該公告對很多公司的資產負債表都產生了很大的影響。公告要求公司依據應計基礎制，把支付退休員工及其配偶醫療帳單的責任在資產負債表上認列為一項負債……把承諾未來支付的福利記為一種遞延報酬。以前大多數公司都是在支付醫療費用的當年進行扣減。由於該項會計原則，使得每年退休後福利費用的認列造成了明顯地增加，進而影響了許多公司的獲利。財務會計準則第112號公告「對雇用後福利的雇主會計」，使得提供給前員工或不能從事勞動的員工及其受撫養人和受益人的福利，建立了一套會計標準，該準則自1993年12月15日起始的會計年度生效。

　　新會計原則的施行，讓公司的財務報表產生了重大影響。例如，由於採

用了有關遞延稅款和退休後福利的會計原則，杜邦公司1992年的盈餘必需要扣減大約50億美元（註11）：

在1992年第4季度，本公司採用了財務會計準則第106號公告「對退休金之外的退休後福利的雇主會計」和第109號公告「所得稅會計」，兩者都追溯至1992年1月1日。自1992年1月1日起由於使用這兩項新標準，本公司的淨所得分別需扣減37.88億美元（每股5.63美元）和10.45億美元（每股1.55美元）。

承諾與或有項目

許多公司在資產負債表中出現「承諾和或有事項」項目，即使該項目並沒有顯示金額。進行該項目揭露的目的在於使報表使用者注意到所需要的揭露都能在財務報表附註中找到。**承諾**(Commitments)指的是未來將對公司產生顯著財務影響的合約協議。R.E.C.公司在附註E中提報了承諾事項，描述該公司的營業租賃。

如果租賃合約不滿足資本租賃所要求的四條標準，承租方將在損益表中記入「租賃費用」，並相應扣減現金。營業租賃是一種**資產負債表外融資**(off-balance-sheet financing)。事實上，承租方依照合約有責任支付租賃款，但公認會計準則沒有要求把這一責任在資產負債表上記為負債。公司可以故意地把一項租賃協議成營業租賃，這樣一來長期付款承諾就不必顯示在資產負債表上；然而，精明的財務報表使用者會知道去查看財務報表的附註，以判斷公司是否有與營業租賃相關的付款承諾。就R.E.C.公司而言，附註E顯示公司在未來需要支付金額為176,019,000美元的租賃付款。

許多公司使用複雜的融資方案??產品融資安排、可追朔的應收帳款出

售、有限合夥、合資企業——這些都無需列示在資產負債表上。關於資產負債表外融資安排的範圍、性質和條件的資訊都會在財務報表附註中揭露，不過內容可能很複雜而且難以理解，必需把許多不同部分的資訊拼湊在一起。

或有事項(Contingencies)指的是公司的潛在負債，例如訴訟中可能要支付的賠償金。通常公司並不能合理地預測未來負債的結果和（或）金額；不過，必須在財務報表附註中揭露關於或有事項的資訊。

混合證券

部分公司有發行在外的**強制性可贖回優先股**(mandatorily redeemable preferred stock outstanding)。R.E.C.公司並沒有發行這類型證券，會在此說明的原因是因該類型證券既有債務又有股權的特點。這種金融工具稱爲優先股（見「股東權益」部分），但發行公司必須在未來某個日期買回股票，因此它實際上是種債務。任何具有贖回條款的優先股，都必須在資產負債表中負債和權益兩個部分中進行列示。

2.4 股東權益

資產負債表中的最後一部分「股東權益」表示公司所有者的權益。所有者權益是對扣除負債後剩下的資產的剩餘權益。由於清算時他們的求償權居於債權人之後，所有者必須承擔最高的風險；不過若企業經營成功，所有者則會有豐厚的收益。在第5章中將探討公司資本結構中負債額與權益額之間的關係以及關於財務槓桿的概念。

普通股

R.E.C.公司僅有在外流通普通股股票。普通股股東通常沒有固定的報酬，但是擁有與所有者權益等比例的投票權。普通股股利是由公司董事會決定宣佈。而且，股價上升時普通股股東會因持有股票而受益（股價下跌時情況則相反）。

普通股項目下的金額是依照發行股票的面值或設定價值。面值或設定價值通常與實際市價沒有關係，只不過是一個底價。R.E.C.公司在2004年底有4,803,000流通在外股票，每股面值1美元，因此普通股項目下的總金額為4,803,000美元。

額外實收資本

該項目反映了股票的原始售價超過面值的金額。例如，如果公司以每股3美元的價格售出1,000股面值1美元的股票，那麼普通股項目的金額為1,000美元，額外實收資本為2,000美元。

R.E.C.公司的額外實收資本項目顯示了公司普通股票的原始售價要比1美元面值略高一些。額外實收資本將不受原始發行之後，因股票交易而產生的股價波動所影響（註12）。

保留盈餘

保留盈餘是公司自成立之後的獲利總額減去以現金股利或股票股利形式支付予股東之後剩餘的部分。保留盈餘並不代表著公司在保險箱中儲存一堆

不使用的現金，而是公司選擇再投資於企業營運而不以股利的形式發放給股東的資金。分析者不應該把保留盈餘與當前或未來可供償還債務的現金或其他財務資源相混淆。相反地，保留盈餘項目可用來衡量所有的未分配的收益。保留盈餘項目是損益表和資產負債表之間的重要橋樑。若沒有不正常的交易因素影響保留盈餘項目，下述等式可以說明了它們之間的關係：

期初保留盈餘＋淨所得（損失）－股利＝期末保留盈餘

其他權益項目

R.E.C.公司資產負債表上除了股東權益項目之外，在權益部分還可能有其他項目。包括優先股、累積其他綜合收益與庫藏股。表2-8提供輝瑞製藥公司關於這些項目的詳情。

優先股(Preferred stock)每年的股利支付通常是固定的，但卻沒有投票權。雖然輝瑞製藥公司已經核准發行優先股，但到目前為止尚未發行。

表2-8　**12月31日輝瑞製藥公司的股東權益**	單位：百萬美元	
	2001年	2000年
股東權益		
優先股，無面值；核准了1,200萬股，尚未發行	—	—
普通股，面值為0.05美元；核准了90億股；2001年發行在外的有67.92億股，2000年發行在外的有67.49億股	340	337
額外實收資本	9,300	8,895
保留盈餘	24,430	19,599
累計其他綜合費用	(1,749)	(1,515)
員工福利信託	(2,650)	(3,382)
庫藏股，按成本估價：2001年為5.15億股，2000年為4.35億股	(11,378)	(7,858)
股東權益總計	18,293	16,076

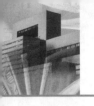

從1998年開始，公司必須報告會計期間的全面損益。在FASB第130號公告「報告綜合收益」發佈之前，有幾個綜合收益項目並不包括在損益表中，而是被當作是權益的組成部分進行報告。綜合收益包括兩個部分：淨收入與其他綜合收益。其他綜合收益在資產負債表上被視為是一個獨立的權益項目，通常稱為**累計其他綜合收益／（費用）**(accumulated other comprehensive income/expense)。該項目包含4個內容：(1)投資於可出售證券的市值變動所帶來的未實現損益；(2)對於前期未認列服務成本的額外退休金負債的任何變動；(3)衍生性金融商品的部分損益；(4)將以外幣表示的財務報表轉換成美元計價所導致的外幣兌換調整（綜合收益以及上面所提到的4項內容將在第3章中討論）。

公司常因為種種原因而買回自己的股票，這些原因包括：符合員工股票選擇權與退休計畫的需求、為潛在的購併需要而擴大控股權、藉由減少發行在外的股數以提高每股盈餘、藉由減少股東數目來阻擾收購的意圖、以及將多餘現金進行投資等。如果購回的股票沒有註銷，則稱作庫藏股(treasury stock)，並且在資產負債表的股東權益部分列為一個抵減項目。輝瑞製藥公司在2001年底持有5.15億股庫藏股。這些股票的成本被認列為股東權益的減項。（註13）

輝瑞製藥公司股東權益部分所列示的員工福利信託項目(Employee benefit trusts)，說明如下：

我們於1993年將1.2億股庫藏股售給輝瑞製藥公司讓與信託(Grantor)以交換6億美元的票券。該信託主要是為我們的福利計畫提供資金。1999年2月時，該信託轉讓了1,000萬股股票給我們以償還票券到期的部分，並把剩餘的9000萬股股票給予新成立的輝瑞製藥公司**員工福利信託**(Employee benefit tursts, EBT)。讓與信託(Grantor)就此結束。員工福利信託提供資金予員工

福利計畫。該信託的股票在資產負債表中以公平價值被作爲股東權益的減項表示。（註14）

其他資產負債表項目

公司資產負債表並不局限於本章對R.E.C.公司及其他公司所描述的這些項目。閱讀年報時還會見到其他的項目，而且還會發現許多相同的項目以非常不同的名稱列示。不過，本章所討論的內容通常足以讓讀者理解資產負債表中大部分的基本資訊。由於財務報表之間有相互關係，而且資產負債表在財務資料分析中爲重要的一部分，因此資產負債表在本書的其他章節中將反覆出現。

自我評量 （答案請見附錄D）

_____ 1. 資產負債表摘錄了企業哪些資訊？

(a) 一段期間的經營成果。

(b) 某個時點的財務狀況。

(b) 一段期間的融資與投資行爲。

(d) 某個時點的損益。

_____ 2. 資產負債表的平衡等式是什麼？

(a) 資產＝負債＋股東權益。

(b) 資產＋股東權益＝負債。

(c) 資產＋負債＝股東權益。

(d) 收入－費用＝淨利潤。

_____ 3. 爲什麼年報中要包括一年以上的資產負債表、損益表和現金流量表？

(a) 證券交易委員會只要求一年的資料。

(b) 若只有一個年度的財務報表，即沒有參考點可用來判斷公司於一段時期的財務資料變化情況時。

(c) 損益表是針對一段期間，而資產負債表是針對一個特定日期而編製。

(d) 股東所採用的整體揭露制度要求包括該部分資訊。

_____ 4. 什麼是共同比資產負債表？

(a) 報表上把資產負債表的每一項表示爲淨收益的一個百分比。

(b) 對一個產業來說報表是相同的。

(c) 報表上把資產負債表的每一項表示爲總資產的一個百分比。

(d) 報表上把資產負債表的每一項資產帳戶表示爲總資產的一個百分比，把每一項負債帳戶表示爲總負債的一個百分比。

_____ 5. 下述證券中的哪些應在資產負債表上歸爲流動資產項下的有價證券？

(a) 商業本票、美國國庫券、用於投資的土地持有。

(b) 商業本票、美國國庫券、可流通存單。

(c) 商業本票、用於投資的土地持有、10年期債券。

(d) 美國國庫券、長期股票投資、10年期債券。

_____ 6. 哪種類型公司的存貨與總資產比例通常會最高？

(a) 零售商。

(b) 批發商。

(c) 製造商。

(dc) 服務導向公司。

_____ 7. 存貨計價方法為什麼很重要？

(a) 存貨計價是依據物品的實際流動。

(b) 存貨總是占總資產的50%以上，因此對公司的財務狀況有明顯影響。

(c) 公司希望採用使銷貨成本最低的存貨計價方法。

(d) 選用的存貨計價方法將決定資產負債表上的存貨價值與損益表上的銷貨成本，這兩個項目對公司的財務狀況都有顯著的影響。

_____ 8. 美國公司在對存貨計價時採用了哪三種主要的成本流動假設？

(a) 後進先出、先進先出、平均市價。

(b) 後進先出、先進先出、實際成本。

(c) 後進先出、先進先出、平均成本。

(d) 後進先出、先進先出、雙重餘額遞減。

_____ 9. 假設處於通貨膨脹時期，下列哪種說法是正確的？

(a) 先進先出法低估了資產負債表上的存貨價值。

(b) 先進先出法低估了損益表上的銷貨成本。

(c) 後進先出法高估了資產負債表上的存貨價值。

(d) 後進先出法低估了損益表上的銷貨成本。

_____ 10. 為什麼一家公司在進行存貨計價時會轉而使用後進先出法？

(a) 藉由轉向使用後進先出法，所報告的盈餘會提高。

(b) 新的稅法要求若公司在財務報告時採用後進先出法，在計算應稅所得時也該採用後進先出法。

(c) 後進先出法在通貨膨脹時期能求出最高的銷貨成本,因而降低了應稅所得與稅款。

(d) 由《會計趨勢和技術》所做的調查表示,轉向後進先出法是當前會計界的「潮流」。

_____ 11. 在一般情況下,能在哪兒找到某家公司對存貨計價所使用的成本流動假設?

(a) 在Robert Morris協會的《年度報表研究》中。

(b) 在保留盈餘表中。

(c) 在資產負債表的總流動資產金額中。

(d) 在財務報表附註中。

_____ 12. 哪種類型公司的固定資產占總資產的比例通常會最高?

(a) 製造商。

(b) 零售商。

(c) 批發商。

(d) 零售商和批發商。

_____ 13. 自2002年1月1日起,如何評價商譽?

(a) 商譽必須在40年內攤銷。

(b) 自2002年1月1日起將不再認列商譽。

(c) 公司應該判斷商譽是否損失價值,如果是,則損失的價值應該沖銷。

(d) 商譽將在第10年底沖銷。

_____ 14. 哪一組內容最有可能在資產負債表上列為其他資產項目?

(a) 存貨、有價證券、債券。

(b) 用於投資的土地持有、開辦費、長期預付費。

(c) 一年期的預付保單、股票投資、版權。

(d) 存貨、經營授權、專利。

_____ 15. 流動負債和流動資產有何共同之處？

(a) 流動資產是對流動負債的求償權。

(b) 如果流動資產增加，那麼流動負債也會相對增加。

(c) 流動負債和流動資產可轉換成現金。

(d) 流動負債和流動資產都將在1年或1個營業週期（兩者取其長）內分別兌現或轉換成現金。

_____ 16. 準備帳戶可能如何遭到管理階層的濫用？

(a) 管理層可能故意高估或低估準備帳戶以降低或增加收益。

(b) 管理層可能把對未來應支付的債務的估計值記入準備帳戶。

(c) 管理層無法濫用該帳戶。

(d) 以上皆非。

_____ 17. 下列哪些項目會導致應計負債的認列？

(a) 銷售、利息費用、租金。

(b) 銷售、稅款、利息收入。

(c) 工資、租金、保險。

(d) 工資、利息費用、利息收入。

_____ 18. 哪一種說法是錯誤的？

(a) 遞延稅款是由計算應稅所得與報告收益時對收入和費用認列的暫時性差異所造成的。

(b) 納稅目的與報告目使用了相同的折舊方法而產生了遞延稅款。

(c) 當實際支付的稅款低於財務報表中報告的稅賦，就出現了遞延稅款。

(d) 導致認列遞延稅款的暫時性差異，可能是因為對折舊、分期銷售，租賃和退休金等項目所使用的會計方法所造成。

_____ 19. 下列哪一組應歸類為長期負債？

(a) 抵押貸款、1年內到期的長期負債、債券。

(b) 抵押貸款、長期應付票據、10年後到期的債券。

(c) 應付帳款、債券、租賃負債。

(d) 應付帳款、長期應付票據、長期保單。

_____ 20. 哪些項目最有可能在資產負債表中的股東權益部分找到？

(a) 普通股、長期負債、優先股。

(b) 普通股、額外實收資本、負債。

(c) 普通股、保留盈餘、應付股利。

(d) 普通股、額外實收資本、保留盈餘。

_____ 21. 額外實收資本項目代表什麼？

(a) 普通股面值與設定價值之間的差額。

(b) 股票原始發行後由於股票交易所造成的價格變動。

(c) 所發行的全部普通股的市價。

(d) 股票的原始售價超過面值的金額。

_____ 22. 保留盈餘項目用於衡量哪個事項？

(a) 公司自創辦以來持有的現金。

(b) 以現金股利或股票股利形式對股東的支付額。

(c) 所有未分配盈餘。

(d) 當前可用於償還金融債務的財務資源。

23. 下面列出了 Elf 禮品店的資產負債表項目。在流動項目前標出「C」，在非流動項目前標出「NC」。

_____ (a) 長期負債務   _____ (b) 存貨

_____ (c) 應付帳款   _____ (d) 預付費用

_____ (e) 設備   _____ (f) 應計負債

_____ (g) 應收帳款   _____ (h) 現金

_____ (i) 應付債券   _____ (j) 專利

24. Dot食品店的資產負債表上有如下項目：

(1) 流動資產   (2) 房產、工廠和設備

(3) 無形資產   (4) 其他資產

(5) 流動負債   (6) 遞延聯邦所得稅款

(7) 長期負債   (8) 股東權益。

下列各項應歸為哪一類？

_____ (a) 用於投資的持有土地

_____ (b) 1年內到期的抵押貸款

_____ (c) 普通股

_____ (d) 應付抵押貸款

_____ (e) 對顧客賒銷的未償還餘額

_____ (f) 累計折舊

_____ (g) 經營使用中的建築

_____ (h) 應付工資

_____ (i) 優先股

_____ (j) 向供應商賒購帶來的未償還債務

_____ (k) 專利

_____ (l) 倉庫所在的土地

_____ (m) 壞帳準備

_____ (n) 由所付稅款和所報稅款的差額帶來的負債。

_____ (o) 額外實收資本

25. 將下列的專有名詞與正確的定義相連結。

_____ (a) 合併財務報表　(1) 在1年或1個營運週期（兩者取其長）內耗盡

_____ (b) 流動資產　(2) 在現金流出前發生的費用

_____ (c) 折舊　(3) 關於使用資產的合約，實質上是一項購買

_____ (d) 遞延稅款　(4) 估計無法回收的應收帳款

_____ (e) 壞帳準備　(5) 對土地以外的固定資產進行成本分配

_____ (f) 預付費用　(6) 提前支付的費用

_____ (g) 一年內到期的長期負債　(7) 母公司與其所控制的子公司的聯合報表

_____ (h) 應付費用　(8) 股票的交易價格

_____ (i) 資本租賃　(9) 所報稅款和所付稅款之間的差額

_____ (j) 股票市值　(10) 在未來1年將償還的那部分債務

問題與討論

2.1 如何利用壞帳準備來評估盈餘品質？

2.2 在財務報告中對存貨的計價為何相當重要？

2.3 在通貨膨脹時期為什麼一家公司對存貨的計價會轉向後進先出法？

2.4 討論折舊的直線法與加速法之間的區別。公司在稅務報告和財務報告時為什麼會採用不同的折舊方法？

2.5 有保留盈餘淨額的公司為何可能無法支付現金股利？

2.6 下面是A，B和C三家公司的資料（單位：美元）

項目	A	B	C
存貨	$ 280,000	$ 280,000	$ 280,000
淨固定資產	400,000	65,000	70,000
總資產	1,000,000	430,000	650,000

哪家公司最可能是零售商？哪家最可能是批發商？哪家最可能是製造商？

2.7 F.L.A公司出售單一產品。下面是關於第一季度的存貨、採購和銷貨情況的資訊：

日期	項目	單位數量	單位成本（美元）	售價（美元）
1月1日	存貨	10,000	3.00	
1月10日	採購	4,000	3.50	
1月1～31日	銷貨	8,000		5.00
2月6日	採購	5,000	4.00	
2月25日	採購	5,000	4.00	
2月1～28日	銷貨	11,000		5.50
3月10日	採購	6,000	4.50	
3月15日	採購	8,000	5.00	
3月1～31日	銷貨	12,000		6.50

(a) 採用下述方法計算3月31日的存貨餘額和季度損益表中的銷貨成本：先進先出法，後進先出法，平均成本法。

(b) 討論通貨膨脹時期各種方法對資產負債表和損益表的影響。

2.8 IOU公司有一張未償還的150,000美元的票據，年利為14%，一年分

1月31日和6月31日兩次付息。截至 12月 31日，資產負債表上應付利息的提列金額爲多少？

2.9 King公司的年度總收入爲800,000美元，除折舊之外的費用爲350,000美元，出於稅法目的的折舊費用爲200,000美元，出於報告目的的折舊費用爲130,000美元。稅率爲34%。分別計算出於報告目的和納稅目的的淨收益。遞延稅款負債爲多少？

2.10 請解釋庫藏股如何影響資產負債表的股東權益部分以及每股盈餘的計算。

2.11 Winnebago公司在2001年8月25日的合併資產負債表和損益表中的內容如下（單位：千美元）：

	2001年	2000年
收入──製成品	$677,593	$749,474
應收帳款，扣除壞帳準備		
（分別爲24.4萬美元和116.8萬美元）	20,183	32,045

分析Winnebago公司的應收帳款和壞帳準備項目。

2.12 下面是Maytag公司2001年12月31日的存貨情況（單位：千美元）：

	2001年	2000年
原料	$ 62,587	$ 42,393
在製品	76,524	60,588
製成品	382,925	303,249
供應物	9,659	7,451
先進先出總成本	531,695	413,681
減：先進先出成本超出後進先出的部分	83,829	88,368
存貨	$447,866	$325,313

(a) 該公司最可能採用何種存貨計價方法？請解釋。

(b) 哪個金額最能代表2001年12月31日的現有存貨成本？請解釋。

2.13 根據下述項目爲Chester公司編制當前日曆年度的資產負債表（單位：美元）。

應付利息	$ 1,400
房產、工廠和設備	34,000
存貨	12,400
額外實收資本	7,000
應付遞延稅款（非流動	1,600
現金	1,500
累計折舊	10,500
應付債券	14,500
應付帳款	4,300
普通股	2,500
預付費用	700
持有的待售的土地	9,200
保留盈餘	?
長期負債中1年内到期的部分	1,700
應收帳款	6,200
應付票據	8,700

2.14 寫作技巧題

閱讀完第2章，你會發現文中沒有圖形只有表格，因而顯得有些枯燥。圖形是商務寫作中不可或缺的部分，常常比文字更能表達想法。圖形不但可作爲文字以外的補充，有時候也更能完整地傳達資訊。技術溝通中常用的圖形有柱狀圖、圓形圖、流程圖、直線圖等。利用圖形能更佳地增進技術溝通。

●**要求**：選擇第2章的部分項目，利用圖形（而非表格）來附註、補充或代替文字的部分。

2.15 網際網路問題

選擇一家上市公司,在最新的10－K表中找到資產負債表和財務報表附註。可以登錄證券交易委員會的首頁,在SEC EDGAR資料庫中找到10－K表。首頁網址是www.sec.gov/

利用查到的資訊回答下述問題:

(a) 資產負債表包含了哪些流動資產?

(b) 如果公司列有應收帳款和壞帳準備帳戶,請分析這些項目。

(c) 公司對存貨採用何種評估方式?

(d) 公司使用何種折舊方法?

(e) 資產負債表中除了流動資產及房產、工廠和設備之外,還包含哪些資產?

(f) 資產負債表中包含哪些流動負債?

(g) 資產負債表中包含哪些遞延稅款帳戶?遞延稅款被列在什麼類別中?是什麼暫時性差異導致產生了遞延稅款帳戶?

(h) 公司是否有長期負債?有多少?

(i) 公司是否有承諾和或有事項?如果有,公司擔負何種承諾?承諾金額為多少?請解釋存在的任何或有事項。

(j) 資產負債表中有哪些股東權益項目?

2.16 英代爾問題

2001年度英代爾公司年報可以在下述網址找到:

www.prenhall.com/fraser

利用該年報,回答下述問題:

(a) 為英代爾公司編制一份所有年份的共同比資產負債表。

(b) 描述英代爾所擁有的資產類型。哪些資產對公司最為重要?利用財

務報表附註，討論資產估價所使用的會計方法。從附註還能夠得到關於資產項目的哪些其他資訊？2000年至2001年間的資產結構是否發生過什麼明顯的變化？

(c) 分析應收帳款和壞帳準備項目。

(d) 描述英代爾公司的負債類型。哪些負債對公司最重要？從2000年到2001年負債和權益結構是否產生過明顯的變化？

(e) 描述英代爾的承諾和或有事項。

(f) 遞延稅款列在什麼類別下？遞延稅款最重要的組成項目是什麼？

(g) 英代爾的資產負債表上有哪些權益項目？

案例**2.1** 美國航空公司

美國航空公司是美國一家大型航空公司，主要從事乘客、財物和郵件的運輸。該公司主要的營運地區在美國東部，連結了夏洛特、費城與匹茲堡等地的交通。該公司在2001年共乘載了大約5,600萬位乘客，按收入－乘客－里程數(RPMs)計算，成為全美第六大航空公司。

鑒於2001年9月11日所發生的恐怖攻擊事件，聯邦航空管理局命令所有在美國領空營運的民用飛機全面停航，停航共持續了將近三天。在華盛頓雷根國際機場具有大量業務的美國航空公司，一直關閉2001年10月4日才逐漸恢復營運。911事件之後，美國航空公司實施了若干措施，意在縮減營運規模以因應航運需求的減少並節省財務資源以籌措營運資金。這些措施包括有解雇11,400名員工；將載運量從911前的水準降低20%以上，包括大幅減少點對點的飛行，使得都會快捷(MetroJet)也取消飛行；加速報廢三種效率低的飛機類型；關閉部份訂票中心、美國航空會員中心與都市票務辦公室。

要求

1. 利用美國航空公司2001年12月31日和2000年12月31日的合併資產負債表，編制共同比資產負債表。

2. 評估美國航空公司的資產、負債和權益結構，以及共同比資產負債表上的趨勢和變化。

3. 僅根據這些資訊，投資者和債權人必需考量哪些因素？

4. 投資者和債權人需要哪些額外的財務與非財務資訊才能判斷對美國航空

公司的投資和借貸決策？

美國航空公司合併資產負債表
（截止日為12月31日；除每股資料外，單位為百萬美元）

資產	2001年	2000年
流動資產		
現金	$ 32	$ 31
現金等值物	505	465
短期投資	485	773
應收帳款，淨值	272	328
來自相關方的應收帳款淨值	155	135
材料和供應物淨值	193	228
遞延所得稅款	—	422
預付費用與其他	151	189
流動資產合計	1,793	2,571
房產和設備		
飛行設備	7,223	6,514
地面設施和設備	1,167	1,114
減：累計折舊和攤銷	（3,924）	（983）
	4,466	4,645
飛行設備的購入準備	28	44
房產和設備合計	4,494	4,689
其他資產		
商譽淨值	531	550
退休金資產	441	401
其他無形資產淨值	343	313
來自母公司的應收帳款	43	78
其他資產淨值	326	384
其他資產合計	1,654	1,726
	$ 7,941	$ 8,986
負債和股東權益（赤字）		
流動負債		
長期負債的1年內到期部分	159	284
應付帳款	598	506
應付交通餘額與未使用機票	817	890

負債和股東權益（赤字）	2001年	2000年
應計飛機租賃款	249	349
應計薪資	367	319
其他應計費用	742	475
流動負債合計	2,932	2,823
非流動負債		
長期負債，扣除1年內到期的部分	3,515	2,688
應計飛機租賃款	293	182
遞延利得淨值	585	604
除退休金之外的退休後福利	1,473	1,407
員工福利負債和其他	1,773	1,771
非流動負債合計	7,639	6,652
承諾和或有事項		
股東權益（赤字）		
普通股，面值為每股1美元，核准10億股，		
發行在外10億股	—	—
實收資本	2,611	2,608
留存損益	（2,826）	（837）
來自母公司的應收帳款	（2,262）	（2,262）
累積其他綜合收益（損失），扣除所得稅影響數	（153）	2
股東權益（赤字）合計	（2,630）	（489）
	$ 7,941	$ 8,986

案例2.2　皇家器具製造公司

　　皇家器具製造公司開發、組裝和營銷全套的家用清潔產品以及部分商用清潔產品。1984年，公司率先推出了一套Dirt Devil地板護理產品。公司的主要競爭對手是Hoover、Eureka、Bissell和Black&Decker。下面提供了該公司2001年度年報中的部分資訊。

要求

1. 哪兩項流動資產最為重要？各占總資產和淨銷售額的多少百分比？計算2001年和2000年的百分比。分析這兩項流動資產的百分比變化趨勢。

2. 分析壞帳準備金占應收帳款與淨銷售額的比重。

3. 公司持有何種類型的存貨？為什麼？公司使用哪種存貨計價方法？這種方法是否反映了2001年與2000年12月31日存貨的當前成本？請解釋。

4. 根據皇家器具公司採用的存貨計價方法，你預期公司會因為該選擇而節省稅款還是需要多付稅款？請解釋。（你不需進行任何計算。）

5. 哪一項非流動資產類型對公司最重要？這類型資產占總資產的比重為多少？流動資產和非流動資產的比例是否符合你對器具製造商的預期？請解釋。

6. 討論皇家器具公司的負債類型，並注意其負債結構的任何變化。

7. 皇家器具公司是否有承諾和或有事項？如果有，請解釋這些項目的涵義。

8. 遞延所得稅款在2001年被列在哪一個類別之下？解釋為什麼遞延所得稅款出現在許多類別中。公司的兩個主要時間差異來源是什麼？解釋為什

麼這些時間差異以資產或負債的形式出現。

9. 公司所收到的每股發行在外普通股的平均價格是多少？公司今天的普通
股每股市價是多少？（皇家器具公司已被收購）

10. 皇家器具公司所付的每股庫藏股的平均價格是多少？請評論公司董事會
所合准的股票買回計畫及其對公司資產負債表的影響。

11. 利用公司的資產負債表和損益表資訊，計算截至2001年12月31日的財
政年度中公司最有可能支付給股東的股利金額。

皇家器具製造公司和子公司合併資產負債表　　　　單位：千美元
（截止日為12月31日）

資產	**2001年**	**2000年**
流動資產：		
現金	3,421	704
貿易應收帳款，在2001年12月31日和2000年		
12月31日分別減去300萬美元和130萬美元的		
壞帳準備	35,986	42,097
存貨	50807	45,470
可退還和遞延所得稅款	4,549	4,735
預付費用和其他	1,636	1,573
流動資產合計	96,399	94,579
土地、工廠和設備，以成本列示：		
土地	1,541	1,541
建築	7,777	7,777
模型、器具和設備	52,031	48,650
傢俱、辦公和電腦設備、軟體	12,154	12,721
資本租賃下的資產	3,171	3,171
租賃改良與其他	7,456	5,067
	84,130	78,927
減：累計折舊和攤銷	（46,556）	（37,119）
	37,574	41,808
電腦軟體和器具準備	4,405	807

資產	2001年	2000年
其他	2,066	1,358
資產總計	140,444	138,552

負債和股東權益

流動負債：

	2001年	2000年
貿易應付帳款	27,433	22,209
應計負債：		
廣告和促銷	11,196	13,103
薪資、福利和社會安全稅	7,258	3,355
品質保證和銷貨退回	9,950	9,800
所得稅	1,370	—
其他	6,479	6,091
資本租賃負債和應付票據的1年內到期部分	147	136
流動負債合計	63,833	54,694
循環信用合同	32,000	46,400
資本租賃負債，減去1年內到期的部分	1,978	2,137
長期負債合計	33,978	48,537
遞延所得稅款	4,011	4,268
負債總計	101,822	107,499
承諾和或有事項（附註4和5）	—	—

股東權益

	2001年	2000年
系列優先股，核准100萬股，尚未發行在外	—	—
普通股，設定價值；核准1.01億股；2001年		
12月31日和2000年12月31日發行在外的		
分別為25,829,452股和25,509,152股	214	212
額外實收資本	44,167	43,038
保留盈餘	70,489	61,165
	114,870	104,415
減：庫藏股，以成本列示（2001年12月31日		
和2000年12月31日分別為12,365,700股和		
11,780,500股）	（76,248）	（73,362）
股東權益合計	38,622	31,053
負債和股東權益總計	140,444	138,552

相對應的附註不可與報表分開表述。

重要財務資料（單位：千美元）	2001年	2000年
淨銷售額	$428,425	$408,223
淨收益	9,324	5,939

皇家器具器具製造公司合併財務報表的部分附註

1. 會計政策：

存貨──存貨以成本與市價孰低法列示，成本計價採用先進先出法。12月31日的存貨如下所示（單位：千美元）：

項目	2001年	2000年
製成品	$ 43,277	$ 37,832
在製品和組件	7,530	7,638
	$ 50,807	$ 45,470

4. 租賃：

本公司在資本租賃和營業租賃安排下租賃各種設施、設備、電腦、軟體和車輛。經營租賃在截至2001年、2000年和1999年12月31日的各年總支付額分別是290.5萬美元、191.2萬美元和79.6萬美元。

2001年12月31日在所有資本租賃和營業租賃下的最低承諾金額如下（單位：千美元）：

年份	資本租賃	營業租賃
2002年	$ 235	$ 3,419
2003年	315	3,057
2004年	317	2,760
2005年	314	2,117
2006年	318	1,849
之後	1,562	13,438
最低租賃總支付額	3,061	$ 26,640
減：代表利息的金額	936	
資本負債總現值	2,125	
減：流動的部分	147	
資本租賃下的長期負債	$ 1,978	

5. 承諾和或有事項

本公司在2001年12月31日估計未來支付在廣告與促銷費用的合約承諾金額大約為300萬美元，包含至2002年12月31日的電視廣告費用的承諾。其他的對正常業務項目的合約承諾金

額總計約為430萬美元。

本公司對員工的薪資福利在俄亥俄州採取自保形式，並且持有員工額外薪資保險，為每起發生額超過350美元的所有索賠提供保障。

Hoover公司於2000年2月4日根據美國專利、商標和不公平競爭法在俄亥俄州北區向聯邦法院對本公司提起了法律訴訟（官司號#1:00cv0347）。起訴書中聲稱本公司的Dirt Devil Easy Steamer產品侵犯了Hoover所持有的專利權。Hoover要求本公司支付賠償金、停止生產並承擔法律費用。本公司正積極地上訴中，並相信對方的說詞並無法律依據的。如果Hoover的所有要求都被裁定獲准，將會對本公司的合併財務狀況、營運成果和現金流產生重大的不利影響。

本公司2001年12月10日根據美國專利、商標和不公平競爭法在俄亥俄州北區向聯邦法院對Hoover公司提起了法律訴訟（官司號#1：01cv2775）。聲稱Hoover公司侵犯了本公司所持有的無袋技術的專利權。本公司要求對方支付賠償金、停止生產和承擔法律費用。

本公司2002年依據美國專利、商標和不公平競爭法在俄亥俄州北區向聯邦法院對Bissell家庭護理公司提起了法律訴訟（官司號#1:02cv0338）。聲稱Bissell公司侵犯了本公司所持有的無袋技術的某些專利。本公司要求對方支付賠償金、停止生產和承擔法律費用。

Bissell公司2002年依據美國專利、商標和不公平競爭法在俄亥俄州北區向聯邦法院對本公司提起了法律訴訟（官司號#1:02cv0142）。聲稱本公司的Dirt Devil Easy Steamer產品和Platinum Force Extractor產品侵犯了Bissell的專利權。要求本公司支付賠償金、停止生產和承擔法律費用。本公司正積極地上訴中，並相信對方的說詞無法律根據。如果Bissell的各項要求都被被裁定獲准，將會對本公司的合併財務狀況、營運成果和現金流產生重大的不利影響。

本公司在正常業務經營中涉及各種訴訟和索賠要求。管理階層認為這些事項的最終的解決措施將不會對本公司的合併財務狀況、營運成果和現金流產生重大的不利影響。

6. 所得稅：

遞延所得稅款顯示了公司因為財務報告目的與納稅目的不同所產生的暫時性差異的影響。2001年12月31日和2000年12月31日遞延稅款淨資產的組成項目如下（單位：千美元）：

	2001年	2000年
遞延稅款資產：		
品質保證和銷貨退回	$ 3,881	$ 4,017
壞帳準備	1,170	507
存貨基礎差異	636	833
應計休假、薪資和福利	866	422
州和地方稅款	127	166
應計廣告費用	98	164

	2001年	2000年
遞延稅款資產：		
自保準備	90	59
遞延薪資計畫	164	154
州和地方稅款	—	309
其他	—	7
遞延稅款負債：		
市值評價的應收帳款	—	（658）
固定無形資產的基礎差異	（4,566）	（4,409）
州和地方稅款	（240）	—
其他	（1,688）	（1,415）
遞延稅款淨資產	$ 538	$ 156

7. 主要客戶：

　　皇家器具公司於2001年的三大主要顧客分別佔總淨銷售額的31.1%、14.3%與14.1%。本公司的三大主要顧客在2000年分別佔總淨銷售額的32.6%、13.5%和13.1%，於1999年分別佔36.9%、13.6%和12.1%。此外，皇家器具公司的業務範圍主要集中在國內零售市場，它們能否履行對皇家器具公司的還款責任取決於與零售業的經濟狀況。最近這幾年，許多家大型零售商遭遇到財務困境，包括Kmart在內的一些公司都依據適用的破產法申請債權人保護。截至2001年12月31日，與Kmart相關的淨應收帳款，以及管理階層認定回收有困難的其他顧客餘額，都計算在壞帳準備金當中。有部分與本公司有業務往來的顧客正瀕臨破產的階段。

　　在正常的業務經營範圍之內，本公司還提供信貸給零售業，包括市場零售商、倉儲會員單位與獨立經銷商。本公司持續地對顧客進行信用評估，並根據顧客的信用風險、歷史資料和其他資訊等方面因素，建立適當的壞帳準備金。

11. 股票買回計畫

　　本公司於2000年2月，由董事會批准了普通股股票買回計畫，讓本公司能夠在公開市場並透過協議交易的方式，買回425萬股發行在外的普通股股票。本公司於2001年2月完成了該項計畫，以2006.5萬美元的總購買價格買回了328.9萬股股票。本公司於2001年4月，由董事會批准了另一個普通股股票買回計畫，讓本公司能夠在公開市場並透過協議交易的方式，買回340萬股發行在外的普通股股票。截至2002年3月11日止，公司根據該買回計畫，共以525萬美元的總購買價格買回了約105.2萬股股票。該計畫於2002年12月到期。

損益表和股東權益表

瞭解淨收益（即底線），通常是非常重要的。

但是一個假造的數字，就可能會影響到那些想致富的人們。

—— A. Ormiston（註1）

　　企業營運績效通常視其是否能成功地產生盈餘而定。投資者、債權人和分析師都很急著等待公司盈餘報告的發佈。本書其中一個目的就是要提高讀者對經營成效的認知層面，在考慮淨收益之外還同時注意到諸如「營運現金流量」之類的指標。不過，本章節的重點將放在損益表及公司如何得出其淨收益值。在第五章節之後的附錄A列舉了企業如何操縱「淨收益」的一些方式，可以幫助讀者發現問題並進行調整。

　　損益表(income statement)也稱為**盈餘表**(statement of earnings)，表示一個會計期間（通常是一年或一個季度）的收入、費用、淨收益和每股盈餘。（本書中的收入、盈餘和淨利等用語會交替著出現。）股東權益表是資產負債表與損益表之間的重要聯繫橋梁。股東權益表列出資產負債表中權益帳戶從一個會計期間到另一個會計期間所發生的變化。公司有可能在補充報表或資產負債表的附註中說明關於股東權益表的資訊，而不是另外編製一份正式的財務報表。年報中應包括3年的損益表和股東權益資訊。

　　R.E.C.公司編製了一份正式的股東權益表。本章將討論損益表和股東權益表，並利用R.E.C.公司的報表作為基礎來說明這兩個報表及報表中通常出現的項目。

3.1　損益表

　　無論財務報表使用者——投資者、債權人、員工、競爭者、供應商和監管者——的目的為何，理解與分析損益表都是相當重要。但同樣重要的一點是，分析師應該了解到公司損益表中所揭露的營收和其他資訊，並不能完整且充分地衡量出公司的財務表現。損益表只是組成財務報表的眾多因素的其中一個部份，而且與其他部分相同的是，絕大部分的損益表都是來自於的會計選擇、預估與判斷的結果，而這些都會影響所損益表的內容，就如同企業政策、經濟狀況以及其他為許多變數一樣，都會影響結果。在第1章已經討論過這些問題會如何影響報告的結果，本章節同樣地要繼續探討這些問題。

　　前面已經介紹過盈餘是採應計基礎而不是現金基礎來衡量的，這表示損益表上所揭露的收入與會計期間所發生的現金流量不同。關於企業經營所產生的現金流量以及其對財報分析的重要性，將在第4章再做介紹。但是，本章節並不是要低估損益表的重要性，而是要讓讀者更清楚地了解損益表所顯示的內容及涵義。

　　損益表有兩種基本形式，且在細節上有很大的差異。R.E.C.公司的損益表是採用**多步式**(multiple-step)來表示，在各會計期間得出淨收益之前還提供了若干個中間項目以衡量收益－如銷貨毛利、營業淨利和稅前盈餘（見表3.1）。單步式損益表把所有的收入項目歸類在一起，再扣除所有費用項目後才得出淨利。表3.2是R.E.C.公司採用單步法公佈盈餘報告。若要進行分析則應該採用多步式。如果公司採用單步式或修正後多步式提供損益表訊息，在進行財務報表分析前，應該先採多步式重新編製損益表。

　　會計期間若出現某些特殊項目，則無論採用何種形式都應該在損益表上

表3-1　R.E.C.公司合併損益表

（單位為千美元，每股資料除外）
（2004年度2003年度和2002年度，截至日為12月31日）

	2004年	2003年	2002年
銷售收入淨額	$215,600	$153,000	$140,700
銷貨成本（附註A）	129,364	91,879	81,606
銷售毛利	86,236	61,121	59,094
銷管費用（附註A和E）	45,722	33,493	32,765
廣告	14,258	10,792	9,541
折舊和攤銷（附註A）	3,998	2,984	2,501
修理和維護	3,015	2,046	3,031
營業利潤	19,243	11,806	11,256
其他收入（費用）			
利息收入	422	838	738
利息費用	（2,585）	（2,277）	（12,74）
稅前盈餘	17,080	10,367	10,720
所得稅費用（附註A和D）	7,686	4,457	4,824
本期淨利	$　9,394	$　5,910	$　5,896
簡單每股盈餘（附註G）	$　1.96	$　1.29	$　1.33
完全稀釋每股盈餘（附註G）	$　1.93	$　1.26	$　1.31

相對應的附註不可與報表分開表述。

表3-2　R.E.C.公司合併損益表

（單位為千美元，每股資料除外）
（2004年度2003年度和2002年度，截至日為12月31日）

	2004年	2003年	2002年
收入	$215,600	$153,000	$140,700
銷貨收入淨額	422	838	738
利息收入	216,022	153,838	141,438
成本和費用			
銷貨成本	129,364	91,879	81,606
銷管及其他費用	66,993	49,315	47,838
利息費用	2,585	2,277	1,274
所得稅費用	7,686	4,457	4,824
本期淨利	$　9,394	$　5,910	$　5,896
簡單每股盈餘	$　1.96	$　1.29	$　1.33
完全稀釋每股盈餘	$　1.93	$　1.26	$　1.31

單獨揭露。這些項目包括停業部門、特殊交易以及會計原則變化所造成的的
累積效應等，本章節後面都將進行討論。

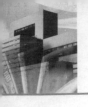

正如第2章所指出，美國財務會計原則委員會(FASB)通過了一個新的法案，該法案在1998年時生效，要求公司報告綜合淨利。根據財務會計觀念第6號公告「財務報表組成」，綜合淨利是指公司在一段期間內來自於非股東相關的交易、其他事項以及環境所產生的權益變化，包括所有股東投資以及分配到股東以外的所有權益變化。公司仍還被要求採以下三種方式之一報告綜合淨利：

●在損益表中；

●在單獨的綜合淨利報表中；

●在股東權益表中。

公司損益表中列示了3年的資料以方便比較，並提供關於收入、費用和稅後淨利的發展趨勢以作爲佐證。由於R.E.C.公司只有淨收益（本期淨利）而沒有其他綜合收益，所以沒有提供綜合淨利表。R.E.C.公司的報表爲合併報表，這表示所揭露的訊息彙整了R.E.C.公司及其附屬子公司的經營成果。我們將在本章後面討論投資子公司所採用的綜合收益揭露方式和會計方法，標題分別爲「綜合收益」和「股權收益」。

■ 共同比損益表

正如第2章所介紹，進行下述分析時，共同比財務報表是一項很有用的工具：不同銷售規模與不同總資產公司間的比較、公司內部或結構分析、評估發展趨勢，以及進行同業間比較分析。共同比損益表把損益表中每個項目轉換成銷貨收入淨額的一個百分比。共同比損益表顯示各類費用相對於營業收入的比重、淨利的百分比比率（銷貨毛利、營業淨利和本期淨利）以及「其他」收入和費用的相對重要性。表3.3顯示R.E.C.公司的共同比損益表，

表3-3	R.E.C.公司的共同比損益表				單位：%
	2004年	2003年	2002年	2001年	2000年
銷貨收入淨額	100.0	100.0	100.0	100.0	100.0
銷貨成本	60.0	60.1	58.0	58.2	58.2
銷貨毛利	40.0	39.9	42.0	41.8	41.8
營業費用					
銷管費用	21.2	21.8	23.2	20.3	20.0
廣告費用	6.6	7.1	6.8	6.4	6.3
折舊和攤銷	1.9	2.0	1.8	1.4	1.2
修理和維護	1.4	1.3	2.2	2.7	2.7
營業淨利	8.9	7.7	8.0	11.0	11.6
其他收入（費用）					
利息收入	0.2	0.5	0.5	0.3	0.3
利息費用	(1.2)	(1.5)	(0.9)	(0.9)	(1.0)
稅前盈餘	7.9	6.7	7.6	10.4	10.9
所得稅	3.6	2.9	3.4	5.4	5.7
本期淨利	4.3	3.8	4.2	5.0	5.2

將用在本章節與第5章節以分析該公司的獲利性。

銷貨收入淨額

　　3年中每年的總銷售收入扣除退貨和折讓之後的金額。**銷貨退回**(sales returns)指的是銷貨交易被取消，**銷貨折讓**(sales allowance)是指原始銷貨發票價格予以減少。由於對大多數公司來說銷售是主要收入來源，該項資料的變化趨勢就成了衡量業績的一個重要指標。雖然在第5章才會完整分析R.E.C.公司的財務報表，讀者仍然可以從損益表中得到一些訊息。

　　例如，你可以看到R.E.C.公司在2004年的營業收入比2003年增加許多：從2003年到2004年營業收入增加了40.9%（6260萬美元），而相較之下，2002年到2003年營業收入只增加了8.7%（1230萬美元）。當公司的營業收入增加（或減少）時，重點要判斷這項變化是由因為價格變動所造成，

還是由銷售數量變動而造成,或是兩者。總體而言,高品質盈餘應該是銷售數量和銷售價格共同增長(通貨膨脹時期)的結果。公司當然希望賣出更多單位的產品,並使價格的成長速度至少能跟上通貨膨脹率。銷貨成長(或衰退)的原因會出現在公司管理層討論中以及年報的分析項目或是10-K報告中進一步說明。

有一個問題是營業收入是實質上(通貨膨脹調整後)的成長,還是名目上(如報告中所描述)的增長。若營業收入是名目上的變化,根據損益表中的資料就可以容易地計算出來。利用消費者物價指數(CPI)(或是一般通貨膨脹的其他衡量指標)將報告中的營業收入數字進行調整,分析師就能夠得出名目與實質上的變化。欲比較實質營業收入和名目營業收入時,首先必須先採用損益表中報告的營業收入數字,再將目前年度以前各年度的營業收入以消費者物價指數或其他價格指數進行調整。就R.E.C.公司而言,名目成長率已得出為40.9%。假設2004年和2003年的消費者物價指數分別為322.2和311.1,那麼2003年調整後或實質營業收入應為158,459,000美元〔(322.2/311.1)×153,000,000美元〕。從2003年到2004年,營業收入進行通貨膨脹調整後仍成長了36.1%,只不過成長率較低一點。R.E.C.公司財務報表的附註A(見表1.2)中說明了該公司新店開張是過去一年中營業收入大幅成長的主因。

損益表的其餘部分可以用來評估管理階層將營業收入轉變為淨利的能力。在共同比損益表中(表3.3)營業收入或是其他收入是共同的分母,因此對所有公司而言,編製該報表時都是表示100%。共同比損益表中其他重要項目的計算過程也將在本章節中說明。

銷貨成本

　　從營業收入扣除的第一項費用就是賣方賣給顧客的產品或服務成本。這項費用稱為**銷貨成本**(cost of goods or cost of sales)。如第2章中所述,一個會計年度的銷貨成本會受到評估存貨的成本假設所影響。R.E.C.公司使用後進先出法(LIFO),表示當年度最後買到的貨品成本將被併入費用計算。後進先出法通常會使得當期成本與當期收入配合,因此所得出的盈餘品質會高於先進先出法(FIFO)和平均成本法。

　　銷貨成本與銷貨收入淨額之間的關係—銷貨成本百分比—對於判斷淨利情形相當重要,原因是銷貨成本對許多公司來說是最大一筆的費用項目。

	2004年	2003年	2002年
銷貨成本	129,364 = 60.0%	91,879 = 60.1%	81,606 = 58.0%
銷貨收入淨額	215,600	153,000	140,700

　　R.E.C.公司的銷貨成本百分比在2002年至2003年間上升了。之後,公司若不是已經更有效地控制了成本,就是將價格提高並轉嫁給顧客。由於各產業的價格策略與其他因素有所不同,因此銷貨成本百分比也會有顯著差異。例如,珠寶零售商的銷貨成本百分比平均為56.0%,而日用百貨及肉類食品零售商則為76.6%（註2）。

銷貨毛利

　　銷貨收入淨額和銷貨成本之間的差額稱為**銷貨毛利**(gross profit or gross margin)。銷貨毛利是多步式損益表中衡量淨利的第一步,並且是評估公司經營表現的重要分析工具。銷貨毛利的金額表示公司在扣除銷貨成本後產生了

多少利潤。銷貨毛利與銷貨收入淨額之間的百分比,稱為銷貨毛利率。

	2004年		2003年		2002年	
銷貨毛利	86,236	= 40.0%	61,121	= 39.9%	59,094	= 42.0%
銷貨收入淨額	215,600		153,000		140,700	

　　銷貨毛利率和銷貨成本百分比兩者間是相輔相成的關係(兩個百分比相加總是等於100%),因此兩種比率分析是相同的。公司通常希望將銷貨毛利和銷售額之間維持一定的關係,或者盡可能提高銷貨毛利率。在日用雜貨等較穩定的行業中,不同年份的銷貨毛利率基本是相同的,因為公司會隨著銷貨成本的增加,以相同比例提高產品價格。較不穩定行業中如高科技產業,各年之間的銷貨毛利率可能會有明顯的差異。例如,Kroger在1999～2001年三年中每年的銷貨毛利率都是27%,而德州儀器公司在這三年中銷貨毛利率分別為48%、49%和29%。

圖3-1　理解數學

行業別	百分比

　　如果銷貨成本百分比上升或下降,並不一定表示成本也提高升或是下降。百分比的變化可能是因為銷售價格漲跌所導致。

　　以下有一個例子:假設公司花費4美元製作了一個玩具,在第1年可售10美元。第2年競爭變大,公司必須把玩具的售價降到8美元。

	第1年		第2年	
銷售額	10美元	100%	8美元	100%
銷貨成本	4美元	40%	4美元	50%
銷貨毛利	6美元	60%	4美元	50%

　　注意,銷貨成本百分比提高了,但製造玩具的成本沒有變。售價的下降是導致銷貨成本百分比上升和銷貨毛利率下降的原因。

　　永遠要對數字保持警覺性——要注意到金額與百分比之間的差別!

營業費用

R.E.C.公司揭露了4種類型的營業費用：銷管費用、廣告費用、折舊和攤銷費用以及修理和維護費用。第5種費用經營租賃費用在附註E中揭露。管理層對這些項目有一定的決定權，而且這些項目對公司當期和未來的營利狀況都有相當大的影響。因此，從趨勢、絕對值、與銷售額的關係以及與同業競爭者的關係等多方面來追蹤這些費用項目是相當重要的。

銷管費用(Selling and administrative expenses)是指與產品銷售或服務以及企業管理等各項相關費用，包括薪資、租金、保險、公用事業費用和物料，有時也包括折舊和廣告費用。R.E.C.公司將廣告費用以及折舊與攤銷費用單獨揭露。R.E.C.公司財務報表在附註A說明了公司把與新店開張相關的費用包括在銷管費用之中。

廣告成本是或應該是公司預算中一項主要費用，而行銷是公司是否成功的關鍵要素。在第1章中已經討論過這項議題。R.E.C公司為相當競爭產業中的零售公司，該公司把每1美元銷售額的6%到7%用於廣告上。廣告費用與銷貨收入淨額之間的比率如下：

	2004年	**2003年**	**2002年**
廣告費用 銷貨收入淨額	$\dfrac{14{,}258}{215{,}600} = 6.6\%$	$\dfrac{10{,}792}{153{,}000} = 7.1\%$	$\dfrac{9{,}541}{140{,}700} = 6.8\%$

租賃費用(Lease payments)包括為零售店租賃設備所產生的經營租賃成本。財務報表附註E揭示了租賃分配相關協定，並列出最低年度租賃承諾費用的計劃表。請注意R.E.C.公司2003年至2004年的租賃費用大幅上升，從710萬美元漲至1,310萬美元，增加了84%。這表示公司使用租賃面積大幅增加。

折舊和攤銷

除了土地以外，公司獲益長達1年以上的資產，其成本應該在該資產服務期間內進行分配，而不是在買入當年計入費用。土地是這項規則的一個例外，因為土地被認為具有無限的使用壽命。成本分配法是由資產的性質決定。**折舊**(Depreciation)用在有形固定資產的成本分配，例如建築、機械、設備、器具和裝置以及車輛。**攤銷**(Amortization)則適用在資產承租、租賃資產的改良工程，與無形資產的成本分攤，例如專利、版權、商標、執照、加盟金和商譽等。自然資源擷取與開發——例如開採石油和天然氣、其他礦藏以及森林——的成本則依照消耗程度進行攤提。任何一個會計期間的費用認列，完全取決於該資產的投入程度、該資產的服務年限、殘值的預估以及（就折舊而言）所使用的折舊方法。

R.E.C.公司將公司的建築和設備認列了年度折舊費用，對租賃資產的改良工程確認了攤銷費用。R.E.C.公司財務報表附註A解釋了公司折舊和攤銷相關的方法：「折舊和攤銷：土地、工廠和設備按成本列示。折舊主要是依據建築物的有效壽命採直線法計算。租賃改良工程的有效壽命估計表示實施租賃改良後租約剩餘的有效期限。」必需要記住的是，若從稅賦上考量，大多數公司對折舊都採用修正加速成本回收制。

對於損益表上的任何一項費用支出，都應該評估該費用的金額與變化趨勢，以及公司活動與該費用之間的關係。例如R.E.C.這類型公司，資產負債表中對建築、租賃改良工程與設備投資，與年度折舊和攤銷費用之間存在著某種程度的關係。

	2004年		2003年	
折舊和攤銷費用 ─────────── 建築、租賃改良工程和設備	3,998 ───── 39,796	= 10.0%	2,984 ───── 25,696	= 11.6%

折舊和攤銷費用所占百分比略有下降，原因可能是新的資產在2004年中才購入使用，折舊和攤銷費用並非是一整年度。為了更詳細說明這些項目內容，第5章節除了使用當前年度的財務報表之外，更加上前幾年度的資料，以進一步分析長期趨勢。

修理和維護費用(Repairs and maintenance)是指修理和維護公司的土地、工廠和設備所發生的年度成本。這方面的費用支出應該與資產設備投資水準相當，並且與公司固定資產的年限狀況相符。就如同研發、廣告和行銷方面的費用一樣，不當的修理和維護經費會影響到組織的永續發展。這類費用就像折舊一樣，應該與公司的固定資產投資一併評估。R.E.C.公司這一項目所占百分比下降，可能是因為投入的新資產需要較少的維修支出，也可能是因為公司為了提升短期的營業淨利而延遲維修。

	2004年	2003年
修理和維護費用 / 建築、租賃改良工程和設備	$\frac{3,015}{39,796} = 7.6\%$	$\frac{2,046}{25,696} = 8.0\%$

零售產業以外的公司會出現不同的費用也要另行評估。例如，對高科技公司和製藥公司來說，研發費用對銷貨收入淨額比例的變動趨勢是一個重要的評估指標。透過編製共同比損益表，任何公司的營業費用項目都能可以很容易地予以分析。在評估營業費用時，必須詳細地判斷費用的增加或減少是否都有適當的理由。例如，減少廣告和研發費用支出會對公司的長遠發展不利，而不必要的營業費用項目增加可能表示公司的營運缺乏效率。

營業淨利

營業淨利(Operating profit)（也稱為息前稅前收益 EBIT）是R.E.C.公司

143

損益表中判斷盈餘的第二步,可以用來衡量了公司經營的總體表現:銷售收入減去與產生銷售相關的費用。在不考慮公司融資與投資行為,也不考慮稅收等因素的情況下,營業淨利是對公司進行評估的一項依據。**營業淨利率**(Operating profit margin)是營業淨利與銷貨收入淨額之間的比率:

	2004年		2003年		2002年	
營業淨利	19,243	= 8.9%	11,806	= 7.7%	11,256	= 8.0%
銷貨收入淨額	215,600		153,000		140,700	

該比率表示R.E.C.公司的營業報酬率在2003年略有下跌之後,2004年又開始增強。從共同比損益表可以看出,儘管過去兩年銷貨成本增加,R.E.C.公司的銷售、管理和廣告費用下降得更多,而使得營業淨利能有所提高。

■ 其他收入(支出)

該類別包括非因為經營活動所產生的收入或成本,例如股利與利息收入、利息支出、投資損益以及出售固定資產的損益。R.E.C.公司將有價證券投資所獲取的利息認列為其他收入,並將支付債務的利息認列為其他費用。金額的大小取決於投資水準和未清償債務額,以及現行的利率水準。

就如同第2章所描述,根據美國財務會計原則第115號公告,公司(主要是金融機構和保險公司)若持有歸類為「交易證券」的債務和權益證券,必須在資產負債表上按市價報告這些明細,並將未實現利益部分也列入在損益中。自1996年起,財務會計原則第123號公告「股票基準報酬的會計原則」要求公司在財務報表附註中揭露員工股票選擇權成本對淨收益的影響。

在分析盈餘表現時(第1章與附錄A中已說明),很重要的一點是分析師必須考慮營業收入中非來自營業項目的變動程度。非營業項目包括:出售主

要資產的損益、會計方法的變更、特殊項目的產生、與現金相關的暫時性投資損益以及依據權益法所認列的投資收益等。

股權收益

評估財務報表資料時，有時會遇到一個問題是該公司採用何種會計方法——成本法或是權益法——認列投資於其他公司的具投票權股票。R.E.C.公司不存在這個問題，因為母公司擁有子公司100%的有投票權股票；R.E.C.公司及其子公司在實質上是一個合併的整體。當一家公司擁有另一家公司50%以上的有投票權股票，表示母公司可以輕易第控制子公司的業務經營、財務政策和股利政策，並可以將合併財務報表與合併政策相關的資訊揭露在財務報表的附註中。編製合併財務報表時所使用會計原則雖然與權益法相似，但卻是相當複雜，已超出了本書所涵蓋的範圍（註3）。若公司對子公司的股票投資低於50%時則不用編製合併財務報表，但需要注意的是公司是使用成本法還是權益法。

對於低於50%的股票投資，會計原則容許使用兩種不同的記帳方法。在權益法下，無論是否支付了現金股利，投資方可以按比例認列被投資方的淨收益；在成本法下，投資方只按收到的現金股利來認列投資收益。採用何種會計方法完全取決於投資方是否對被投資方具有控制權。

會計原則委員會第18號意見書規定，若投資方對被投資方的經營和融資政策有極大的影響力時，則應該採用權益法。當持股比例為50%或以上時則不存在此問題，因為該公司可以輕易地控制另一家公司。但在50%以下時，該公司能輕易地影響另一家公司的經營的程度到底有多大？雖然會有例外，但一般認為持有20%的有投票權股票就表示擁有很大的影響力。不過，也有

低於20%的持股比例卻具有控制權,而高於20%的持股比例卻沒有影響力的情況。判斷這點時,應該考慮許多其他因素,例如在董事會中所占席位、公司間重大交易、技術上依賴性以及其他關係等。

由於權益法符合會計原則中的應計基礎,理論上來說,採用此方式是相當合理的。投資方在被投資方實現收益的會計期間記錄自己在收益中所占的比例,而不是在收到現金時記錄。但是,分析師應該了解這家公司是使用成本法還是權益法。若公司採用不同的方法時會有什麼不同的結果?下面的例子可以得到答案。

假設A公司以400,000美元購買了B公司20%的有投票權股票。B公司當年報告有100,000美元的收益,支付25,000美元的現金股利。對A公司而言,採用不同的會計方法,投資項目在損益表中的收益認列和資產負債表中的非流動投資項目會完全不同。

	成本法	權益法
損益表:投資收益	5,000美元	20,000美元
資產負債表:投資帳戶	20,000美元	415,000美元

在成本法下,只對實際收到的現金股利確認投資收益(25,000美元×0.20),投資帳戶是以成本認列(註4)。在權益法下,投資方按持股比例根據被投資方收益計算投資收益。

公司B的收益	100,000美元
公司A的持股比例	× 0.20
公司A的投資收益	20,000美元

在權益法下,認列的投資收益會使投資額相對增加,而收到現金股利會使投資額相對減少。

以成本列示的投資額	400,000美元	
投資收益	＋20,000美元	
收到的現金股利	－5,000美元	
投資帳戶	415,000美元	

採用權益法在某種程度上會扭曲收益，這是因為即使有可能收不到現金，但仍然認列了收入。採用權益法的理論依據是，投資方（A公司）通過其對有投票權股票的控制，應該可以使B公司支付股利。但現實的情況並不一定會成立，A公司所認列的收益卻高於所收到的現金。

計算經營活動所產生的現金流量時，針對淨收益所做的一項調整（見第4章）就是減去權益法下認列的收益與收到的現金股利之間的差額。對A公司而言，該筆差額是15,000美元（投資收益20,000美元減去現金股利5,000美元）。它也等於資產負債表上投資帳戶的增加額（期末餘額4,150,000美元減去原始成本400,000美元）。為了方便比較，應當剔除收益中的這一項非現金部分。

稅前盈餘

稅前盈餘(Earnings before income taxes)是指在扣除所得稅費用前的收益。通常會在財務報表附註中對所得稅這項進行討論，以指出了報表中的所得稅額與實際支付的所得稅額之間的差異（參見第2章中對遞延所得稅的討論）。就R.E.C.公司而言，附註A解釋了該公司出現差異的原因，附註D對支付的稅款和損益表上報告的稅額間的差異進行了量化分析。利用損益表上報告的所得稅除以稅前收益，可以計算出R.E.C.公司的有效稅率。

	2004年	2003年	2002年
所得稅 / 稅前盈餘	$\dfrac{7,686}{17,080} = 45.0\%$	$\dfrac{4,457}{10,367} = 43.0\%$	$\dfrac{4,824}{10,720} = 45.0\%$

近年來，由於收入沒有起色或有所下降，一些公司為了提高盈餘而尋求各種避稅方式。合理的避稅是值得認同的，但公司不能持續地靠避稅技巧來增加盈餘。財務報表使用者需要區分盈餘增加是由核心業務所產生的還是由稅率降低造成的結果（請參見附錄A有更多關於這點的探討）。

淨經營損失與國外納稅也可能會影響有效稅率的變化。經營虧損的公司可以將損失追溯到2年並（或）遞延至20年，用來抵銷之前或未來的納稅額。如果淨經營損失往前追溯，公司以前所繳納的稅款可以退回。

公司通常會經營海外事業，因此必須依照該國的稅法納稅。透過參考報表中的附註，報表使用者可以評估國外納稅款項對總體有效稅率的影響。例如，康柏公司1998年即使稅前虧損26.62億美元，所得稅繳納仍達0.81億美元。研讀財務報表附註中國內與國外的收入的細項，就可以說明產生這筆有效稅率（3.04%）的原因。康柏公司在美國的虧損額為47.82億美元，但在海外的利潤達到21.20億美元。因此，公司在美國享受到稅賦優惠但在國外的利潤仍需納稅。

特殊項目

若公司受到下列三個項目的影響，就必須在剔除所得稅效應後在損益表上單獨揭露：

- 停業部門
- 非常項目
- 會計變更的累積調整數

特殊項目(Special items)是指未來不會再發生的一次性項目。由於特殊揭露的這項要求，分析師在預估未來盈餘時可以很容易地判斷是否把這些項目

包括在內。

R.E.C.公司沒有受到任何特殊項目的影響。受到這些特殊項目影響的公司應該按表3.4中梅塔格公司的報表格式揭露資訊。

停業部門是指一個公司出售它事業中的重要一部分。持續事業部門的經營成果與停業部門的經營成果將分開表示。根據2001年報的附註，梅塔格公司2001年處置了它的Blodgett事業部，並說明了2002年停止與一家中國企業合資的股權價值（註5）。

值得注意的是，梅塔格損益表上所揭露的這些資訊讓人有點難以理解。在「停業部門」下所列的4個項目都是損失或費用，必須加在一起才能得出11,090.4萬美元的總損失。使用該財務報表進行分析時，必須仔細地查看各個項目，因為有的公司使用括弧來表示加減時用的方法與梅塔格公司的方式是不同的。

非常損益(Extraordinary gains and losses)項目必須符合下列兩項標準：與公司的本業不同，並且在可預見的將來不會再發生。梅塔格公司由於提前償債，加上實施了一個複雜的融資方案來籌措低成本權益資金，因此在2001年產生非常損失（註6）。

FASB年做了一項有意思的決定，宣佈911恐怖攻擊事件不是一個非常事件。雖然FASB同意部份人士的說法，認為這個事件很特殊，但是認定911相關的收入或費用為非常項目並不會對財務報告系統的改進有所幫助。FASB當時欲提供航空業這項特殊認定時就發現了這個問題，因為要區分攻擊所帶來的損失或是經濟衰退早已帶來的損失是一件不容易的事（註7）。

當公司改變會計政策時就會產生會計原則變更的累積調整數。會計政策變更有可能是自主的，例如公司把折舊的處理方法由加速法改為直線法。若有新的規定必須執行的時候，FASB或證券交易委員會(SEC)則會強制要求會

表3-4　梅塔格公司合併損益表

（截止日為12月31日，單位為千美元，每股資料除外）

	2001年	2000年	1999年
銷貨收入淨額	$4,323,713	$3,994,918	$4,053,185
銷貨成本	3,320,209	2,906,019	2,870,739
銷貨毛利	1,003,504	1,088,899	1,182,446
銷售、總務和管理費用	704,596	609,284	609,958
特殊費用	9,756	39,900	—
營業收益	289,152	439,715	572,488
利息費用	（64,828）	（60,309）	（48,329）
證券損失	（7,230）	（17,600）	—
其他（淨值）	（5,010）	（5,152）	8,193
所得稅、少數權益、非常項目和會計變更累積調整數之前的持續經營業務收益	212,084	356,654	532,352
所得稅	30,089	119,719	192,520
少數權益、非常項目和會計變更累積調整數之前的持續經營業務收益	181,995	236,935	339,832
少數權益	（14,457）	（20,568）	（11,250）
非常項目和會計變更累積調整數之前的持續經營業務收益	167,538	216,367	328,582
停業部門：			
停止Blodget事業和中國合資企業的損益	（7,987）	（19,919）	2,526
停業部門的所得稅（利益）	1,113	（4,519）	2,580
中國合資企業的減資準備	42,304	—	—
出售Blodgett事業的損失	59,500	—	—
停業部門損失	（110,904）	（15,400）	（54）
非常項目和會計變更累積調整數前的收益	56,634	200,967	328,528
非常項目——提前償債的損失	（5,171）	—	—
會計變更累積調整數	（3,727）	—	—
淨收益	$　47,736	$　200,967	$　328,528
普通股每股基本損益：			
非常項目和會計變更累積調整數之前的持續經營事業收益	$　2.19	$　2.78	$　3.80
停業部門	（1.45）	（0.20）	—
非常項目——提前償債的損失	（0.07）	—	—
會計變更累積調整數	（0.05）	—	—
淨收益	$　0.62	$　2.58	$　3.80
普通股每股稀釋後損益：			
非常項目和會計變更累積調整數之前的持續經營業務收益	$　2.13	$　2.63	$　3.66
停業部門	（1.41）	（0.19）	—
非常項目——提前償債的損失	（0.07）	—	—
會計變更累積調整數	0.76	—	—
淨收益	$　1.41	$　2.44	$　3.66

參見財務報表附註

資料來源：梅塔格公司2001年報

計政策變更。由於FASB一項新的規定影響了梅塔格公司對融資方案的揭露
內容（前面已討論過），使得梅塔格公司因為會計政策變更而產生的372.7萬
美元的累積調整數（註8）。

淨收益

淨收益(Net earnings)或「底線」表示在考慮了會計年度中所有收入和費
用之後的公司收益。純益率(net profit margin)表示每1美元營業收入所能賺取
的收益百分比。

	2004年		2003年		2002年	
淨收益	9,394	= 4.4%	5,910	= 3.9%	5,896	= 4.2%
銷貨收入淨額	215,600		153,000		140,700	

普通股每股盈餘

普通股每股盈餘(Earnings Per Common Share)是指普通股股東在一段期間
所能得到的淨收益除以流通在外的普通股平均股數。這個數字說明了普通股
股東擁有的每一股股票的報酬情況。R.E.C.公司2004年的每股盈餘為1.96美
元，而2003年和2002年分別為1.29美元和1.33美元。

如果公司的資本結構複雜——亦即公司有可轉換證券（例如可轉換成普
通股的公司債）、股票選擇權和認股權證——就必須計算兩種數額的每股盈
餘：基本的每股盈餘(basic)和稀釋後的每股盈餘(diluted)。如果可轉換證券被
轉換成普通股，並且（或者）股票選擇權和認股權證被執行時，那麼對公司
所賺取的每1美元就有更多的流通在外的普通股票要求分配，因此兩種揭露

方式都會產生稀釋的可能性。R.E.C.公司具有複雜的資本結構,因此分別揭露了簡單與稀釋後的每股盈餘。在財務報表附註G中,R.E.C.公司揭露了截至2004年12月31日的3年期間的基本的和稀釋後的每股盈餘的計算方式。每一年稀釋後的每股盈餘數字都要比簡單每股盈餘來得低,這是由於員工在未來行使股票選擇權後的稀釋效應所造成的。

分析師在評估收益品質時應該考慮的另外一個問題是,任何流通在外的普通股股數的變動都會影響每股盈餘的計算。流通在外普通股數改變是由某些交易所造成的,例如庫藏股買回以及公司普通股的回購和撤銷。

綜合淨利

如同第2章和本章前面討論過的一樣,公司現在必須在損益表表面或股東權益表或單獨的財務報表中報告綜合淨利總額。雖然輝瑞製藥(Pfizer)公司選擇了在股東權益表中報告綜合淨利總額,不過,若公司採用單獨的報表進行報告,那麼報表格式會是如表3.5所示。

目前公司的其他綜合淨利由4個項目所構成:**外幣轉換調整數**(foreign currency translation effects)、**未實現損益**(unrealized gains and losses)、**額外退**

表3-5　輝瑞製藥公司綜合淨利表　（截止日為12月31日,單位:百萬美元）

	2001年	2000年	1999年
淨收益	$7,788	$3,726	$4,952
其他綜合淨利／（費用）,扣除稅額			
外幣轉換調整	（37）	（458）	（503）
可銷售證券未實現淨損益	（91）	37	111
基本退休金負債	（106）	（49）	（20）
綜合淨利合計	$7,554	$3,256	$4,540

休金負債(additional pension liabilities)與現金流量避險(cash flow hedge)。下面對這幾項分別進行簡單的說明，但這些項目的細節就不在本書內多做討論。你可以在中級或高級的會計教科書中找到關於這四個領域更完整的介紹。

外幣轉換調整數是FASB第52號公告「外幣轉換」對揭露要求的結果。當美國公司在國外經營業務時，會計期末時必須將以外幣表示的財務報表折算成以美元表示。由於美元與外幣之間的匯率不斷地在變化，因此折算過程中會產生一些損益。這些外幣折算損益於各期之間會不斷地波動，在大部分的情況下會以「累計」的方式顯示在股東權益項目中（註9）。

第2章有討論過，根據FASB第115號公告的規定，屬於可出售類型的負債與權益證券投資的未實現損益將出現在綜合淨利項目中。累計未實現損益在資產負債表上的股東權益中以其他綜合淨利名目進行報告。

若公司採用現金流量避險（對預期交易的變動現金流量風險進行避險的衍生性金融工具）則須先在其他綜合淨利中報告現金流量避險因公平市場價格變動而產生的任何損益，並隨後在預期交易實際影響盈餘之後，將該金額重新認列為盈餘（註10）。

3.2　股東權益表

股東權益表詳細列出會計期間內影響資產負債表股東權益的交易項目。表3.6顯示了R.E.C.公司權益項目所發生的變化。由於員工行使股票選擇權而使得普通股和額外實收資本項目發生變化。保留盈餘項目每年的增加是來自於淨收益的部分，保留盈餘的減少則是因為R.E.C.公司發放現金股利給普通股股東的結果（R.E.C.公司的股利支付政策在第5章中討論）。

單位：千美元
（截止日為12月31日）

表3-6　R.E.C.公司2001～2004年度合併股東權益表

普通股	股數	面值	額外實收資本	保留盈餘	合計
2001年12月31日的餘額	4,340	$4,340	$857	$24,260	29,457
淨利				5,896	5,896
行使股票選擇權所帶來的賣出股票收入	103	103	21		124
現金股利				（1,841）	（1,841）
2002年12月31日的餘額	4,443	$4,443	$878	$28,315	$33,636
淨利				5,910	5,910
行使股票選擇權所帶來的賣出股票收入	151	151	32	183	
現金股利				（1,862）	（1,862）
2003年12月31日的餘額	4,594	$4,594	$910	$32,363	$37,867
淨利				9,394	9,394
行使股票選擇權所帶來的賣出股票收入	209	209	47		256
現金股利				（1,582）	（1,582）
2004年12月31日的餘額	4,803	$4,803	$957	$40,175	$45,935

　　2004年時R.E.C.公司對流通在外的平均股票數4,792,857股（附註G）每股支付0.33美元，總計金額為1,581,643美元。這筆股利支出比2003年和2002年的每股0.41美元有所降低。雖然R.E.C.公司沒有支付股票股利，但使用財務報表進行分析應該注意到股票股利的會計處理方法。

　　有些公司在會計期間發放**股票股利**(stock dividends)或進行**股票分割**(stock splits)。發放股票股利時，公司依據現有股東的持股比例發放額外股票。支付股票股利會減少保留盈餘帳戶金額。股票股利不像是現金股利，股東可以收到現金，所以對股東不具有價值。股票股利使股東擁有了更多股票，但對公司的持股比例仍然相同，公司的淨資產價值（資產減負債）是完全不變的。股票的市價可能會因為額外股數的發放而以等比例下跌。

　　股票分割也會使股東等比例得到額外股票，對股東而言也沒有意義，通常公司是為了降低公司的股票市價而進行股票分割，使得一般投資者能夠負

擔得起股價。例如，假設某公司宣佈進行2-1的股票分割。擁有100股股票的股東在分割結束後將擁有200股，同時股票市價應該降低50%。公司不需要進行任何會計記錄，但必須在備忘錄中應註明股票面值和流通股數的變化。

　　除了淨損益和股利支付之外，還有其他交易會使保留盈餘餘額發生變化。這些交易包括前期調整和會計原則的變更。前期調整主要是由於更正之前會計期間錯誤的結果，在發現錯誤的當年對期初保留盈餘餘額進行調整。有些會計原則的改變，例如存貨計價由後進先出法改為其他方法，也會導致就這變更的累積調整數而必須對保留盈餘進行調整。公司對本身股票的交易，同時也會影響保留盈餘。

3.3　收益品質、現金流量、分部會計

　　本書的其他章節介紹了其他一些與損益表有直接相關的議題。對盈餘報告的品質進行評估是損益表分析中的一項重要部份。現在有許多公司在年報和季報中不僅僅提供在報告公認會計原則(GAAP)要求的盈餘資料，還包括了擬制性盈餘、息前稅前折舊前與攤銷前盈餘(EBITDA)、核心盈餘以及調整後盈餘。這些內容不僅增加了投資者的困惑，而且在很多情況下也影響到了財務報告品質。在附錄A中將討論這一重要問題。

　　損益表中報告的盈餘數字很少會與會計期間發生的現金一致。由於公司償還債務、支付供應商、投資於新的資產和發放現金股利所需要的是現金，在分析經營業績時的一項重要指標就是看經營活動產生的現金流量。在第4章中將討論如何計算經營活動產生的現金流量，它與盈餘報告有何不同，以及現金流量如何作為一項衡量業績的指標。

　　附錄B說明許多不同業務類型公司所報告的補充訊息。分部資料包括依行業別劃分的收入、經營損益、資產、折舊和攤銷,以及資本支出。這些訊息有助於分析多角化經營的公司中各個分部的業績和貢獻。

自我評量 （答案請見附錄D）

_____ 1. 損益表衡量公司的哪一方面?

(a) 一段期間資產和負債方面所發生的變化。

(b) 一段期間的融資和投資活動。

(c) 一段期間的經營成果。

(d) 一段期間公司的財務狀況。

_____ 2. 公司要如何報告總綜合淨利?

(a) 在損益表表面。

(b) 在單獨的綜合損益表中。

(c) 在股東權益表中。

(d) 以上都是。

_____ 3. 下列哪一項不必在損益表中單獨揭露?

(a) 薪資費用。

(b) 出售事業部。

(c) 非常交易。

(d) 會計原則變更的累積調整數。

_____ 4. 什麼是共同比損益表?

(a) 提供初步利潤衡量指標的損益表。

(b) 將所有收入集合在一起，然後減去所有成本的損益表

(c) 把損益表上的每一項表示爲銷貨收入淨額的百分比的報表。

(d) 包括了一個期間的所有權益變動的損益表。

_____ 5. 對銷貨毛利或銷貨毛利率而言，下列哪一項是不正確的？

(a) 銷貨毛利率和銷貨成本百分比二者是相輔相成的。

(b) 一般而言，公司希望保持銷貨毛利和銷售額之間的關係，或者盡可能地提高銷貨毛利率。

(c) 在諸如雜貨業之類的行業中銷貨毛利率會較穩定。

(d) 當銷貨成本上升時，大多數公司不會提高價格。

_____ 6. 爲什麼評估營業費用的增減很重要？

(a) 營業費用的增加可能表示無效率，營業費用的減少可能不利於長期銷售。

(b) 有必要判斷公司是否把銷售額的10%用於廣告費用。

(c) 營業費用的增加表示公司未來的銷售額會增加。

(d) 以上皆非。

_____ 7. 下述哪項資產在其服務年限內不會被折舊？

(a) 建築物。

(b) 家具。

(c) 土地。

(d) 設備。

_____ 8. 如何分配使公司獲益期限長達1年以上的資產成本？

(a) 折舊。

(b) 消耗和攤銷。

(c) 成本在資產服務年限內均分，並分配到修理和維護費用。

(d) (a) 和 (b)。

_____ 9. 爲什麼修理和維護費用不僅資產設備的投資水準相關,也與該設備的年齡和使用狀況相關?

(a) 修理和維護費用的計算方法與折舊費用相同。

(b) 修理和維護在該資產的剩餘使用年限內折舊。

(c) 修理和維護費用通常佔固定資?的5%至10%,這是一條公認的會計原則。

(d) 對設備若修理不當會影響企業的經營成效。

_____ 10. 爲什麼營業淨利數字相當重要?

(a) 計算聯邦所得稅費用時採用的數字。

(b) 在不考慮公司的融資和投資活動、不考慮課稅情況下評估公司成功與否的依據。

(c) 涵蓋了所有營業收入和費用,以及所有與營運相關的利息與稅賦。

(d) 評估企業的健康狀況的依據。

_____ 11. 爲什麼將投資於其他公司投票權股票採用權益法認列,會導致淨收益扭曲?

(a) 即使持有有投票權股票的比例不足20%,仍然可能存在顯著影響。

(b) 在有可能不會收到現金的情況下還是認列了收益。

(c) 應該根據會計中的應計法來認列收益。

(d) 只根據收到的現金股利來認列收益。

_____ 12. 在評估盈餘時爲什麼應該估算有效稅率?

(a) 必須理解盈餘的增加是由於避稅技巧還是由於核心業務的正面

變化所導致的。

(b) 有效稅率是不重要的，因為是法律強制規定的。

(c) 有效稅率沒有包含國外納稅的影響。

(d) 營業淨損失可以讓公司改變損失發生前 5 年中每年的有效稅率。

_____ 13. 什麼因素會導致公司必須紀錄因會計原則改變累積調整數？

(a) 主動改變會計原則以及當新規則實施時 FASB 或 SEC 強制要求改變會計原則時。

(b) 出售一個事業部。

(c) 特殊或非經常發生事項。

(d) 以上都是。

_____ 14. 從損益表中計算出的三個獲利指標是哪些？

(a) 營業淨利率、純益率、修理和維護費用與固定資產的比率。

(b) 銷貨毛利率、銷貨成本百分比、息稅前收益。

(c) 銷貨毛利率、營業淨利率、純益率。

(d) 以上皆非。

_____ 15. 什麼時候要求基本每股盈餘和稀釋後每股盈餘同時揭露？

(a) 當公司有退休金負債時。

(b) 當可轉換證券實際上被轉換時。

(c) 當公司資本結構簡單時。

(d) 當公司有複雜的資本結構時。

_____ 16. 什麼是股東權益表？

(a) 它與保留盈餘表相同。

(b) 它是僅紀錄庫藏股股票項目的報表。

(c) 它是包括資產負債表整個股東權益部分所發生變化的報表。

(d) 它是處理以面值發行的股票與以市值發行的股票之間差額的報表。

_____ 17. 在股東權益表上可以發現哪些項目？

(a) 對其他公司的投資。

(b) 庫藏股股票、累計其他綜合淨利和保留盈餘。

(c) 庫藏股股票的市值。

(d) (a) 和 (c)。

_____ 18. 下列哪一項會造成保留盈餘帳戶餘額發生變化？

(a) 前期調整。

(b) 支付股利。

(c) 淨損益。

(d) 以上皆是。

_____ 19. 將下列各專有名詞與正確的定義連結在一起：

_____ (a) 折舊	_____ (h) 成本法	
_____ (b) 折耗	_____ (i) 單步式	
_____ (c) 攤銷	_____ (j) 多步式	
_____ (d) 銷貨毛利	_____ (k) 簡單每股盈餘	
_____ (e) 營業淨利	_____ (l) 稀釋後每股盈餘	
_____ (f) 淨利	_____ (m) 非常項目	
_____ (g) 權益法	_____ (n) 停業部門	

定義：

(1) 在投資於其他公司的有投票權股票時，按比例認列被投資方的淨收益。

(2) 在損益表格式中提供了若干中間利潤衡量指標。

(3) 在可預見的將來預期不會發生的特殊事件。

(4) 有形固定資產的成本分配。

(5) 銷售收入減去與產生銷售相關的費用。

(6) 在投資於其他公司有投票權股票時，只按收到的現金股利確認收益。

(7) 由於公司賣掉一個重要事業單位而在將來不會繼續經營的業務。

(8) 銷貨收入淨額與銷貨成本之間的差額。

(9) 擷取與開發自然資源的成本的分配。

(10) 將普通股股東可得的淨收益除以流通在外的普通股平均股數而計算出的每股盈餘。

(11) 把所有的收入項目歸類在一起，然後減去所有的費用後所計算出淨銷貨收入的損益表格式。

(12) 每股盈餘是根據所有可稀釋性證券轉換為普通股的假設所推算得出。

(13) 無形資產的成本分配。

(14) 全部收入減去全部費用的差額。

20. Joshua Jeans 公司的損益表上有如下類別：

(a) 銷貨收入淨額

(b) 銷售成本

(c) 營業費用

(d) 其他收入／費用

(e) 所得稅費用

將下列各項根據其所屬的損益表項目類別分類：

_____ (1) 折舊費用　　　　_____ (2) 利息收入

_____ (3) 銷售收入　　　　_____ (4) 廣告費用

_____ (5) 利息費用　　　　_____ (6) 銷售退回和折讓

_____ (7) 聯邦所得稅　　　_____ (8) 修理和維護費用

_____ (9) 銷管費用　　　　_____ (10) 銷貨成本

_____ (11) 股利收益　　　　_____ (12) 租賃付款

問題與討論

3.1 多步式損益表和單步式損益表有何不同？分析時最常使用是何種類型？

3.2 請討論折舊、攤銷和消耗三者之間的差異為何？

3.3 請解釋評估營業費用的規模和發展趨勢的重要性為何？

3.4 請舉出某個產業只需花費最少的廣告費用就能具有競爭力的的例子。
而研發費用呢？

3.5 請解釋在股東權益表中能發現什麼訊息？

3.6 為什麼淨收益不一定是評斷企業財務成功與否的適當指標？

3.7 下表節錄自Sun公司的年報。請計算你認為重要的利潤指標，並討論
公司的獲利情況。

Sun公司2003、2002和2001年度損益表

（截止日為12月31日，單位：美元）

	2003年	2002年	2001年
銷貨收入淨額	$236,000	$195,000	$120,000
銷貨成本	186,000	150,000	85,000
銷貨毛利	$ 50,000	$ 45,000	$ 35,000
營業費用	22,000	18,000	11,000
營業淨利	$ 28,000	$ 27,000	$ 24,000
所得稅	12,000	11,500	10,500
本期淨利	$ 16,000	$ 15,500	$ 13,500

3.8 利用表3.4中梅塔格公司合併損益表及下列資料，計算1999～2001年公司最有可能向普通股股東支付的股利額。

保留盈餘（單位：千美元）：

1999年1月1日	$ 760,115
1999年12月31日	1,026,288
2000年12月31日	1,171,364
2001年12月31日	1,164,021

3.9 Big公司1月1日買下了Little公司25%的有投票權股票，投資金額爲500,000美元。Little公司該年度盈餘報告爲250,000美元，支付50,000美元的現金股利。依據成本法和權益法分別爲Big公司計算投資收益和資產負債表中的投資項目。

3.10 依據下面的單步式損益表爲Coyote公司編製多步式損益表（單位：美元）。

銷貨收入淨額	$ 1,833,000
利息收入	13,000
	1,846,000
成本和費用：	
銷貨成本	1,072,000
銷售費用	279,000
一般與管理費用	175,000
折舊	14,000
利息費用	16,000
所得稅費用	116,000
本期淨利	174,000

3.11 寫作技巧題

下面列出Elf公司2001年度、2000年度和1999年度截止12月31日的損益表。

Elf公司損益表

（各年度截至12月31日，單位：百萬美元）

	2001年	2000年	1999年
銷售額	700	650	550
銷貨成本	350	325	275
銷貨毛利	350	325	275
營業費用：			
行政	100	100	100
廣告和行銷	50	75	75
營業淨利	200	150	100
利息費用	70	50	30
稅前盈餘	130	100	70
所得稅費用（0.50）	65	50	35
本期淨利	65	50	35

- **必要內容**：依據Elf公司於該期間的獲利表現描寫一段分析。

- **提示**：本題練習重點在於分析財務資料而不是僅僅描述報表的數字和趨勢。分析時必需把資料分解並進行研究，然後再把相關的項目聯結起來做比較以得出結論，最後再評估其因果關係。

3.12 網際網路問題

 請到下列網址瀏覽FASB主頁面：www.rutgers.edu/accounting/raw/ fasb/。尋找列在FASB議程上的技術相關項目清單。選擇一個會影響損益表的項目，並描述可能的變化以及損益表將受到何種影響。

3.13 英代爾問題

 請到下列網址能找到英代爾公司2001年報：www.prenhall.com/fraser

(a) 利用合併報表，編制過去3年內的共同比損益表，並且計算其他必要的比率來分析英代爾公司的獲利性。必須要計算每兩年之間的銷售成長和營業費用成長情況。

(b) 利用英代爾公司的合併股東權益表來解釋造成普通股、累積其他綜合淨利和保留盈餘項目發生變化的關鍵因素。請評估這些變化。

案例**3.1** 迪士尼公司

迪士尼公司是一家全球著名的娛樂公司。迪士尼公司經營的事業包括迪士尼樂園和渡假飯店、迪士尼國際公司、迪士尼電影公司、ABC廣播集團、迪士尼消費產品事業、迪士尼互動／博偉家庭娛樂司與以及迪士尼網際網路集團。從迪士尼公司2001年度年報中所節錄出的部分訊息列於下。

要求

1. 從投資者或債權人的角度判斷迪士尼公司合併損益表格式。此格式是否可用在分析上？你是否能提出改進此格式的建議？

2. 透過計算並討論2001年、2000年和1999年這三年的收入、費用和利潤指標以分析公司的獲利情形。分析中應該包含對所得稅率及所有的非經營項目和非經常項目的進一步解釋。

3. 評估迪士尼公司2001年度年報內的「擬制性營運結果」和附註15中所提供訊息的適用性及其品質。

合併損益表（截止日為9月30日）
除每股資料外，單位為百萬美元

	2001年	2000年	1999年
收入	$ 25,269	$ 25,418	$ 23,455
成本和費用	（21,670）	（21,660）	（20,030）
無形資產攤銷	（767）	（1,233）	（456）
業務出售利得	22	489	345
淨利息費用和其他	（417）	（497）	（612）
被投資者收入的權益	300	208	（127）
重整和減值轉變費用	（1,454）	（92）	（172）

	2001年	2000年	1999年
所得稅、少數權益和會計變更累積調整數之前的收益	1,283	2,633	2,403
所得稅	(1,059)	(1,606)	(1,014)
少數權益	(104)	(107)	(89)
會計變更累積調整數之前的收益	120	920	1,300
會計變更累積調整數：			
電影事業會計	(228)	—	—
衍生性商品交易會計	(50)	—	—
淨利（損失）	$ (158)	$ 920	$ 1,300
損益歸於：			
迪士尼普通股[1]	$ (41)	$ 1,196	$ 1,300
網際網路集團普通股	(117)	(276)	—
	$ (158)	$ 920	$ 1,300
會計變更累積調整數前的每股損益歸於：			
迪士尼普通股：[1]			
稀釋後	$ 0.11	$ 0.57	$ 0.62
基本	$ 0.11	$ 0.58	$ 0.63
網際網路集團普通股（基本和稀釋後）	$ (2.72)	$ (6.18)	n/a
會計變更迪士尼股票每股累積調整數			
電影事業會計	$ (0.11)	$ —	$ —
衍生性商品交易會計	(0.02)	—	—
	$ (0.13)	$ —	$ —
每股損益歸於：			
迪士尼普通股：[1]			
稀釋後	$ (0.02)	$ 0.57	$ 0.62
簡單	$ (0.02)	$ 0.58	$ 0.63
網際網路集團普通股（基本和稀釋後）	$ (2.72)	$ (6.18)	n/a
發行在外的普通股和普通股等價物的平均數量：			
迪士尼普通股：			
稀釋後	2,100	2,103	2,083
簡單	2,085	2,074	2,056
網際網路集團普通股（基本和稀釋後）	43	45	n/a

[1]包括迪士尼對網際網路集團的保留利益。迪士尼對網際網路集團的保留利益表示網際網路集團截至1999年11月17日100%的虧損，1999年11月18日到2001年1月28日（公佈轉換網際網路集團普通股之前的最後日期）大約72%，以及之後的100%。參見合併財務報表附註。

附註3. 對歐洲迪士尼的投資

　　歐洲迪士尼在法國巴黎附近4800英畝的土地上經營著迪士尼巴黎主題公園與渡假飯店。本公司對歐洲迪士尼擁有39%的股權，採用權益法記帳。截至2001年9月30日，本公司對歐洲迪士尼的投資（包括應收帳款和應收票據）為3.44億美元。

附註6. 所得稅

單位：%

有效所得稅率的調整	2001年	2000年	1999年
聯邦所得稅率	35.0	35.0	35.0
無形資產的非抵稅攤銷	18.1	14.8	5.8
州稅率，減去聯邦所得稅利益	7.5	5.1	4.0
處置	1.4	7.5	—
無形資產減值轉變	20.6	—	—
國外業務公司	（1.9）	（1.2）	（1.3）
其他（淨值）	1.8	（0.2）	（1.3）
	82.5	61.0	42.2

附註14. 重整和減值轉變費用

　　截至2001年、2000年和1999年9月30日，公司將重整和減值轉變費用摘要如下：

單位：百萬美元

	2001年	2000年	1999年
GO.com無形資產減值轉變	$ 820	$ —	$ —
GO.com離職、固定資產登出和其他	58	—	—
投資減值轉變	254	61	—
勞動力減少和其他	111	—	132
芝加哥DisneyQuest關閉	94	—	—
資產減值轉變	63	31	40
迪士尼商店關閉	54	—	—
總的重整和減值轉變費用	$1,454	$ 92	$ 172

公司於2001年所紀錄的重整和減值轉變費用合計達14.5億美元。GO.com費用是由於關閉GO.com部分事業部門所產生，包括對無形資產的非現金沖銷，合計達8.20億美元。投資減值轉變費用是鑒於某些網際網路投資的公平價值出現非暫時性下滑。員工資遣成本主要是資遣成本，在下文將有更充分地討論。DisneyQuest和迪士尼商店的關閉費用是芝加哥設施和關閉大約100家迪士尼商店所產生，該費用包括撤銷固定資產和租賃設施改良、終止租賃的成本、資遣費用與和其他與關閉商店相關的成本。資產減值轉變費用是針對特定的長期資產，主要是迪士尼商店和迪士尼型錄內的資產。由於現金流量減少，這些資產在「持有以供使用」的模式下被評為減值轉變費用。公平價值通常是根據現金流量折算後所求出。

公司於2001會計年度的第三季時開始計劃透過自願與非自願的方式裁減4,000名全職人員。這次裁員動作影響了所有業務單位與各地區的員工。與勞動力裁減相關的1.11億美元成本主要是資遣費用成本和閒置設備的沖銷。截至2001年9月30日，公司大致上完成了裁員計劃，總計支付了將近9,200萬美元的資遣費用。

於2001年9月30日，大約仍有1.18億美元的重整和減值轉變費用列在資

產負債表上的應計負債項目中,其中1,900萬美元與裁員計劃有關,另外2,100萬美元是前幾年重整費用。這筆費用的大部分將預計在2002會計年度時支付。

2000年減值轉變費用高達9,200萬美元,主要是沖銷部分網際網路的投資的與停止toysmart.com營運而沖銷資產減值轉變費用有關。

公司在1999年的重整和減值轉變費用總計達1.72億美元。其中1.32億美元是資遣和其他費用,0.4億美元是長期資產減值轉變。重整費用包括資遣費用以及取消租賃及其它合約所產生的成本,主要與本公司的廣播、電視製作和地區性娛樂事業的營運整合以及未充分利用資產的非現金費用沖銷有關。

公司於1999年11月出售了Fairchild出版公司。Fairchild出版公司是公司於1996年購併ABC時同時收購的。公司在1998年11月收購公開上市的網際網路搜尋公司Infoseek約43%的股份,一直到1999年11月,公司又收購了Infoseek剩餘的57%的股份而成立了GO.com,建立了迪士尼網際網路集團。2001年3月20日,本公司將網際網路集團普通股轉換為迪士尼公司普通股,並關閉了GO.com入口網站事業部。為了方便比較,下面未經審計的擬制訊息是假設公司處置Fairchild、完成Infoseek收購、轉換網際網路集團普通股、關閉GO.com入口網站事業以及採用SOP 00-2(見合併財務報表附註1和2)都發生在2000會計年度初的合併營運結果,以上這些都扣除了發生一次性的影響。若這些事件確實發生在2000會計年度初,未審計的擬制訊息並不會完全反應出實際的營運結果,也不一定會顯示未來的營運結果。

管理階層認為擬制經營結果訊息能夠有助於分析目前營運的成果。但是,擬制經營結果應該是當作額外的訊息,而不該是取代已公佈的營運結果報告。

合併結果報告

擬制合併營運結果（未審計；除每股資料外，單位為百萬美元）

	2001年	2000年	變化百分比（％）
收入	$ 25,256	$ 25,356	—
成本和費用	（21,624）	（21,584）	—
無形資產攤銷	（586）	（633）	7
業務出售利得	22	46	（91）
淨利息費用和其他	（417）	（493）	15
來自被投資者收入的股權收益	300	249	20
重整和減值轉變費用	（576）	（92）	n/m
所得稅、少數權益和會計變更累積調整數之前的收益	2,375	3,049	（22）
所得稅	（1,114）	（1,402）	21
少數權益	（104）	（107）	3
會計變更累積調整數之前的收益	1,157	1,540	（25）
會計變更累積調整數：			
電影事業會計	（228）	—	
衍生商品交易會計	（50）	—	
淨損益	$ 879	$ 1,540	（43）
會計變更累積調整數前的每股盈餘：			
稀釋後	$ 0.55	$ 0.73	（25）
基本	$ 0.55	$ 0.74	
包括會計變更累積調整數的每股盈餘：			
稀釋後	$ 0.42	$ 0.73	（42）
基本	$ 0.42	$ 0.74	
會計變更累積調整數前的收益，排除重整和減值轉變費用及業務出售利得	$ 1,525	$ 1,518	—
會計變更累積調整數前的每股盈餘，排除重整和減值轉變費用及業務出售利得：			
稀釋後	$ 0.72	$ 0.72	—
基本	$ 0.73	$ 0.73	—
流通在外的普通股及其等價物的平均數量（百萬股）：	2,104	2,111	
基本	2,089	2,082	

附註15. 追加事項

2001年10月24日,本公司收購了福斯家庭環球公司(FFW)100%發行在外的普通股股票。收購價格爲52億美元,其中29億美元是現金,23億美元爲債務和優先股。收購完成後,本公司把FFW改名爲ABC家庭環球公司。收購的事業中有福斯家庭頻道也被改爲ABC家庭頻道,該頻道在美國提供節目服務予大約8100萬個有線和衛星電視用戶;公司持有歐洲福斯兒童公司76%的股份,爲一家位於荷蘭的子公司,在歐洲擁有多達2400萬用戶;位於拉丁美洲的福斯兒童頻道以及在Saban 圖書館予娛樂製作業務。根據協定的條款,收購的業務並不包括福斯兒童網路(主要透過福斯所屬的電視臺播放的兒童節目)和持續使用「福斯」名稱的權利(不同於某些過渡性權利)。與該收購相關的還有公司購買了總計約10億美元的節目播放權,其中6.75億美元爲2006年的MLB比賽播放權。

公司這次收購的動機是增加股東價值。公司認爲可以透過新策略的實施可以使收購的有線頻道節目內容改進並達到目標,新策略包括改進ABC電視網的節目內容並透過整合以降低營運成本。

根據財務會計原則第141號公告,對FFW的收購行爲在會計上認列爲購買。本公司正在按報告項目逐一確認和評估FFW的無形資產價值。購買價格的分配尚未完成。

下表摘錄了截至2001年9月30日FFW被收購時的資產與所承擔的負債帳面價值,未按本公司的收購會計方法進行調整(未審計,單位:百萬美元):

現金	$	87
應收帳款		269
節目成本		657
其他資產		82
收購的總資產		1,095
應付賬款和應計負債		（482）
借款和優先股		（2,230）
少數股東權益		（49）
	$	（1,666）

案例 **3.2**　美光科技公司

　　美光科技公司設計、開發與製造先進的半導體記憶產品。該公司是一家全球領先的半導體記憶產品製造商,在美國、日本、新加坡和蘇格蘭都設有生產工廠。公司的記憶產品主要銷往PC、電信和網路硬體市場。美光公司供應產品給數家主要PC生產廠商,占其記憶產品需求量約30%以上。2001年、2000年和1999年供應給戴爾電腦公司的銷售量占公司的銷貨收入淨額約10%以上。此外,2000年康柏電腦公司銷售額也佔公司銷貨收入淨額達10%以上。

■ 要求

1. 利用合併損益表以及摘錄自財務報表附註、管理層討論與分析中的訊息,分析美光公司的獲利情形。分析內容中應該包括三年內的數字計算如下:

   (a) 共同比損益表

   (b) 銷售成長率和經營總成本

   (c) 有效稅率

2. 你對損益表的書面描述以及所計算的數字必須要能解釋公司發展趨勢與原因。

摘錄自管理層討論與分析

■ 銷貨收入淨額

公司所有期間所揭露的銷貨收入淨額都是來自於半導體業務。本公司2001年的經營成果受到了半導體記憶產品的平均售價大幅下跌的影響。2001年與2000年相較，公司的半導體記憶產品的平均售價下跌了60%左右，2001年第四季度與2000年第四季度相比，平均售價下跌了85%左右。平均售價的下跌導致銷貨收入淨額明顯下降。售價下跌還導致銷貨成本增加，因爲爲了把存貨的帳面價值降至成本與市價兩者中較低的一個，2001年第四季和第三季分別把半導體記憶體存貨的在產品和製成品認列了4.66億美元和2.61億美元的跌價損失，並計入銷貨成本。1999年至2000年平均售價約成長了3%。2000年至2001年產品出貨成長了約50%，1999年至2000年爲約142%。

美光技術公司合併損益表
（除每股資料外，單位為百萬美元）

截止日為	2001年 8月30日	2000年 8月31日	1999年 9月2日
銷貨收入淨額	$3,935.9	$6,362.4	$2,575.1
銷貨成本	3,825.2	3,114.3	1,947.0
銷貨毛利	110.7	3248.1	628.1
銷售、總務和管理	524.1	438.5	276.9
研發	489.5	427.0	320.5
其他營業費用（收入）	73.6	（10.1）	50.3
經營損益	（976.5）	2,392.7	（19.6）
利息收入	135.8	112.8	82.8
利息費用	（16.7）	（97.9）	（129.6）
發行次級股票的損益	（3.4）	1.0	2.1
其他非營業收入（費用）	（98.7）	14.2	（0.1）

截止日為	2001年 8月30日	2000年 8月31日	1999年 9月2日
稅前和少數權益前損益	（959.5）	2,422.8	（64.4）
所得稅利益	446.0	（829.8）	25.1
淨收益的少數權益利益	（7.7）	（45.3）	（19.7）
持續經營損益	（521.2）	1,547.7	（59.0）
PC停業部門的損失：			
PC業務經營損失	（36.1）	（43.5）	（9.9）
PC業務處置損失	（67.7）	—	—
非持續經營PC業務的淨損失	（103.8）	（43.5）	（9.9）
淨損益	$（625.0）	$1,504.2	$（68.9）
每股基本損益：			
繼續營業部門	$　（0.88）	$　2.81	$（0.11）
停業部門	（0.18）	（0.08）	（0.02）
淨損益	（1.05）	2.73	（0.13）
每股稀釋後損益：			
繼續營業部門	$　（0.88）	$　2.63	$（0.11）
停業部門	（0.18）	（0.07）	（0.02）
淨損益	（1.05）	2.56	（0.13）
計算每股資料所使用的股數（百萬股）：			
基本	592.4	550.9	521.5
稀釋後	592.4	605.4	521.5

▌摘錄自財務報表附註

2001年期間，本公司2005年10月到期的可轉換附屬債券轉換為本公司的2,470萬股普通股。

Chapter 4 現金流量表

瓊恩(Joan)和喬(Joe)：一個令人嘆息的故事

喬在公司利潤增加之後跑去找瓊恩，他相信他可以申請到急需的貸款。見到瓊恩時，喬很高興地說：「我公司今年的業績表現很好，我現在需要向你們銀行貸款。」看完報告之後，瓊恩的心中一沈，她說：「你公司的利潤是很高，但是現金流量呢？我很遺憾地告訴你，貸款沒有被核准。」

—— 法瑟(L. Fraser)

　　財務會計準則第95號要求公司必須編製現金流量表，而現金流量表對財務報表使用者來說有其重要性，因此這表示在會計衡量和揭露制度上向前邁進了一大步。多年來，從各種經營規模、組織結構以及各種經營型態公司的實證中顯示，一家公司很可能具備充足的淨收入，但仍舊沒有足夠的現金足以支付給員工、供貨商和銀行。現金流量表在1988年取代了財務狀況變動表，提供一個會計期間內關於現金流入與流出的訊息。現金流量在報表中分別按**營業活動**(operating activities)、**投資活動**(investing activities)和**融資活動**(financing activities)來劃分（註1）。現金流量表要求的重點是現金，因此比財務狀況變動表更具有可用性。除非公司可以將收益轉變爲現金，否則損益表中的淨利最終是沒有意義的，而且財務報表中，只有現金流量表可以表示出現金是如何產生。

　　本章節的目的有以下兩點：(1)說明如何編製現金流量表；(2)解釋現金流

量表中的資訊，包括討論將營業活動的現金流量量作爲評估財務表現的分析
工具的重要性。讀者也許會問，爲什麼要理解並使用表中的資訊就一定要去
編製這張報表？本章節將用比介紹資產負債表、損益表、股東權益表更爲詳
盡的方式（有人可能會認爲枯燥乏味）來介紹現金流量表。採用此方式的主
要原因是在分析工具上該表是非常重要的。瞭解現金流量表是如何從資產負
債表和損益表演變而來將有助於理解現金流量表；認識了其基本要點就有助
於分析者更有效率地善用所揭露的資訊。

　　R.E.C.公司的合併現金流量表，見表4-1，將作爲解釋現金流量表編製以
及討論其用於財務分析上的範例。

4.1　編製現金流量表

　　編製現金流量表之前必須先回到第2章說明過的資產負債表。現金流量
表需要將資產負債表所提供的資訊重新排序。資產負債表顯示一個會計期間
期末的項目餘額，現金流量表顯示會計期間內這些項目的變化。現金流量表
被稱作**流量(flow)**表是因爲它顯示**一段期間的變化而不是一個時點的項目餘
額**(changes over time rather than the absolute dollar amount of the accounts at a
point in time)。由於資產負債表是平衡的，表中所有項目的變化也是平衡的，
因而現金流入的變化額扣除現金流出的變化額應該等於現金項目的變化額。

　　編製現金流量表的正確步驟如下：計算資產負債表中包括**現金(cash)**在
內的所有項目的變化；然後依照**流入(inflows)**和**流出(outflows)**列出除了現金
外所有項目的變化額；將現金流量按**營業活動**、**融資活動**和**投資活動**分類。
流入減流出的餘額應該等於並且能夠解釋現金的變化額(inflows less the out-

單位為千美元

表4-1 **R.E.C.公司合併現金流量表** （2004年度、2003年度和2002年度，截至日為12月31日）

	2004年	2003年	2002年
來自經營活動的現金流量——間接法			
淨利	$ 9,394	$ 5,910	$ 5,896
將淨利調整為經營活動所提供（使用）的現金			
折舊和攤銷	3,998	2,984	2,501
遞延所得稅款	208	136	118
流動資產和負債所提供（使用）的現金			
應收帳款	（610）	（3,339）	（448）
存貨	（10,272）	（7,006）	（2,331）
預付費用	247	295	（82）
應付帳款	6,703	（1,051）	902
應計負債	356	（1,696）	（927）
經營活動所提供（使用）的淨現金	$ 10,024	（$ 3,767）	$ 5,629
來自投資活動的現金流量			
固定資產的增加額	（14,100）	（4,773）	（3,982）
其他投資活動	295	0	0
投資活動所提供（使用）的淨現金	（$ 13,805）	（$ 4,773）	（$ 3,982）
來自融資活動的現金流量			
普通股出售	256	183	124
短期借款（包括長期負債在1年內到期的部分）			
的增加（減少）	（30）	1,854	1,326
長期借款的增加額	5,600	7,882	629
長期借款的減少額	（1,516）	（1,593）	（127）
已付股利	（1,582）	（1,862）	（1,841）
融資活動所提供（使用）的淨現金	$ 2,728	$ 6,464	$ 111
現金和有價證券的增加額（減少額）	（$ 1,053）	（$ 2,076）	$ 1,758
年初的現金和有價證券	10,386	12,462	10,704
年終的現金和有價證券	9,333	10,386	12,462
補充現金流量資訊			
用於支付利息的現金	$ 2,585	$ 2,277	$ 1,274
用於支付稅款的現金	$ 7,478	$ 4,321	$ 4,706

相對應的附註不可與報表分開表述。

圖4-1　會計期間內的現金如何流動

營業活動

流入

銷售產品收入
提供勞務收入
附息資產之報酬（利息）
股票的報酬（股利）

流出

購買存貨的支出
經營費用的支出（工資、租金、保險費等）
從供應商購買的除存貨外的其他物品的支出
支付貸款者（利息）
支付稅款

投資活動

流入

出售長期資產的收入
出售其他實體的債券或股票
（除被視為約當現金的證券外）
其他方歸還借款（本金）

流出

取得長期資產
購買其他實體的債券或股票（交易性證券除外）
借款（本金）給其他方

融資活動

流入

借款的收入
發行公司自身的權益證券的收入

流出

歸還債務本金
購回公司自己的股票
支付股利

總現金流入－總現金流出＝會計期間內的現金變化額

flows balance to and explain the change in cash)。

　　為了將資產負債表各項目的變化分類，必須要先回顧現金流量表中下列四個部分的定義：

- 現金
- 營業活動
- 投資活動
- 融資活動

　　現金包括現金和高流動性的短期有價證券（也可稱作約當現金）。R.E.C.
公司的現金項目中包括有價證券，其原因在第2章中提到過，有價證券代表
高流動性的短期投資，可以很容易地轉變為現金。有價證券包括美國國庫
券、存單、票據和債券。有些公司將有價證券分為兩個項目：(1)現金和約當
現金；(2)短期投資。如此劃分之後，短期投資就被歸為投資活動。

　　營業活動包括：提供或製造產品以供銷售、提供服務、以及會影響收益
計算的交易和其他事件的現金效應。

　　投資活動包括：(1)取得、銷售或處置(a)非約當現金的證券和(b)能夠使
公司長期受益的生產性資產；(2)借款和收回貸款。

　　融資活動包括向債權人借款並歸還本金，從所有者獲取資源並對於其投
資提供報酬。

　　瞭解了這些定義後，我們來看一下表4-2，該工作表是根據R.E.C.公司
2004年和2003年的比較資產負債表以作為編製現金流量之準備。表中有一欄
顯示了各項目餘額的變化，並在接下來的欄位顯示出每個項目的類別。在本
章節的後面將進一步解釋每個項目的變化將如何套用在現金流量表中。

　　(1)(2)現金和有價證券屬於現金。這兩個項目的變化——淨減少1,053千
美元（有價證券減少2,732千美元扣除現金增加1,679千美元）——將透過其
他所有項目的變化來解釋。這表示截至2004年底，現金的流出超過現金的流
入1,053千美元。

　　(3)(4)(5)應收帳款、存貨和預付費用都是與銷售商品、購買存貨、支付
經營費用有關的營業活動項目。

　　(6)土地、工廠和設備的淨增加是表示購買長期資產的投資活動。

　　(7)累計折舊和攤銷被歸為經營項目是因為它是作為經營費用或淨利的調
整項目而決定了營業活動的現金流量。

表4-2	R.E.C.公司編製現金流量表前的工作表		單位：千美元	
			變化額	
	2004年	2003年	（2004～2003年）	類別
資產				
(1)現金	$ 4,061	$ 2,382	$ 1,679	現金
(2）有價證券	5,272	8,004	（2,732）	現金
(3）應收帳款（淨額）	8,960	8,350	610	經營
(4）存貨	47,041	36,769	10,272	經營
(5）預付費用	512	759	（247）	經營
(6）土地、工廠和設備	40,607	26,507	$ 14,100	投資
(7）累計折舊和攤銷	（11,528）	（7,530）	（3,998）	經營
(8）其他資產	373	668	（295）	投資
負債和股東權益				
負債				
(9）應付帳款	14,294	7,591	6,703	經營
(10) 應付票據－銀行	5,614	6,012	（398）	融資
(11) 長期負債1年內到期的部分	1,884	1,516	368	融資
(12) 應計負債	5,669	5,313	356	經營
(13) 遞延所得稅款	843	635	208	經營
(14) 長期借款*	21,059	16,975	4,084	融資
股東權益				
(15) 普通股	4,803	4,594	209	融資
(16) 額外實收資本	957	910	47	融資
(17) 保留盈餘	40,175	32,363	7,812	**
*(14) 長期借款增加			$ 5,600	融資
(14) 長期借款減少			（1,516）	融資
(14) 長期負債淨變化			$ 4,084	
**(18) 淨利（經營）			$ 9,394	經營
(19) 已付股利（融資）			（1,582）	融資
(17) 保留盈餘變化			$ 7,812	

(8)其他資產是指為了再銷售而持有的土地，代表投資活動。

(9)應付帳款屬於經營項目，因為它是由購買存貨而產生的。

(10)(11)借款（債務本金）所產生的應付票據和1年內到期的長期債務屬於融資活動。

(12)應計負債屬於經營項目，因為它們來自於營業費用的自然增長，例如工資、租金、薪水和保險費。

(13)由於遞延所得稅屬於計算營業活動之現金流量中稅款調整的部分，因此被歸類為經營項目。

(14)長期負債即借款本金的變化，屬於融資活動。

(15)(16)普通股和實收資本的變化是由於出售公司自己的股票，因此屬於融資活動。

(17)保留盈餘的變化，在第3章中提到過，是因為下列兩項活動的結果：(18)屬於營業活動的當期淨利；(19)屬於融資活動的現金股利支付。

下一個步驟是將各項目的變化放到現金流量表中適當的位置（註2）。在進行該步驟之前，首先要分析項目餘額中構成現金流入和現金流出的要素為何。下表有助於分析：

現金流入	現金流出
−資產項目	＋資產項目
＋負債項目	−負債項目
＋權益項目	−權益項目

該表顯示資產項目的減少、負債和所有者權益項目的增加是現金流入（註3）。表4-2中的例子是其他資產的減少（出售經營中不使用的財產所獲得的現金流入），長期負債的增加（借款導致的現金流入），普通股票和實收資本的增加（銷售股票導致的現金流入）。存貨的增加（購買存貨導致的現金流出）以及應付票據的減少（歸還借款導致的現金流出）代表了現金流出。

請注意累計折舊雖列於資產部分，但實際是資產的減項或者說是貸方項目，因為它減少總資產的數值。累計折舊在表中以括弧形式表示，與負債項目的作用相同。

　　另外的複雜情況包括**一個項目有兩項交易**(two transaction in one account)的結果。例如,保留盈餘的淨增加來自於當期淨利(它增加保留盈餘的餘額)與股利支付(它減少保留盈餘的餘額)的綜合作用。多重交易也會影響其他的項目,例如公司在當期既獲取又出售資本資產,就會影響土地、工廠和設備項目;如果公司既借入又歸還本金,則會影響負債項目。

4.2　計算營業活動現金流量

　　我們從營業活動產生的現金流量開始編製R.E.C.公司的合併現金流量表。這表示**內部**(internally)產生的現金。相對地,投資與融資活動產生的現金來自於**外部**(external)資源。公司可以使用FASB所規定的兩種方法之一來計算與列示營業活動的現金流量:直接法和間接法。**直接法**(direct method)明確列出從顧客那裏收到的現金款項、收到的利息和股利,以及其他的經營現金收入;支付給供應商與員工的現金、支付利息、稅款以及其他的經營現金支出。**間接法**(indirect method)從淨利開始列示,並對遞延款項、應付款項、諸如折舊和攤銷之類的非現金項目以及出售資產的損益等非營業項目進行調整。直接法和間接法會產生相同的營業活動淨現金流量,因為它們的基本概念是相同的。根據《會計趨勢與技巧》的調查,2000年在600家公司中有593家使用**間接法** (註4)。本章節將舉例說明R.E.C.公司所使用的間接法,在本章後面會對**直接法**進行補充說明。

間接法

表4-3列出將淨利轉變爲營業活動現金流量的必要步驟。表4-3中的步驟可說明如何使用間接法計算R.E.C.公司營業活動現金流量。有些表4-3中的調整項目在R.E.C.公司不會出現。

R.E.C.公司的間接法

淨利	$ 9,394
淨利中來自營業活動的現金流量的調整：	
＋折舊、攤銷費用	3,998
＋遞延稅款負債增加	208
來自流動資產與負債的現金	
－應收帳款增加	（610）
－存貨增加	（10,272）
＋預付費用減少	247
＋應付帳款增加	6,703
＋應計負債增加	356
營業活動的淨現金流量	$10,024

折舊和攤銷(Depreciation and amortization)要加回到淨利中，因爲它們表示對非現金費用的認列。折舊代表成本分配而不是現金流出。購買資本資產時，在購買當期的現金流量表上被認爲是投資活動而產生的現金流出（除非它是用於交換債務或股權）。因此，折舊本身在被認列的當年不需要任何現金流出。若在當年度的現金流量表上扣減折舊費用會產生雙重計算。攤銷與折舊是相同的道理——是一種納入淨利的計算過程但不需要有現金支出的費用。折耗的處理方法與折舊和攤銷是相同的。R.E.C.公司2004年度的折舊和攤銷費用等於資產負債表上累計折舊和攤銷項目的變動金額。然而，如果公司在會計期間處置了資本資產，資產負債表上的變動金額將不會等於當期的費用認列金額，因爲所處置資產的累計折舊的轉出會導致該項目變動。

表4-3 間接法下R.E.C.公司的營業活動淨現金流量

淨利*
收益中包含非現金／非營業收入和費用：
＋當期的折舊、攤銷和折耗費用

＋遞延稅款負債的增加
－遞延稅款負債的減少
＋遞延稅款資產的減少
－遞延稅款資產的增加

－由股權投資收入產生的投資項目的增加**
＋由股權投資收入產生的投資項目的減少***

＋遞延收入增加
－遞延收入減少

－資產出售利得
＋資產出售損失

流動資產和流動負債產生（使用）的現金：
＋應收帳款減少
－應收帳款增加

＋存貨減少
－存貨增加

＋預付費用減少
－預付費用增加

＋應收利息減少
－應收利息增加

＋應付帳款增加
－應付帳款減少

＋應計負債增加
－應計負債減少

營業活動產生的淨現金流量

*特殊項目、會計變更和停業部門前
**股權投資收入超過所收到的現金股利的金額
***現金股利超過所認列的股權投資收入的金額

我們在第2章已討論過，**遞延稅款負債**(deferred tax liability)爲計算淨利時認列稅款與實際支付的稅款之間的差額。R.E.C.公司遞延稅款負債增加被加回到淨利中，因爲計算淨利時認列的稅款比實際支付的稅款多。

應收帳款(accounts receivable)增加要被扣除，因爲計算淨利時依據的銷售收入比實際從客戶收到的現金多。

增加的**存貨**(inventory)要扣除，因爲R.E.C.公司購買的存貨比銷貨成本中包含的要多。用於計算淨利的銷貨成本中僅包括實際銷售的存貨。

減少的**預付費用**(prepaid expense)要被加回，因爲公司在當期確認了費用而現金是在前期支付的。

增加的**應付帳款**(account payable)被加回，因爲支付供應商購買存貨的金額比銷貨成本中包含的要少。

增加的**應計負債**(accrued liability)要加入淨利中，因爲它表示支付現金之前所認列的費用。

除了出現在R.E.C.公司的調整項目之外，還有其他涉及非現金費用與收入的潛在調整項目。在第3章有討論過一項調整項目，即以權益法記帳對非合併子公司的投資收入進行認列。當公司使用權益法，損益表中認列的收入可能超過收到的現金股利，相反的情況也有可能發生，例如當被投資人出現虧損時所做的記錄。對於使用權益法的公司，淨利中應扣除認列的投資收入超過收到的現金的部分。另外的潛在調整項包括遞延收益、遞延支付費用、債券折價與溢價的攤銷、非常項目以及銷售長期資產的損益。

儘管**銷售資產的損益**(gains and losses from assets sales)包括在淨利的計算中，但是它們並不屬於營業活動。收益將從淨利中扣除，損失將加入淨利，以確定營業活動現金流量。銷售長期資產的全部收入包括在投資活動的現金流量中。

4.3　投資活動現金流量

土地、工廠和設備項目的增加表示R.E.C.公司建築物、租賃改良和設備的增加，產生了1,410萬美元的現金流出。R.E.C.公司其他投資活動是由於資產負債表中**其他資產**(other assets)項目的減少所造成的，該項目表示公司目前持有的投資資產。這些資產的銷售產生了29.5萬美元的現金流入。

4.4　融資活動現金流量

由於行使股票選擇權的結果，R.E.C.公司在2004年發行了新股票。銷售股票所產生的總現金達到25.6萬美元。請注意資產負債表中的兩個項目——**普通股和額外實收資本**(common stock and additional paid-in capital)——必須要合併起來解釋此變化：

普通股	20.9 萬美元	流入
額外實收資本	4.7 萬美元	流入
	25.6 萬美元	總流入

有兩個項目——應付銀行票據與1年內到期的長期債務（因為本金在1年內到期，視同流動負債）共同解釋R.E.C.公司2004年短期借款減少3萬美元的原因。

應付票據——銀行	（39.8萬美元）	流出
近期到期的長期債務	36.8 萬美元	流入
	（3.0萬美元）	淨流出

編製現金流量表時，長期借款應分成兩個部分：增加的長期借款和減少的長期借款。可以從R.E.C.公司財務報表中附註C「長期負債」得到此資訊，其中還包括各種長期票據的詳細內容。R.E.C.公司的現金流量表中長期債務增加與長期債務減少的兩個數字加總表示資產負債表中**長期負債**(long-term debt)項目的變化：

長期借款增加	560.0萬美元	流入
長期借款減少	（151.6萬美元）	流出
長期負債增加	408.4萬美元	

R.E.C.公司2004年的現金股利支出為158.2萬美元，屬於融資活動的最後一個項目。**保留盈餘**(retained earnings)的變化是由於認列的淨利與支付的現金股利所共同產生的結果；R.E.C.公司的股東權益表中有提供該項資訊。

淨利	939.4萬美元	流入
支付股利	（158.2萬美元）	流出
保留盈餘的變化	781.2萬美元	

應該注意**支付**(payment)現金股利屬於融資活動現金流出；**宣佈**(declaration)現金股利不影響現金的變化。

4.5　現金的變化

總結2004年R.E.C.公司的現金流入和流出，營業活動產生的淨現金加上融資活動提產生的淨現金扣除投資活動使用的淨現金，即得可到當期現金與有價證券的淨減少額：

營業活動產生的淨現金	1,002.4萬美元
融資活動產生的淨現金	272.8萬美元
投資活動產生的淨現金	（1,380.5萬美元）
現金與有價證券減少	（105.3萬美元）

　　2003年和2002年的現金流量表的編製過程與2004年相同。營業、投資和融資活動所提供（使用）的現金流量因公司本身性質、當年的業績、現金產生的能力、融資和與投資策略以及執行這些策略的成功與否而著有很大的關係。圖4-2針對這點舉了不同產業的兩個公司為例。

4.6　分析現金流量表

　　現金流量表對於債權人、投資者與其他使用財務報表資料來決定公司下列事項的人員都是非常重要的分析工具：

圖4-2　現金流量比較

（單位：萬美元） 截止日	Winnebago工業公司 2001年8月25日	Cyberonics公司 2001年4月27日＊
淨現金產生（使用）：		
營業活動	$　73,41.1	$（507.0）
投資活動	（1,971.7）	14.9
融資活動	（1,135.8）	4,536.0
匯率變動的影響	0	5.0
現金和約當現金		
淨增加（減少）	$　4,233.6	$　4,048.9

＊註：由於2001年會計年度變更，Cyberonics公司只有10個月。

Winnebago工業公司是一家休閒車製造公司，它從營業活動中產生足夠的現金來進行所有的投資和融資活動，並且在現金項目有明顯的成長。相反地，Cyberonics公司是一家醫療設備的開發商和製造商，它沒有從營業活動產生的現金，因此需要透過投資和融資活動為營業提供資金。雖然Cyberonics公司的現金增加，但這是外部融資的結果。

- 公司在未來產生現金流量的能力；
- 公司償還現金債務的能力；
- 公司未來是否需要進行外部融資；
- 公司管理投資活動的績效；
- 公司執行融資和投資策略的有效性。

欲分析現金流量表，瞭解營業活動現金流量（即現金流量表中的第一個分類）是非常重要的。

營業活動現金流量

很有可能一家公司的利潤很高卻無法支付股利或投資新的設備。公司可能利潤很高卻無法償還債務。公司可能利潤很高卻面臨破產。**W.T.Grant** 公司就是一個典型的例子（註5）。什麼原因呢？問題在於現金。讓我們來思考下列問題：

1. 你是某銀行理財專員，正在評估一位潛在客戶的貸款申請。當你要決定核准或拒絕發放貸款時，你最關心的問題是什麼？

2. 你是某商品經銷商，一個有潛力的客戶要求你對他賒銷。同意與否最主要的決定因素是什麼？

3. 你是某家公司的投資者，定期的現金股利是你投資收益的一部分。公司為了支付股利必須產生什麼？

上述的任一種情況，答案都是**現金**。理財專員必須審查潛在貸款者是否有現金歸還借款的本金和利息。經銷商只會對收支平衡的客戶採用信用銷售。公司只有在產生現金時才能支付現金股利。

任何企業的持續經營都取決於它是否能夠成功地從營業活動中產生現

金。公司需要現金來滿足債權人和投資者。暫時的現金短缺可以透過借款或其他方式取得,例如出售長期資產,但是公司最終還是必須產生現金。

營業活動現金流量作為評估企業財務健康程度的分析工具將愈來愈重要。在高利率與通貨膨脹時期,投資人與債權人更加關心現金流量的狀況。當利息較高時,許多因暫時現金短缺而借款的公司將無法承受所借入短期現金的成本負擔。通貨膨脹時期,折舊和銷貨成本相對被低估,扭曲了淨利的意義,而使得經營業績與財務狀況的其他衡量指標就變得相當重要。即使在利率與通貨膨脹率很低的情況下,也有一些因素使得淨利無法用於財務狀況的評量上。我們來看一下Nocash公司的例子。

Nocash公司

Nocash公司在第2年的營業活動中銷售額為10萬美元,比第1年的5萬美元成長許多。費用(包括稅款)第2年達到7萬美元,第1年只有4萬美元。從比較損益表中看出,第2年的盈餘較第1年有大幅的成長,顯示第2年公司在快速成長。

Nocash公司第1年和第2年損益表		單位:美元
	第1年	第2年
銷售收入	$ 50,000	$100,000
費用	40,000	70,000
淨利	$ 10,000	$ 30,000

目前看起來的狀況都很好,Nocash公司的利潤成長了三倍。但是還有一些與Nocash公司的營業狀況相關的事宜沒有出現在公司的損益表中。

1. 為提高第2年的銷售額,Nocash公司放寬了信用政策,因此比第1年

吸引到更多信用較低的客戶。

2. Nocash公司在第1年底購買了一批新的存貨，第2年的狀況顯示要銷售這些存貨有些困難，除非將價格大幅調降至成本以下。

3. 關於應收帳款與存貨管理的問題使得供應商拒絕對Nocash公司進行信用銷售。

可以從Nocash公司的資產負債表中看到這些問題的所產生的影響。

Nocash公司截至12月31日的資產負債表			單位：美元
項目	第1年	第2年	變化額
現金	2,000	$ 2,000	0
應收帳款	10,000	30,000	＋20,000 (1)
存貨	10,000	25,000	＋15,000 (2)
總資產	$ 22,000	$ 57,000	＋35,000
應付帳款	7,000	2,000	－5,000 (3)
應付票據——銀行	0	10,000	＋10,000
權益	15,000	45,000	＋30,000
總負債及所有者權益	$ 22,000	$ 57,000	＋35,000

(1) 應收帳款增加速度比銷售增長速度快，這是由於客戶品質下降所造成。
(2) 年底存貨增加，其中包括最終必須以賠本價格銷售的存貨。
(3) Nocash公司沒有能力以信用條件購買商品導致應付帳款減少。

如果Nocash公司的淨利以現金收付制重新計算，需要根據第1年和第2年項目餘額變化作如下調整（單位：美元）：

淨利	$ 30,000
(1) 應收帳款	（20,000）
(2) 存貨	（15,000）
(3) 應付帳款	（5,000）
現金收入	$（10,000）

(1) 將增加的應收帳款扣除，因為計算淨利所認列的銷售收入比收到的

現金多。

淨利中認列的銷售收入		$ 100,000
收到的銷售收入		
初始的應收帳款	$ 10,000	
加：第2年的銷售收入	100,000	
減：年終應收帳款	（30,000）	80,000
淨利與現金流量之間的差異		$ 20,000

(2) 增加的存貨應該扣除，表示購買存貨的現金流量超過銷售商品認列的成本費用。

購買存貨*	$ 75,000
減：銷貨成本	（60,000）
淨利與現金流量的差異	$ 15,000

(3) 扣除減少的應付帳款，因為在第2年支付供應商的現金比登記的費用大。（實際上，現金除了支付第2年的款項也支付第1年的某些款項。）

支付供應商**	$ 80,000
減：購買存貨*	75,000
淨利與現金流量的差異	$ 5,000
*期末存貨	$ 25,000
加：銷貨成本	60,000
減：期初存貨	（10,000）
*購買存貨	$ 75,000
**初始應付帳款	$ 7,000
加：購買存貨	75,000
減：期末應付帳款	（2,000）
**支付	$ 80,000

Nocash公司是如何彌補10,000美元的現金短缺的呢？可以看到第2年資產負債表中有10,000美元的應付銀行票據。借入款使Nocash公司可以繼續經營，但是除非公司能夠產生營業現金流量，否則問題會更加嚴重。借款的

成本愈高，Nocash公司的繼續經營成本與難度就愈大。

4.7　R.E.C.公司：現金流量表分析

現金流量表分析至少應該涵蓋以下範圍：

- 營業活動現金流量的分析
- 現金流入的分析
- 現金流出的分析

下面以R.E.C.公司為例以說明如何分析現金流量表。

R.E.C.公司分析：營業活動現金流量

現金流量表提供了「營業活動淨現金流量」的數字。表4-4擷取R.E.C.公司部分的現金流量表。在查看這些資訊時，分析者應考量下列問題：

- 公司是否從營業活動中成功地產生現金。
- 造成正或負營業活動現金流量的根本原因。
- 正或負營業活動現金流量的程度。
- 一定期間內營業活動現金流量的波動。

就R.E.C.公司而言，首要的問題是2003年的營業活動現金流量為負（376.7萬美元）。我們可以發現到雖然該年公司的淨現金流量為負，但淨利確是591.萬美元。現金流量會出現問題，主要是由於應收帳款與存貨大幅的成長。這個部分是起因於公司的擴張政策，但是評估應收帳款與存貨的品質也很重要——也就是說，這些是可收回或可銷售的嗎？儘管為了持續擴張，

表 4-4　**R.E.C.公司 2002 ～ 2004 年度營業活動現金流量**　單位為千美元（截至日為 12 月 31 日）

	2004 年	2003 年	2002 年
營業活動現金流量			
淨利	$ 9,394	$ 5,910	$ 5,896
對營業活動產生（使用）的現金進行調整			
折舊和攤銷	3,998	2,984	2,501
遞延所得稅款	208	136	118
流動資產和流動負債產生（使用）的現金			
應收帳款	（610）	（3,339）	（448）
存貨	（10,272）	（7,006）	（2,331）
預付費用	247	295	（82）
應付帳款	6,703	（1,051）	902
應計負債	356	（1,696）	（927）
營業活動淨現金流量	$ 10,024	（$ 3,767）	$ 5,629

存貨也繼續在成長，R.E.C.公司2004年的狀況獲得改善，現金流量變為正的1,002.4萬美元。公司的供應商信用狀況在2004年時變得較好，應收帳款的成長幅度也得到控制。在這裡必須要仔細地來追蹤R.E.C.公司的經營現金流量狀況，尤其是存貨管理方面。為了持續進行業務的擴張，存貨的成長是有必要的，但是如果像Nocash公司那樣的情況，存貨銷售不出去或以折價出售，這樣的存貨成長數字是大家所不樂見的。

　　以R.E.C.公司為例的營業活動現金流量計算過程可以適用於任何公司，只要根據公司的資產負債表與損益表，按照例子中所說明的方式進行推算即可。對於部分公司，大量投資於存貨或是應收帳款與應付帳款屬於日常業務中重要的一環，營業活動的現金流量尤其重要。諸如銷售成長太快、存貨周轉緩慢或停滯不動、產業內折價銷售、應收帳款狀況變差以及供應商信用政策緊縮等問題將損害公司從營業活動中產生現金的能力，進而導致嚴重甚至是破產的財務問題。

現金流量表的總合分析

表4-5摘錄自R.E.C.公司現金流量表,可以與表4-1及表4-4共同用來說明如何進行現金流量表的總合分析。總合分析是針對現金流量表進行共同比分析的一種方式。總合分析的目的是提供一種分析現金流量表的方法,可以用於公司所提供的任何具比較性的現金流量資料上。總合分析表的資訊說明了內部產生現金——經由營業活動——的重要性,以及投資與融資活動所代表的意義。

表4-6為R.E.C.公司的現金流量表總合分析,包括營業活動現金流量在內。表的上半部分顯示2002～2004年間公司的現金流入與流出的金額,表的下半部分顯示各現金流入佔現金總流入額的百分比和各現金流出佔現金總流出額的百分比。

首先,先看一下金額的部分。很明顯地,R.E.C.公司3年間活業務規模大幅擴張,現金流入總額從770.8萬美元提高到1617.5萬美元,現金流出從

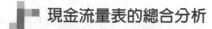

表4-5 R.E.C.公司2002～2004年度投資與融資活動的現金流量情況
單位為千美元
(截至日為12月31日)

	2004年	2003年	2002年
來自投資活動的現金流量			
固定資產的增加額	(14,100)	(4,773)	(3,982)
其他投資活動	295	0	0
投資活動所提供(使用)的淨現金	($ 13,805)	($ 4,773)	($ 3,982)
來自融資活動的現金流量			
普通股出售	256	183	124
短期借款(包括長期負債在1年內到期的部分)			
的增加(減少)	(30)	1,854	1,326
長期借款的增加額	5,600	7,882	629
長期借款的減少額	(1,516)	(1,593)	(127)
已付股利	(1,582)	(1,862)	(1,841)
融資活動所提供(使用)的淨現金	$ 2,728	$ 6,464	$ 111

表4-6	R.E.C.公司現金流量表總合分析		
	2004年	2003年	2002年
現金流入（千美元）			
經營	$10,024	$ 0	$5,629
出售其他資產	295	0	0
出售普通股股票	256	183	124
短期負債增加	0	1,854	1,326
長期負債增加	5,600	7,882	629
合計	$16,175	$ 9,919	$7,708
現金流出（千美元）			
經營	$0	$3,767	$ 0
購買固定資產	14,100	4,773	3,982
短期負債減少	30	0	0
長期負債減少	1,516	1,593	127
支付股利	$1,582	$1,862	$1,841
合計	$17,228	$11,995	$5,950
現金和有價證券的變化額（千美元）	（$1,053）	（2,076）	$1,758
現金流入（佔合計額的百分比，%）			
經營	62.0	0.0%	73.0
出售其他資產	1.8	0.0	0.0
出售普通股股票	1.6	1.8	1.6
短期負債增加	0.0	18.7	17.2
長期負債增加	34.6	79.5	8.2
合計	100.0%	100.0%	100.0%
現金流出（佔合計額的百分比，%）			
經營	0.0%	31.4%	0.0%
購買固定資產	81.8	40.0	66.9
短期負債減少	0.2	0.0	0.0
長期負債減少	8.8	13.2	2.1
支付股利	9.2	15.4	31.0
合計	100.0%	100.0%	100.0%

595.0萬美元提高到1,722.8萬美元。藉由上述的總合分析，我們在下面再針對R.E.C.公司的現金流入與流出情況進行分析。

■ 現金流入分析

從百分比來看，營業活動在2004年提供了公司所需現金的62%，2002年提供所需現金的73%。由於2003年營業活動的現金為負，公司不得不大量舉債，債務（短期和長期）佔2003年現金流入的98%。由於營業活動未能提供所需現金，R.E.C.公司於2004年和2002年也進行了舉債。透過營業活動產生現金是獲取額外現金以因應資本支出與擴張、償還債務以及支付股利的最佳方式，然而，大多數公司還是都會在某個時候利用外部來源以獲取現金。若公司年復一年地利用外部來源來得到絕大多數的現金，我們就應該仔細地審查。

■ 現金流出分析

資本資產擴張是造成現金流出的主要原因。雖然2003年購買土地、工廠和設備的比例（佔現金流出的40.0%）較2002年（佔現金流出的66.9%）相對地減少許多，但必須要瞭解到總合分析中所用的共同分母是當年的現金流出。資本支出的金額實際上從398.2萬美元增加到477.3萬美元，但由於營業活動產生的現金流量為負，使得2003年的百分比因此而下降。另外要注意的是，2002年到2003年所支付的股利金額增加了，於2004年稍微下降（以金額計），但是所佔百分比卻由於各年度現金總流出量的不同而呈現下降。

在分析現金流出時，分析者應該考慮現金流出是否必要以及如何融資。R.E.C.公司在2002年藉由營業活動產生的額外現金而能夠輕鬆地支應資本支出。對大多數公司來說，資本支出通常是一項正面的投資，因為購買新設備與進行擴張應該能在未來的營業活動中帶來收入和現金流量。由於2003年

營業活動產生的現金流量?負，R.E.C.公司不得不透過借款來因應資本支出融資、償還債務與支付股利。2004年公司的營業活動產生了大量的現金流量，足以支應大部分的資本支出（62%），外部融資只佔35%。有一個好的現象是，對於長期資產（資本支出）的資金來源，R.E.C.公司透過內部產生的現金或是長期負債的方式。一般而言，公司最好利用短期負債因應短期資產的融資需求，對於長期資產的融資需求則利用長期負債或發行股票的方式。利用短期負債來籌措收購與資本支出的風險相當大，因為公司很可能無法及時產生現金流量來償還短期負債。

償還債務是一項必要的現金流出。如果公司在先前的年份透過舉債來取得現金，那麼在往後的年份必然會有現金流出去以償還債務。財務報表附註中揭露了公司將來所需償還的債務，有助於分析將來需要多少現金來償債務。

股利發放是依據董事會自主權來決定。理論上來說，公司應當只有在進行擴張與償還債務之外還有多餘現金的情況下，才能發放股利。R.E.C.公司有可能因為2003年營業活動產生的現金流量不足，而在2004年減少股利發放。

我們是否已到達目的地

跨越資訊迷宮的旅程已帶領我們走過了年報中所有的財務報表和其他許多項目，但是我們還沒有走到迷宮的盡頭。很可惜的是，與損益表一樣，管理階層決定了現金流量表的揭露方式。雖然現金餘額與現金的整體變化可以很容易地分辨，但還是有可能透過控制各項目的發生時間，例如何時支付現金、何時進行投資或出售投資、何時舉債或償還貸款來操縱現金金額。部分公司發展了一個新的方式，即透過記錄某些現金流出項目來操控營業活動現金流量（見附錄A中的討論）。

自我評量 （答案請見附錄D）

_____ 1. 現金流量表依據哪些項目來劃分現金流入和現金流出：

(a) 營業活動與融資活動。

(b) 融資活動與投資活動。

(c) 營業活動與投資活動。

(d) 營業活動、融資活動與投資活動。

_____ 2. 下列哪一項是錯誤的？

(a) 上市公司可以選擇編製一份現金流量表或是編製一份財務狀況變動表。

(b) 80年代末期FASB強制要求編製現金流量表。

(c) 瞭解如何編製現金流量表有助於分析者更佳地了解與分析現金流量表。

(d) 現金流量表是透過計算資產負債表中所有項目變動來編製。

_____ 3. 銷售商品與提供勞務所獲得的收入要歸類於？

(a) 營業活動現金流出。

(b) 營業活動現金流入。

(c) 投資活動現金流入。

(d) 融資活動現金流入。

_____ 4. 支付稅款的支出要歸類於？

(a) 營業活動現金流出。

(b) 營業活動現金流入。

(c) 投資活動現金流出。

(d) 融資活動現金流出。

_____ 5. 出售建築物要歸類於？

    (a) 營業活動現金流出。

    (b) 營業活動現金流入。

    (c) 投資活動現金流入。

    (d) 融資活動現金流入。

_____ 6. 償還債務本金要歸類於？

    (a) 營業活動現金流出。

    (b) 營業活動現金流入。

    (c) 投資活動現金流出。

    (d) 融資活動現金流出。

_____ 7. 應收帳款和存貨屬於何種類型的項目？

    (a) 現金。

    (b) 營業活動。

    (c) 融資活動。

    (d) 投資活動。

_____ 8. 應付票據和1年內到期的長期債務屬於何種類型的項目？

    (a) 現金。

    (b) 營業活動。

    (c) 融資活動。

    (d) 投資活動。

_____ 9. 保留盈餘的變化會受下列哪一個項目的影響？

    (a) 淨利與普通股

    (b) 淨利與實收資本

    (c) 淨利與股利支付

(d) 股利支付與普通股

_____ 10. 用哪種方式計算營業活動現金流量所必需根據遞延、應計、非現金和非營業費用對淨利進行調整？

(a) 直接法。

(b) 間接法。

(c) 流入法。

(d) 流出法。

_____ 11. 下列哪一項結果會產生現金流入？

(a) 除現金外的資產項目的增加。

(b) 除現金外資產項目的減少。

(c) 權益項目的減少。

(d) 負債項目的減少。

_____ 12. 下列哪一項結果會造成現金流出？

(a) 除現金以外的資產項目的減少。

(b) 負債項目的增加。

(c) 負債項目的減少。

(d) 權益項目的增加。

_____ 13. 什麼是現金的內部來源？

(a) 營業活動現金流入。

(b) 投資活動現金流入。

(c) 融資活動現金流入。

(d) 以上皆是。

_____ 14. 什麼是現金的外部來源？

(a) 營業活動現金流入。

(b) 投資活動現金流入。

(c) 融資活動現金流入。

(d) (b) 和 (c)。

_____ 15. 下面哪一項包括在對淨利進行調整以獲得營業活動現金流量？

(a) 當期折舊費用。

(b) 遞延稅款的變化。

(c) 認列的權益收入超過現金收入的金額。

(d) 以上皆是。

_____ 16. 下列關於出售資本資產損益的說法哪一項是正確的？

(a) 它們不影響現金，被排除在現金流量表外。

(b) 它們被包括在營業活動現金流量中。

(c) 它們被包括在投資活動現金流量中。

(d) 它們被包括在融資活動現金流量中。

_____ 17. 下列哪一項流動資產包括在計算營業活動現金流量對淨利的調整中？

(a) 應收帳款

(b) 存貨

(c) 預付費用

(d) 以上皆是

_____ 18. 下列那哪一項流動負債被包括在？計算營業活動現金流對費用的調整中？

(a) 應付帳款

(b) 應付票據與近期到期的長期債務

(c) 應計負債

(d) (a) 和 (c)

_____ 19. 一家公司如何有可能會在獲利的情況下仍然破產？

(a) 盈餘比銷售成長得更快。

(b) 公司有正的淨利但沒有成功地從營業活動中產生現金。

(c) 根據通貨膨脹對淨利進行調整。

(d) 儘管信用政策放鬆但銷售沒有成長。

_____ 20. 為什麼營業活動現金流量被視為是一項愈來愈重要的分析工具？

(a) 通貨膨脹扭曲了淨利的意義。

(b) 高利率提高借款成本使得許多公司不能透過借款滿足短期現金的需要。

(c) 公司會計帳中可能有無法收回的應收帳款和無法銷售的存貨。

(d) 以上皆是。

_____ 21. 下列哪一項描述是錯誤的？

(a) 負的現金流量可能發生在淨利為正的年份裏。

(b) 應收帳款的增加代表了還沒有收回現金的項目。

(c) 應付帳款的增加代表了還沒有收回現金的項目。

(d) 為取得營業活動現金流量，報告中的淨利必須經過調整。

_____ 22. 下列哪一項會導致現金流量問題？

(a) 滯銷的存貨、應收帳款品質不佳、供應商放鬆信用條件。

(b) 周轉緩慢的存貨、應收帳款品質不佳、供應商緊縮信用條件。

(c) 滯銷的存貨、應付票據增加、供應商放鬆信用條件。

(d) 滯銷的存貨、應收帳款的品質提高、供應商放鬆信用條件。

下面是Jacqui珠寶和禮品店的資料（單位：美元）：

淨利	$ 5,000
折舊費用	2,500
遞延稅款負債增加	500
應收帳款減少	2,000
存貨增加	9,000
應付帳款減少	5,000
應計負債增加	1,000
廠房和設備增加	14,000
短期應付票據增加	19,000
長期應付債券減少	4,000

使用間接法回答23～26題。

_____ 23. 營業活動淨現金流量是多少？

(a) ($3,000)

(b) ($1,000)

(c) $5,000

(d) $13,000

_____ 24. 投資活動淨現金流量是多少？

(a) $14,000

(b) ($14,000)

(c) $21,000

(d) ($16,000)

_____ 25. 融資活動淨現金流量是多少？

(a) $15,000

(b) ($15,000)

(c) $17,000

(d) ($14,000)

_____ 26. 現金的變化是多少？

     (a) ($3,000)

     (b) $3,000

     (c) $2,000

     (d) ($2,000)

問題與討論

4.1 確認下列活動屬於融資活動(F)還是投資活動(I)：

    (a) 購買設備

    (b) 購買庫藏股票

    (c) 長期負債減少

    (d) 出售建築物

    (d) 出售庫藏股票

    (f) 增加短期負債

    (g) 發行普通股股票

    (h) 購買土地

    (i) 購買其他公司的普通股股票

    (j) 支付現金股利

    (k) 出售土地獲利

    (l) 償還債務本金

4.2 指出下列哪些流動資產和流動負債屬於營業活動(O)，因而需要對淨利進行調整以獲得營業活動現金流量，哪些屬於現金(C)，哪些屬於投資

活動(I)，哪些屬於融資活動(F)。

(a) 應付帳款

(b) 應收帳款

(c) 應付票據（銀行）

(d) 有價證券

(e) 應計費用

(f) 存貨

(g) 應收票據

(h) 長期債務的流動部分

(i) 應付股利

(j) 應付所得稅

(k) 應付利息

(l) 存單

4.3 下面是Luna企業的簡易財務報表。利用間接法編製一張現金流量表。支付的現金股利為200美元。

<table>
<tr><td colspan="3" align="center">**Luna企業比較資產負債表**</td><td align="right">單位：美元</td></tr>
<tr><td colspan="4" align="center">（20X9年12月31日和20X8年12月31日）</td></tr>
<tr><td></td><td>**20X9年**</td><td>**20X8年**</td></tr>
<tr><td>現金</td><td>$ 1,200</td><td>$ 950</td></tr>
<tr><td>應收帳款</td><td>1,750</td><td>1,200</td></tr>
<tr><td>存貨</td><td>1,150</td><td>1,450</td></tr>
<tr><td>工廠和設備</td><td>4,500</td><td>3,900</td></tr>
<tr><td>　累計折舊</td><td>（1,200）</td><td>（1,100）</td></tr>
<tr><td>長期投資</td><td>900</td><td>1,150</td></tr>
<tr><td>　總資產</td><td>8,300</td><td>7,550</td></tr>
<tr><td>應付帳款</td><td>1,100</td><td>800</td></tr>
<tr><td>應付工資</td><td>250</td><td>350</td></tr>
</table>

	20X9年	20X8年
應付債券	1,100	1,400
股本	1,000	1,000
實收資本	400	400
保留盈餘	4,450	3,600
總負債和權益	8,300	7,550

20X9年度損益表		單位:美元
銷售額	$ 9,500	
銷貨成本	6,650	
毛利	2,850	
其他費用		
銷售	1,200	
折舊	100	
利息	150	
所得稅	350	
本期淨利	$ 1,050	

4.4 下面是A和B兩個公司的損益表和資產負債表,年度截止日為12月31日。 20X9年公司A支付5,000美元的股利,公司B支付35,000美元的股利。

(a) 採用間接法為每家公司編製一張現金流量表。

(b) 分析兩家公司的差異。

20X9年度損益表		單位:美元
	公司A	**公司B**
銷售額	$100,0000	$100,000
銷貨成本	700,000	700,000
毛利	300,000	300,000

	公司A	公司B
其他費用		
銷售和管理	120,000	115,000
折舊	10,000	30,000
利息費用	20,000	5,000
稅前盈餘	150,000	150,000
所得稅款	75,000	75,000
本期淨利	$ 75,000	$ 75,000

資產負債表項目的變化額　　　　　　單位：美元

（20X8年12月31日至20X9年12月31日）

	公司A	公司B
現金和約當現金	$ 　　　0	$ ＋ 10,000
應收帳款	＋ 40,000	＋ 5,000
存貨	＋ 40,000	－ 10,000
固定資產	＋ 20,000	＋ 70,000
減：累計折舊	（＋ 10,000）	（＋ 30,000）
總資產	$ ＋ 90,000	$ ＋ 45,000
應付帳款	$ － 20,000	$ 　－ 5,000
應付票據（流動）	＋ 17,000	＋ 2,000
長期負債	＋ 20,000	－ 10,000
遞延稅款（非流動）	＋ 3,000	＋ 18,000
股東權益	＋ 70,000	＋ 40,000
總負債和權益	$ ＋ 90,000	$ ＋ 45,000

4.5 下面是Little Bit公司的比較資產負債表、損益表和補充資訊。

採用間接法編製一份20X9年的現金流量表並進行分析。

補充資訊

1. 一座建築物原始成本是100,000美元，累積折舊是50,000美元，以55,000美元的價格出售。

2. 用於投資的土地的購買成本是15,000美元。

3. 償還長期債務20,000美元。

4. 以每股2美元銷售普通股10,000股。

Little Bit公司比較資產負債表　　　　　單位：美元
（截止日為12月31日）

	20X9年	20X8年
現金	$ 12,000	$ 7,000
應收帳款（淨值）	190,000	125,000
存貨	280,000	210,000
預付租金	25,000	18,000
流動資產合計	$ 507,000	$360,000
工廠和設備	$ 500,000	$450,000
減：累計折舊	（105,000）	（95,000）
工廠和設備（淨值）	$ 395,000	$355,000
用於投資的土地	165,000	150,000
總資產	$1,067,000	$865,000
應付帳款	$ 175,000	$150,000
應付票據——銀行	179,000	61,000
應付工資	43,000	52,000
流動負債合計	$ 397,000	$263,000
長期負債	210,000	190,000
遞延稅款	105,000	95,000
總負債	712,000	548,000
普通股（面值1美元）	110,000	100,000
額外實收資本	70,000	60,000
保留盈餘	175,000	157,000
總負債和權益	$1,067,000	$865,000

20X9年度損益表		單位：美元
	20X9年	**20X8年**
銷售額		$950,000
銷貨成本		650,000
毛利		$300,000
銷售和管理	$100,000	
折舊	60,000	
其他營業費用	45,000	205,000
營業利潤		$ 95,000
其他收入		
房屋出售利得		5,000
其他費用		
利息		40,000
所得稅前盈餘		$ 60,000
所得稅款		20,000
本期淨利		40,000

4.6 下表是 Techno 公司 20X8 年和 20X7 年的現金流量表（單位：千美元）。

(a) 解釋 20X8 年 Techno 公司淨利和營業活動現金流量的差別。

(b) 分析 Techno 公司 20X8 年和 20X7 年的現金流量。

	20X8年	**20X7年**
淨利	$316,354	$242,329
非現金費用		
折舊和攤銷	68,156	62,591
遞延稅款	15,394	22,814
	399,904	327,734
經營資產和負債提供（使用）的現金		
應收帳款	（288,174）	（49,704）
存貨	（159,419）	（145,554）
其他流動資產	（1,470）	3,832

應付帳款和應計負債	73,684	41,079
營業活動提供的現金總額	24,525	177,387
投資活動		
固定資產增加	（94,176）	（93,136）
其他投資活動	14,408	（34,771）
淨投資活動	（79,768）	（127,907）
融資活動		
庫藏股票的購買	（45,854）	（39,267）
支付股利	（49,290）	（22,523）
短期借款的淨變化額	125,248	45,067
長期借款增加	135,249	4,610
長期借款的償還		（250,564）
淨融資活動	165,353	（262,677）
現金增加（減少）	110,110	（213,197）
期初現金餘額	78,114	291,311
期末現金餘額	188,224	78,114

4.7 摩托羅拉(Motorola)公司的2001年度年報能在下述網址找到：www.prenhall.com/fraser。分析摩托羅拉1999～2001年的合併現金流量表。分析中應包含營業活動現金流量、現金流入和現金流出的討論。

4.8 寫作技巧題

給當地的企業寫一篇短文（250字）解釋為什麼營業活動現金流量對中小企業來說相當重要。

4.9 網際網路問題

2000年10月2日在Barron's的一篇報導中，計算了許多網路公司的燒錢率和燒光錢所需的月數。請找一家網路公司最新的財務報表。你可以直接上該公司的網站，也可以透過網址http://www.sec.gov/在證券交易委員會的電子資料收集、分析和檢索(EDGAR)資料庫中尋找。利用

下述公式計算該公司的燒錢率和燒光錢所需的月數：

$$燒錢率 = \frac{\left[\,經營所使用的現金＋資本支出與收購所使用的現金（扣除收到的現金）\,\right]}{現金流量表所涵蓋的月數}$$

$$燒光錢所需的月數 = \frac{（現金＋約當現金＋短期有價證券）}{燒錢率}$$

4.10 英代爾問題

 到網址 www.prenhall.com/fraser 找到英代爾公司的年度報表。分析該公司2001年、2000年和1999年的合併現金流量表。

孩之寶(Hasbro)**公司**

孩之寶公司是一家玩具與遊戲製造商。核心品牌包括Tonka、G.I.Joe、Playskool、Mr.Potato Head等。其他收入來自於與《星際大戰》、《侏羅紀公園》和《蝙蝠俠》簽訂的策略代理授權,以及與迪士尼的合夥關係。

孩之寶公司在2000年制定了下列策略決策,包括:

● 出售孩之寶 Interactive and Games.com,以去除該單位在過去兩年內每年損失1億美元的業務。

● 把美國的玩具集團集中整合到總部設在羅德島的集團。

● 不包括孩之寶 Interactive and Games.com在內,約裁減了850名員工。

要求

1. 合併現金流量表,分析孩之寶公司這三年的現金流量表。

2. 根據現金流量表,評估孩之寶公司的信用程度。

3. 資產負債表中哪些訊息有助於債權人評估是否貸款給孩之寶公司?

孩之寶公司合併現金流量表 單位:千美元
(會計年度截止於12月)

	2000年	1999年	1998年
來自營業活動的現金流量			
淨損益	$(144,631)	188,953	206,365
對淨損益的調整:			
固定資產折舊和攤銷	**106,458**	103,791	96,991
其他攤銷	**157,763**	173,533	72,208

	2000年	1999年	1998年
遞延所得稅款	（67,690）	（38,675）	1,679
限制性股票計劃下的報酬	2,754	—	—
出售營業單位損失	43,965	—	—
收購的過程中研發	—	—	20,000
營業資產和負債的變化額（現金和約當現金除外）：			
應收帳款減少（增加）	395,682	（11,248）	（126,842）
存貨減少（增加）	69,657	（44,212）	（44,606）
預付費用與其他流動資產增加	（84,006）	（26,527）	（113,451）
貿易應付款和其他流動負債的增加（減少）	（292,313）	193,626	17,668
長期預付款和其他	（25,083）	（147,729）	（3,425）
營業活動提供的淨現金	162,556	391,512	126,587
來自投資活動的現金流量			
固定資產增加	（125,055）	（107,468）	（141,950）
投資和收購（扣除取得的現金）	（138,518）	（352,417）	（667,736）
其他	82,863	30,793	16,986
投資活動利用的淨現金	（180,710）	（429,092）	（792,700）
來自融資活動的現金流量			
原始期限超過3個月的借款收入	912,979	460,333	407,377
償還原始期限超過3個月的借款	（291,779）	（308,128）	（24,925）
其他短期借款的淨收入（償還）	（341,522）	226,103	271,895
購買普通股股票	（367,548）	（237,532）	（178,917）
股票選擇權和認股權證交易	2,523	50,358	58,493
支付股利	（42,494）	（45,526）	（42,277）
融資活動提供（使用）的淨現金	（127,841）	145,608	491,646
匯率變動對現金的影響數	（7,049）	（5,617）	（9,570）
現金和約當現金的增加（減少）額	（153,044）	102,411	（184,037）
年初的現金和約當現金	280,159	177,748	361,785
年終的現金和約當現金	$127,115	280,159	177,748
補充資訊			
當年用於支付利息的現金	$ 91,980	64,861	25,135
當年用於支付所得稅的現金	$ 95,975	108,342	128,436

參考合併財務報表附註。

亞馬遜網站(Amazon.com) 公司

亞馬遜網站公司成立於1995年，1997年完成公司股票的首次公開發行。公司的目標是提供顧客一個能找到任何想購買的東西的網路零售商店。公司目前經營一家美國的網站和四個國際性網站。一直至2001年12月31日，公司仍處於虧損的狀態。

要求

1. 分析亞馬遜網站公司2001年、2000年和1999年三年的現金流量表。
2. 請解釋哪些從現金流量表上得到的資訊無法直接從資產負債表和損益表中取得。
3. 將你對公司的現金流量評估與傑夫·貝佐斯(Jeff Bezos)致股東信中的預測做比較。僅根據提供的資訊，你認為亞馬遜網站將在2002年產生正的經營現金流量嗎？請解釋。

亞馬遜網站公司合併現金流量表
（截止日為12月31日）

單位：千美元

	2001年	2000年	1999年
期初的現金和約當現金	$ 822,435	$ 133,309	$ 71,583
營業活動：			
淨虧損	（567,277）	（1,411,273）	（719,968）
將淨虧損調整為營業活動產生的淨現金			
固定資產折舊和其他攤銷	84,709	84,460	36,806
基於股票的薪酬	4,637	24,797	30,618
權益法下應計的對被投資方的投資淨損失	30,327	304,596	76,769

	2001年	2000年	1999年
商譽與其他無形資產的攤銷	181,033	321,772	214,694
非現金重組相關費用和其他	73,293	200,311	8,072
出售有價證券的淨損益	（1,335）	（280）	8,688
其他淨損失（收益）	2,141	142,639	—
非現金利息費用和其他	26,629	24,766	29,171
會計原則變更的累積影響數	10,523	—	—
經營資產與負債的變化：			
存貨	30,628	46,083	（172,069）
預付費用和其他流動資產	20,732	（8,585）	（54,927）
應付帳款	（44,438）	22,357	330,166
應計費用和其他流動負債	50,031	93,967	95,839
未實現收入	114,738	97,818	6,225
以前未實現收入的攤銷	（135,808）	（108,211）	（5,837）
應付利息	（345）	34,341	24,878
營業活動使用的淨現金	（119,782）	（130,442）	（90,875）
投資活動：			
有價證券的出售與到期	370,377	545,724	2,064,101
購買有價證券	（567,152）	（184,455）	（2,359,398）
固定資產購置，包括軟體的內部使用與網站開發	（50,321）	（134,758）	（287,055）
對權益法記帳的被投資方的投資和其他投資	（6,198）	（62,533）	（369,607）
投資活動提供（使用）的淨現金	（253,294）	163,978	（951,959）
融資活動：			
行使股票選擇權的收入	16,625	44,697	64,469
發行普通股股票帶來的收入，扣除發行成本	99,831	—	—
來自長期負債的收入和其他	10,000	681,499	1263,639
償還長期負債和其他	（19,575）	（16,927）	（188,886）
融資成本	—	（16,122）	（35,151）
融資活動提供的淨現金	106,881	693,147	1,104,071
匯率變動對現金和約當現金的影響數	（15,958）	（37,557）	489
現金和約當現金的淨增加（減少）額	（282,153）	689,126	61,726
期末的現金和約當現金	$ 540,282	$ 822,435	$ 133,309
現金流量資訊補充：			
資本租賃下購置的固定資產	4,597	4,459	25,850
融資協定下購置的固定資產	1,000	4,844	5,608
商業協定下收到的股權證券	331	106,848	54,402

| 與業務購並和少數權益投資相關的股票發行 | 5,000 | 32,130 | 774,409 |
| 支付利息的現金 | 112,184 | 67,252 | 30,526 |

參考合併財務報表附註

亞馬遜網站公司銷售額（單位：千美元）

	2001年	**2000年**	**1999年**
銷貨收入淨額	$3,122,433	$276,1983	$1,639,839

　　下文摘錄自亞馬遜網站公司的建人兼首席執行官Jeff Bezos在2001年度年報中致股東的一封信。

投資架構

　　每年寫給股東的信中（包括這封信），我們都會附上1997年最初寫給股東的信，讓投資者方便判斷亞馬遜網站是否符合他們的投資類型，也有利於我們判斷公司是否堅持最初的目標和價值觀。我認為我們做到了。

　　在1997年的信中我們寫道：「若要選擇依公認會計準則編製的報表看起來好看或是增加未來現金流量的現值，我們會選擇現金流量。」

　　為什麼要著重於現金流量呢？因為每股股票就代表一份公司未來的現金流量，現金流量於是比其他任何變數更能表示公司股價的長期變化。

　　只要你能確定兩件事——公司未來的現金流量以及未來流通在外的股票數目——你就能瞭解這個公司目前每股股票的公平價值。（你還需要知道適當的貼現率，但是若你能確定未來的現金流量，你就更能清楚地知道該用哪個貼現率。）雖然並不是很容易，但是你可以查看公司過去的業績，並瞭解諸如公司經營模式中的槓桿點與規模等因素，利用這些充分的資訊來對未來

現金流量做推測。欲估計未來流通在外的股票時，你必須先預估一些事項，例如提供予員工的選擇權或其他潛在資本交易。最後，基於你對每股現金流量的評估，可以幫助你判斷一家公司合理的每股股票價格應該是多少。

鑒於我們預期公司的固定成本大致上是穩定不變的，我們相信亞馬遜網站在未來幾年將會產生有意義的、持續的自由現金流量。公司2002年的目標就反應了這一點。當1月份我們報告第四季的盈餘報告時，我們計劃今年產生正的經營現金流量，因此出現自由現金流量（兩者的差額為7,500萬美元，計劃用於資本支出）。我們今後12個月的預計淨利的變化趨勢將大致與現金流量相同。

對股票持有者而言，限制股票數表示將有更多的每股現金流量與更高的長期價值。我們目前的目標是要在接下來的五年中把員工股票選擇權（淨額）所產生的股權淨稀釋限定在每年平均3%，雖然過去幾年中有高於或低於這個數字。

現金流量表——直接法

直接法

表4A-1說明利用直接法編製的現金流量表，表4A-2顯示利用直接法計算營業活動淨現金流量。這種方法將權責發生制的損益表中每個項目轉換爲現金收入或費用項目。依據直接法對現金的實際收入與支出的認列，就如表4A-2中所計算的營業活動現金流量。表4A-2中的步驟可以用來解釋2004年R.E.C.公司現金流量表中計算營業活動淨現金流量的過程。

R.E.C.公司直接法		單位：千美元
銷貨收入	$215,600	
應收帳款增加	（610）	
銷售所收回的現金		214,990
銷貨成本	129,364	
存貨增加	10,272	
應付帳款增加	（6,703）	
對供應商的現金付款		− 132,933
銷售和行政費用		− 45,722
其他營業費用	21,271	
折舊和攤銷	（3,998）	
預付費用減少	（247）	
應計負債增加	（356）	
為其他營業費用支付的現金		− 16,670
利息收入		＋ 422
利息費用		− 2,585
稅款	7,686	
遞延稅款負債增加	（208）	
繳納稅款的現金		− 7,478
營業活動的淨現金流量		$ 10,024

表4A-1　R.E.C公司合併現金流量表　（截止日為12月31日，單位：千美元）

	2004年	2003年	2002年
營業活動現金流量──直接法			
客戶現金支付收入	$214,990	$149,661	$140,252
利息收入	422	838	738
購買存貨支付給供應商的現金	（132,933）	（99,936）	（83,035）
支付給員工的現金（工資費用）	（32,664）	（26,382）	（25,498）
其他營業費用的現金支出	（29,728）	（21,350）	（20,848）
支付利息	（2,585）	2,277	（1,274）
支付稅款	（7,478）	（4,321）	（4,706）
營業活動產生（或使用）的淨現金	$ 10,024	（$ 3,767）	$ 5,629
投資活動現金流量			
固定資產增加	（14,100）	（4,773)	（3,982）
其他投資活動	295	0	0
投資活動產生（或使用）的淨現金	（$ 13,805）	（$ 4,773)	（$ 3,982）
融資活動現金流量			
銷售普通股	256	183	124
增加（或減少）短期借款（包括即將到期的			
長期債務）	（30）	1,854	1,326
增加長期借款	5,600	7,882	629
減少長期借款	（1,516）	（1,593）	（127）
支付股利	（1,582）	（1,862）	（1,841）
融資活動產生（或使用）的淨現金	$ 2,728	$ 6,464	$　 111
現金及有價證券的增加（減少）	（$　1,053）	（$ 2,076）	$ 1,758
補充資料			
營業活動現金流量──間接法			
淨利	$　9,394	$　5,910	$　5,896
淨利中包括的非現金收入及支出			
折舊	3,998	2,984	2,501
遞延稅款	208	136	118
流動資產和流動負債產生（或使用）的現金			
應收帳款	（610）	（3,339）	（448）
存貨	（10,272）	（7,006）	（2,331）
預付費用	247	295	（82）
應付帳款	6,703	（1,051）	902
應計負債	356	（1,696）	（927）
營業活動產生（或使用）的淨現金	$ 10,024	（$ 3,767）	$ 5,629

表 4A-2　R.E.C 公司直接法下的營業活動淨現金流

銷貨收入	－應收帳款增加	
	＋應收帳款減少	
	＋遞延收入增加	＝從顧客處收回的現金
	－遞延收入減少	
銷貨成本	＋存貨增加	
	－存貨減少	
	－應付帳款增加	＝支付給供應商的現金
	＋應付帳款減少	
工資費用	－應付工資增加	
	＋應付工資減少	＝支付給員工的現金
其他營業費用	－當期的折舊、攤銷和耗損費用	
	＋預付費用增加	
	－預付費用減少	＝為其他營業費用支付的現金
	－應計營業費用增加	
	＋應計營業費用減少	
利息收入	－應收利息增加	
	＋應收利息減少	＝收到的利息收入現金 利息費用
	－應付利息增加	
	＋應付利息減少	＝為利息所支付的現金 投資收益
	－由股權投資收益而來的投資項目增加*	
	＋由股權投資收益而來的投資項目減少**	＝現金股利收入
所得稅款	－遞延稅款負債增加	
	＋遞延稅款負債減少	
	－遞延稅款資產減少	
	＋遞延稅款資產增加	
	－應付稅款增加	＝支付的稅金
	＋應付稅款減少	
	－預付稅款減少	
	＋預付稅款增加	
營業活動淨現金流量		

*認列的股票投資收入超過收到的現金股利的金額。
**收到的現金股利超過認列的股票投資收入的金額。

應收帳款增加應從銷售收入中扣除,因為損益表中認列的銷售收入比收到的現金多。

存貨增加要加到銷貨成本中,因為購買存貨支付的現金比商品銷售成本多,也就是說,用現金購買了沒有銷售出去的存貨。

應付帳款增加應從銷貨成本中扣除,因為R.E.C.公司能夠推遲向供應商支付購買存貨的部分款項。因此,認列的銷貨成本費用比實際支付的現金多。

折舊與分期攤銷費用要從其他營業費用中扣除。請記住折舊代表成本的分配,不屬於現金流出。資本資產購置在購買當期的現金流量表中被認列為投資活動現金流出(除非是以債務或股票交換)。因此折舊本身在被認列的年度內不需要任何的現金流出。在當年的現金流量表中減除折舊費用相當於重復計算。攤銷與折舊類似——它是影響淨利確定的一項費用,但並不會造成現金流出。折耗與折舊和攤銷的處理方式相同。R.E.C.公司2004年的折舊和攤銷費用應等於資產負債表中累計折舊和攤銷項目的變化額。但是,如果公司在會計期間內處置了資產,那麼,資產負債表的變化額將不等於同期間內認列的費用,因為一些項目的變化來自於所處置資產的累營業計折舊的轉出。應扣除的正確數字應該是損益表中的折舊和攤銷費用。

預付費用減少應從其他營業費用中扣除,因為公司把現金已在以前年度支出的項目認列為2004年度的費用;也就是說,公司是在淨值的基礎上利用以前年度的一些預付款。

應計負債增加要從其他營業費用中扣除,因為R.E.C.公司在損益表中認列的費用比實際支付的現金還多。

最後,遞延稅款負債項目要從稅款中扣除得到以現金支付的稅款。我們在第2章解釋過遞延稅款負債,它是損益表中顯示的稅款數量與實際支付或應付給美國國稅局的稅款之間的調整額。如果遞延稅款負債逐年增加,那麼

損益表中為獲得淨利所扣減的稅款就超過了實際支付的稅金。因而，遞延稅款負債增加要從稅收費用中扣除以獲取營業活動現金流量。遞延稅款負債減少應該加上。遞延稅款資產的變化額的處理方法與遞延稅款負債相反。

　　表4A-2包括了其他可能的調整，這些調整在R.E.C.公司中沒有出現，但是透過直接法計算淨現金流量時可能會用到。

Chapter 5 財務報表分析

比率(Ratio)是一項分析工具，單獨使用時的效果有限。但是，使用的工具愈多，分析的成效就愈好。例如，你不能期望每一擊都使用相同的高爾夫球杆，就會成為一名好的高爾夫選手。而是練習使用各種高爾夫球杆的次數愈多，你就愈清楚要什麼樣的球需要用什麼樣的球杆。同樣的道理，我們需要靈活地使用財務分析工具。

—— R.E.C.公司執行長
黛安‧摩利森(DIANNE MORRISON)

在前面的章節中已經詳細介紹了美國公司年報中出現的四種財務報表：資產負債表、損益表、股東權益表以及現金流量表。本章節將介紹一些理解財務報表資訊的分析工具與技巧。

5.1 分析的目的

分析任何公司的財務報表之前，有必要先了解分析的目的。分析目的會因財務報表使用者以及針對財務報表資料分析所提出的問題而定。

債權人(creditor)最終關心的是一個現有或潛在的借款者能否歸還所借資金的本金及利息。信用分析應該包括的問題有：

● **借款原因**(borrowing cause)是什麼？財務報表中呈現一家公司對於貸款

需求或是採用信用方式購買商品的原因是什麼？

● 公司的**資本結構**(capital structure)為何？公司目前的債務有多少？公司
過去償還債務的情況如何？

● 公司的**償還債務來源**(source or debt repayment)是什麼？公司管理營運
資金的狀況如何？公司自經營活動產生現金嗎？

信用分析將使用財務報表提供的公司歷史資料來回答上述問題，並預測
公司滿足未來現金需要（包括償還債務）的能力。

投資者(investor)透過估計一家公司未來的盈餘狀況來判定股票的價值，
以作為購買或出售股票的依據。投資分析將會有下述的問題：

● 公司的**經營記錄**(performace record)為何，**未來的預期**(future expecta-
tion)為何？關於盈餘的成長性和穩定性的記錄為何？經營活動的現金
流量情形？

● 公司現存的資本結構的內在**風險**有多大？從公司的目前狀況以及未來
的前景來看，公司**預期的報酬**(expected returns)有多少？

● 公司在該產業的競爭表現是否成功？公司目前所處的地位或公司如何
提高它的**競爭地位**(competitive position)？

投資分析者也透過財務報表的歷史資料來預測未來狀況。對投資者而
言，最終的目標是確定投資是否正確。

若從管理層的角度進行財務報表分析，將涉及債權人和投資者提出的所
有問題，原因是只有當這些人都滿意，公司才能獲得所需的資金。管理者還
必須考慮企業的員工、投資大眾、監管者與財經媒體。管理者查看財務報表
資料以判斷：

● 公司的營運狀況如何，為什麼會這樣？哪些**經營領域**(operating areas)
已經獲得成功，哪些還沒有成功？

● 公司財務狀況的**優勢與劣勢**(strengths and weaknesses)為何？

● 必須進行何種**變化**以提高公司未來的業績表現？

透過財務報表可以瞭解公司目前的狀況，進而制定公司未來的政策和策略。但是，在這裡必須要提出一點，管理者也應對財務報表的編制負責。因此，分析者應注意管理者可能刻意影響財務報表的結果，以矇蔽債權人、投資者與其他使用者。對於財務報表的任何分析，仔細閱讀財務報表的附註是非常重要的，以及年報中的其他資料與年報以外其他來源所獲得的資訊也都很有幫助。

5.2　資訊來源

財務報表的使用者在分析財務報表的過程中會接觸到各種資訊來源。分析的目的不僅在某種程度上決定了分析的方法，而且決定了實際情況下應該參考的特定資料來源。但是分析的起頭應該是財務報表本身與財務報表的附註。除此之外，分析應考慮下列資料來源。

投票權代理說明書

第1章已經介紹過投票權代理說明書包含了些有用的資訊如：董事會的組成、董事及管理階層的薪酬、付給審計師的審計與非審計費用，以及由股東投票決定的提案。

審計報告

獨立審計師的報告表達了對財務報表的公正性的意見。大部分的審計報告是**無保留意見**(unqualified)，表示根據審計師的意見，財務報表公正地反映了財務報表涵蓋期間內的財務狀況、經營成果和現金流量。**出具保留意見**(qualified)、反對意見或拒絕表達意見的報告的情況很少見，因此表示應該要對公司進行審慎的評估。分析者也應該要特別注意那些對帶解釋語句的無保留意見。

管理層討論與分析

在第1章中已經討論過，對財務狀況與經營成果進行管理層討論與分析是屬於證券交易委員會所要求必須公佈於年報中的部分內容。在這個部分，管理者提供包括公司流動性、資本來源與營運的詳細資料。這些資料內容對財務分析者特別有幫助，原因是資料包括了年報其他部分都沒有的實際狀況與預估數字。例如，這份報告中會有前瞻性資料，例如資本支出的計畫以及如何取得這些投資所需的資金。還有價格對銷售數量成長的關係的詳細細節。管理者必須揭露關於公司過去與未來財務狀況以及任何與營運相關的有利、不利的發展趨勢與任何重大事件或不確定事件。

補充表格

有些補充表格必須涵蓋於年報之中，這些表格在分析上通常都很有幫助。例如，從事多種不相關行業經營的公司提供按經營領域劃分的重要財務

數據的細目（詳見附錄B）。

10-K表和10-Q表

10-K表是公開發行股票的公司每年提交給證券交易委員會(SEC)的文件，其中許多資訊與公佈給股東的年報相同。同時並包括財務分析者感興趣的其他詳情，例如關於管理層資訊的表格、對訴訟與政府政策的描述，以及一些財務報表所揭露資訊的細節。10-Q表是一種較不詳細的文件，提供每季的財務資訊。這兩種報告以及公司向證券交易委員會提交的其他表格，都可以透過SEC的**電子資料收集**(SEC Electronic Data Gathering)、分析和搜尋(EDGAR)資料庫中找到。

其他來源

除公司的年報外，還有大量的資訊來源有助於分析財務報表。大部分學術圖書館和許多公共圖書館都有電腦搜尋系統和資料庫，這些資源對財務分析都有很大幫助（註1）。儘管沒有其他方法能夠替代本章中討論的方法，但是這些補充研究資料可以協助分析過程，同時也能節省時間。電腦財務分析軟體能夠實施本章中介紹的比率計算與其他分析工具。

其他一些有助於分析財務報表的資源可以從公共及大學圖書館取得。下述單位所提供的比較統計比率有助於分析公司在產業內的相對地位：

1. **鄧白氏商業資料有限公司**(Dun & Bradstreet Information Services)，《產業標準與主要業務比率》，新澤西州Murray Hill。

2. **羅伯摩利斯公司**(Robert Morris Associates)，《年報研究》，賓州費城。

3. **標準普爾公司**(Standard & Poor's Corporation)，《排名手冊和產業調查》，紐約州紐約。

4. **蓋爾研究公司**(Gale Research)，《美國製造業分析》，密西根州底特律。

分析一家公司時，同時研究該公司的供應商、客戶與競爭者的年報也是相當重要。供應商的破產會影響公司原物料的供應，而客戶的破產對應收帳款與未來銷售都有不利影響。瞭解一家公司在財務上與其競爭者比較的情形，以及瞭解競爭對手的創新與客戶服務，對於進一步分析與預測公司的前景都很有幫助。

關於公司的比較資料與其他資訊還可以從下面的網站免費取得（註2）：

1. Yahoo, http://finance.yahoo.com

2. Multex Investor, www.marketguide.com

其他許多網站的資料皆有收取訂閱費用，但許多公共及大學圖書館都有訂閱並免費提供給大眾使用。圖書館目前都在進行將書面文件轉換成線上資料庫的工作；下列有用的參考資料可以在當地的圖書館取得：

1. **穆迪投資人服務社**(Moody's Investor Service)，《Mergent使用指南與Mergent手冊》，紐約州紐約。（先前為穆迪使用指南與手冊。線上版本為線上Mergent FIS與Mergent產業調查光碟）

2. **標準普爾公司**《公司記錄》、《展望》、《股票報導》和《股票指南》，紐約州紐約。（線上版本為標準普爾的優勢）

3. **價值線公司**(Value line Inc.)，《Value line投資研究》，紐約州紐約(www.valueline.com)。

4. **列克思投資研究公司**(Zack's Investment Reserch Inc.)，《盈餘預測》，伊利諾州芝加哥。

5. **蓋爾研究公司**，《市場佔有率報告》，密歇根州底特律。

6. **道瓊斯—爾文**(Dow Jones-Irwin)，《財務分析者手冊》，伊利諾州 Homewood。

7. 對於共同基金：**晨星機構**(Morningstar)，《晨星共同基金》，伊利諾州 芝加哥(www.morningstar.com)。

下列網址包含有用的投資金融資訊，包括公司基本資料與股票價格；有 些網站對某些資訊收取費用：

1. 證券交易委員會DEGAR 資料庫，http://www.sec.gov/edgarhp.htm

2. Hoover's 公司名錄，http://www.hoover.com/

3. 鄧白氏商業資料公司，http://www.dnb.com/

4. 標準普爾評級服務，http://www.ratings.standardpoor.com/ratings.htm

5. 美國有線新聞(CNN)財經網，http://www.cnnfn.com/

報紙及期刊（例如《商業週刊》、《富比士》、《財富》和《華爾街日報》） 上的文章，提供個別公司關於管理與經營方面的深入報導，同時也探討經濟 與產業的發展趨勢。在使用本章所描述的方法時應該考慮到公司營運的經濟 及政治環境。分析者如果經常閱讀商業出版物中財經訊息，就能評估失業、 通貨膨脹、利率、國內生產毛額、生產率與其他經濟指標對特定公司及產業 未來發展的影響。

5.3　工具和技巧

財務報表分析者使用各式各樣的工具和技巧，將財務報表中的資料轉化 為有助於評估公司財務狀況和業績的形式。包括有：共同比財務報表，將資 產負債表中的每一項表示為佔總資產一定百分比的形式，將損益表的每一項

表示爲佔淨銷售收入一定百分比的形式；財務比率，利用百分比或倍數的數
學關係將財務資料標準化；趨勢分析，評估幾個會計期間的財務資料；結構
分析，分析一個企業的內部結構；產業比較，將一個公司與所處產業的平均
水準進行比較；但是最重要的還是常識與判斷。我們將透過R.E.C.公司的財
務分析來說明這些工具和技巧。第一部分涉及數字分析——計算主要的財務
比率。第二部分將這些數字與其他資訊（如現金流量表、經濟背景、公司經
營環境）結合起來，分析R.E.C.公司5年間的狀況，進而評估公司的優勢、
劣勢和未來的前景。

共同比財務報表

　　共同比財務報表在第2章和第3章已經有所介紹。表2-2和表3-3分舉例
說明R.E.C.公司的共同比資產負債表與共同比損益表。在這裏對這些報表所
顯示的資訊進行一個總結，並且在本章的綜合分析中還要用到。

　　從表2-2中的共同比資產負債表可以看到，5年間存貨在總資產結構中的
比重越來越大，2004年幾乎佔了總資產的一半(49.4%)。現金及有價證券所
佔的總比重從2000和2001年的20%降到2004年的10%。公司選擇這樣的改
變爲了是滿足開設新店的存貨需求。公司在過去的兩年中開設了43個新店，
這項市場策略的影響也反映在整個資產結構中。建築物、租賃改良、設備以
及累計折舊和攤銷佔總資產的比重有所增加。在負債方面，因爲資產投資所
借入的債務增加，主要是長期借款。

　　表3-3中的共同比損益表顯示了費用與獲利率的變化趨勢。銷售成本所
佔百分比稍有增加，導致毛利所佔百分比下降。爲提高毛利率，公司可以提
高自己的零售價格，改變產品組合，或者想辦法降低銷售產品的購入成本。

在營業費用方面，折舊和攤銷相對於銷售收入的比重也在增加，這反映出與開設新店有關的成本。2002年銷售與管理費用也在增加，但在2003年和2004年公司有效地控制了這些費用對於整體銷售收入的比重。營業利潤和淨利潤所佔比重將在本章後半部分結合5年間財務比率的變化趨勢，進行更加詳細的討論。從共同比損益表中可以看出這兩種獲利率在2003年都有所降低，而在最近一年又有所恢復，原因是R.E.C.公司受到經濟復甦以及擴張所帶來的利潤。

主要財務比率

R.E.C.公司的財務報表將被用來計算2004和2003年的一系列重要財務比率。這些比率在本章後半部分會用來評估R.E.C.公司5年的歷史記錄並與產業競爭者進行比較。比率包括以下四種：(1)流動比率，衡量公司滿足其現金需求的能力；(2)營運比率，衡量公司特定財產的流動性以及管理資產的效率；(3)槓桿比率，衡量公司債務融資與權益融資的比重以及公司償還利息和其他固定費用的能力；(4)獲利率，衡量公司經營總體績效及其管理資產、負債與所有者權益的效率。

在深入分析R.E.C.公司財務比率之前，有必要提醒一下使用財務比率通常應該要注意的問題。儘管財務比率是分析上非常重要的工具，但它們還是有一些侷限。它們可以作為篩選指標，指示潛在的優勢和劣勢所在，並顯示需進一步審查的問題。但財務比率本身並不能提供答案，也不具有預測的功能。使用財務比率時必須具備常識，並且要謹慎使用，它們應該與財務分析的其他因素共同使用。我們要注意到一點，沒有一套明確的重要的財務指標，所有指標也都沒有統一的定義，且每個指標也沒有統一標準。最終是沒

有統一的規則可以用來解釋財務比率。每種狀況都應該依據公司、行業與經濟環境加以評估（註3）。

表5-1中提供R.E.C.公司的合併資產負債表和損益表，其中的資料將用來計算2004年和2003年的財務比率，而且這些財務比率將在隨後的5年期分析中用到。

流動比率：短期償債能力

流動比率

流動比率是衡量短期償債能力的常用指標，也就是說，債務到期時公司達成償債要求的能力。將流動負債作為比率的分母是因為它表示最迫切的債務，即必須在一年或一個營業週期內償還。可以滿足這些負債的現金資源必須主要來自現金及易於轉化為現金的流動資產。部份分析者將預付費用從分子中去掉，因為它們不是潛在的現金來源，而是代表已經償還的未來負債。R.E.C.公司2004年終的流動比率顯示，流動資產是流動負債的2.4倍，比2003年有所降低。為了瞭解此比率的重要性，必須長時間評估流動性的趨勢並將R.E.C.公司的流動比率與產業競爭者相比較。評估比率計算時所包含的組成項目也很重要。

	2004年		2003年	
流動資產	65,846	= 2.40倍	56,264	= 2.75倍
流動負債	27,461		20,432	

若單從流動比率為短期流動性的指示器來看，其組成因子非常有限。資產負債表是於某特定日期編制，而流動資產的實際金額可能與資產負債表編制日時有很大的差別。甚至應收帳款與存貨可能並不具有流動性。公司可能

表5-1	R.E.C.公司合併資產負債表（截至日為12月31日）		單位：千美元

	2004年	2003年
資產		
流動資產		
現金	$ 4,061	$ 2,382
有價證券（附註A）	5,272	8,004
應收帳款，2004年和2003年分別減去448000美元和		
417000美元的壞帳準備	8,960	8,350
存貨（附註A）	47,041	36,769
預付費用	512	759
流動資產合計	65,846	56,264
土地、工廠和設備（附註A、C和E）		
土地	811	811
建築和租賃改良	18,273	11,928
設備	21,523	13,768
	40,607	26,507
減：累積折舊和攤銷	11,528	7,530
土地、工廠和設備淨值	29,079	18,977
其他資產	373	668
總資產	$95,298	$75,909
負債和股東權益		
流動負債		
應付帳款	$14,294	$ 7,591
應付票據——銀行（附註B）	5,614	6,012
長期負債在未來1年內到期的部分（附註C）	1,884	1,516
應計負債	5,669	5,313
流動負債合計	27,461	20,432
遞延聯邦所得稅款（附註A和D）	843	635
長期負債（附註C）	21,059	16,975
承諾（附註E）		
總負債	49,363	38,042
股東權益		
普通股，面值1美元，核准1000萬股，2004年發行在外的		
有4803000股，2003年發行在外的有4594000股（附註F）	4,803	4,594
額外實收資本	957	910
保留盈餘	40,175	32,363
股東權益合計	45,935	37,867
總負債和股東權益	$95,298	$75,909

相對應的附註不可與報表分開表述。

表5-1 R.E.C.公司合併損益表			
（單位為千美元，每股資料除外，截至日為12月31日）	2004年	2003年	2002年
淨銷售額	$215,600	$153,000	$140,700
銷貨成本（附註A）	129,364	91,879	81,606
銷售毛利	86,236	61,121	59,094
銷售和管理費用（附註A和E）	45,722	33,493	32,765
廣告	14,258	10,792	9,541
折舊和攤銷（附註A）	3,998	2,984	2,501
修理和維護	3,015	2,046	3,031
營業利潤	19,243	11,806	11,256
其他收入（費用）			
利息收入	422	838	738
利息費用	（2,585）	（2,277）	（1,274）
所得稅前盈餘	17,080	10,367	10,720
所得稅（附註A和D）	7,686	4,457	4,824
淨收益	$ 9,394	$ 5,910	$ 5,896
普通股每股簡單盈餘（附註G）	$ 1.96	$ 1.29	$ 1.33
普通股每股稀釋後盈餘（附註G）	$ 1.92	$ 1.26	$ 1.31

有很高的流動比率但卻不能滿足對現金的需求，原因是應收帳款的品質很差或存貨僅能折價出售。因此有必要使用其他衡量流動性的方法，包括經營活動現金流量與評估特定資產流動性的財務指標，以針對流動比率進行補充說明。

■ 速動比率或酸性測試比率

　　速動比率或酸性測試比率是一種比流動比率更嚴格的衡量短期償債能力指標，因為分子剔除了被認為是流動性最差的存貨與最可能遭到損失的資產。與流動比率和其他比率一樣，也有其他的方式計算速動比率。有些分析者將預付費用和物料（如果為單獨項目）從分子中剔除。R.E.C.公司2004年的速動比率較2003年為低。該比率必須結合公司的發展趨勢以及同業其他公司情況來進行評估。

	2004年		2003年	
流動資產─存貨	$65,846 - 47,041$	$= 0.68$倍	$56,264 - 36,769$	$= 0.95$倍
流動負債	$27,461$		$20,432$	

■ 現金流動比率

　　另一種衡量短期償債能力的方法是現金流動比率（註4），這種方法考量來自經營活動現金流量（從現金流量表中取得）。現金流動比的分子採用眞正的流動資產如現金及有價證券，以及代表公司從經營活動中產生的現金金額，例如銷售存貨與收回現金的能力。

	2004年		2003年	
現金＋有價證券＋CFO*	$4,061 + 5,272 + 10,024$	$= 0.70$倍	$2,382 + 8,004 + (3,767)$	$= 0.32$倍
流動負債	$27,461$		$20,432$	

■ 經營活動現金流量

　　我們可以發現到，2003年到2004年的流動比率和速動比率都降低了，可以解釋成流動性的減弱。但是現金流動比率增大又表示著短期償債能力的提高。哪種評價才是正確的呢？對於這些指標，分析者必須找出它們的組成要素。流動比率和速動比率降低的主要是因爲2004年應付帳款增加了88％，如果這表示R.E.C.公司從供應商那裏獲得信用能力的提升，那麼的確應該屬於有利的情況。並且2004年公司經營活動產生的現金流由負數變爲正數也說明現金流動比率的增加，顯示出較強的短期償債能力。

■ 平均收款期

　　應收帳款平均收款期是將應收帳款轉變爲現金平均所需的天數。這比率

是應收帳款淨額（扣除壞帳準備後的淨值）與日平均銷售額（銷售額／365天）的比值。因為信用銷售會產生應收帳款，若可以得到信用銷售金額，即可代替淨銷售額。R.E.C.公司的比率顯示2004年公司的平均收款期是15天，比2003年的20天要好。

	2004年		2003年	
應收帳款	8,960	= 15天	8,350	= 20天
日平均銷售額	215,600/365		153,000/365	

　　平均收款期有助於衡量應收帳款的流動性，也就是公司從客戶手裏收回帳款的能力。該比率可以提供公司信用政策的相關訊息。例如，如果平均收款期在一段時間內不斷地增加或比產業平均水準高，那表示公司的信用政策可能太寬鬆，應收帳款的流動性可能不足。促銷時公司有必要採行寬鬆的信用政策，但對公司來講是種成本的增加。從另一方面來看，如果信用政策過於嚴格，出現平均收款期不斷縮短且低於產業競爭者，那表示公司可能會失去符合條件的客戶。

　　平均收款期應該與公司設定的信用政策進行比較。如果信用政策要求在30天內收款，而平均收款期是60天，這表示公司的收款制度不夠嚴格。但也有另外一種解釋，例如因為經濟蕭條所帶來的暫時問題。分析者應盡力去了解該比率太長或太短的原因。

　　另一個需要考慮的因素是公司在產業中的優勢。產業中財務實力較強的公司比較弱的競爭者更能提供較長時間的信用政策。

■ 存貨持有天數

　　存貨持有天數是指將存貨售給顧客平均所需的天數。該比率衡量了公司管理其存貨的效率。一般來說，存貨持有天數愈短，表示的管理的效率愈

高；存貨銷售得愈快，所佔用的資金就愈少。另一方面，存貨持有天數過短，可能表示因存貨不足而損失訂單、價格下降、原物料短缺或者銷售超過計畫。存貨持有天數較高，可能是由於持有過多的存貨或者存貨老舊、週轉慢、品質差的影響；不過，也有一些合理的因素必須要增加存貨，例如需求增加、新店開張或預期會有罷工。R.E.C.公司的存貨持有天數在2004年有所改進，較2003年為低。

	2004年		2003年	
存貨	47,041	= 133 天	36,769	= 146天
平均每日銷貨成本	129,354/365		91,879/365	

產業類型在分析存貨持有天數時相當重要。農產品零售商一般的存貨持有天數較短，因為所經營的商品較容易腐爛；珠寶或農業用設備的零售商的存貨持有天數會較長，但獲利率較高。在對不同公司進行比較分析時，有必要先確定在第二章已討論過公司對於對存貨與銷貨成本計價的成本假設，以評估存貨與銷貨成本。

■ 應付帳款付款期

應付帳款付款期是指用現金償還應付帳款平均所需的天數。該比率顯示公司付款給供應商的模式。最理想的狀況是，儘量延遲應付帳款支付但是維持在到期前支付。R.E.C.公司2004年與2003年相比，付款給供應商的時間有所加長。

	2004年		2003年	
應付帳款	14,294	= 41天	7,591	= 31天
平均每日銷貨成本	129,364/365		91,879/365	

淨貿易週期

　　淨貿易週期或現金轉換週期是指公司具有下述活動的的正常的營運週期：買入或生產存貨，其中部分採用信用方式購買而產生應付帳款；銷售存貨，其中部分採用信用方式銷售而產生應收帳款；收回現金。淨貿易週期使用天數衡量上述項目，R.E.C.公司的淨貿易週期的計算過程如下：

	2004年	2003年
平均收款期	15天	20天
加		
存貨持有天數	133天	146天
減		
應付帳款付款期	（41天）	（33天）
等於		
淨貿易週期	107天	133天

　　淨貿易週期透過分析資產負債表中影響經營活動現金流量的重要項目——應收帳款、存貨和應付帳款——幫助分析者瞭解現金流量產生情況是否獲得改善或者是惡化。R.E.C.公司透過加速收回應收帳款、加快存貨週轉速度、延遲支付應付帳款，進而改善了淨貿易週期。雖然R.E.C.公司的淨貿易週期有所改善，但是現金流入和現金流出仍不相符，因為公司需要用148（＝15＋133）天來售出存貨和收回現金，而付款給供應商只有41天。前面提到過，公司開了43家新店，這可能是存貨的較高的最大原因。公司在未來應該能夠進一步縮短存貨持有天數進而改善淨貿易週期。

營運比率：資產流動性和資產管理效率

■ 應收帳款週轉率

	2004年	2003年
淨銷售額 ——————— 應收帳款	$\dfrac{215,600}{8,960} = 24.06$ 倍	$\dfrac{153,000}{8,350} = 18.32$ 倍

■ 存貨週轉率

	2004年	2003年
銷貨成本 ——————— 存貨	$\dfrac{129,364}{47,041} = 2.75$ 次	$\dfrac{91,879}{36,769} = 2.50$ 次

■ 應付帳款週轉率

	2004年	2003年
銷貨成本 ——————— 應付帳款	$\dfrac{129,364}{14,294} = 9.05$ 次	$\dfrac{91,879}{7,591} = 12.10$ 次

　　應收帳款、存貨和應付帳款的週轉率衡量一年中應收帳款以現金形式收回的平均次數、存貨銷售的平均次數，以及應付帳款的平均次數。這三個指標與構成淨貿易週期的比率在數學關係上是互補的，因此衡量的內容分別與平均收款期、存貨持有天數和應付帳款支付期相同。只不過是採用不同方式來察看同一資訊。

　　R.E.C.公司在2004年中把應收帳款轉化為現金有24次，比2003年的18次有所提高。存貨在2004年週轉了2.75次，而2003年為2.5次，表示存貨的銷售速度略有加快。應付帳款週轉率下降表示公司有更長的時間來償付應付

帳款。

■ 固定資產週轉率

	2004年		2003年	
淨銷售額 土地、工廠和設備淨值	215,600 29,079	= 7.41次	153,000 18,977	= 8.06次

■ 總資產週轉率

	2004年		2003年	
淨銷售額 總資產	215,600 95,298	= 2.26次	153,000 75,909	= 2.02次

　　固定資產週轉率和總資產週轉率是評估管理層對資產的投資是否有效地產生銷售收入的兩個指標。固定資產週轉率只考慮公司對於土地、工廠和設備的投資，對於資本密集的企業特別重要，例如大量投資於長期資產的製造業。總資產週轉率可以衡量管理整個公司資產的效率。一般來說，這些比率愈高，產生銷售收入所需要的投資就愈小，而公司的利潤就越高。當資產週轉率相對於產業或公司的歷史記錄較低時，原因或者是對資產的投資太多，或者是銷售太慢，或是兩者都有。但是，也有其他合理的解釋，例如，公司大規模進行廠房現代化改造或在年終時將資產投入使用，這些將在長期產生正面的效果。

　　R.E.C.公司的固定資產週轉率有稍微下滑，但總資產週轉率卻有所提高。公司固定資產投資的成長率(53%)比銷售成長率(41%)快，應在進行R.E.C.公司整體分析時將這個現象納入考量。而總資產週轉率的提高是存貨週轉率和應收帳款週轉率改善的結果。

▛ 槓桿比率：債務融資和擔保率

■ 負債比率

	2004年		2003年	
總負債	49,363	= 51.8%	38,042	= 50.1%
總資產	95,298		75,909	

■ 長期債務與總資本比率

	2004年		2003年	
長期債務	21,059	= 31.4%	16,975	= 31.0%
長期債務＋股東權益	21,059 ＋ 45,935		16,975 ＋ 37,867	

■ 負債與股東權益比率

	2004年		2003年	
總負債	49,363	= 1.07倍	38,042	= 1.00倍
股東權益	45,935		37,867	

　　這三種債務比率衡量公司債務融資的程度。公司資本結構中債務額度與比例對財務分析者來說非常重要，因為需要權衡風險和報酬之間的關係。使用舉債的方式隱含著風險，因為債務需要承擔償還利息與本金的責任。若不能償還與債務相關的固定費用，最後將導致破產。其次的風險是若已有大量債務的公司將很難在急需時獲得額外的債務融資，或者只能以非常高的利率獲得貸款。儘管債務隱含著風險，但也為公司所有者帶來潛在盈餘。當債務妥善地使用時——如果營業收益比與債務相關的固定費用高出許多——股東的收益會透過財務槓桿放大，本章後半部分會解釋此觀念。

　　負債比率衡量所有透過債務融資的資產所佔的比例。長期債務與總資本比率顯示公司長期債務用於永久融資（包括長期債務和股東權益）的程度。負債與股東權益比率以債權人提供的資金（負債）和投資者提供的資金（股東權益）之間的關係來衡量公司資本金結構的風險。負債比率愈高，公司面臨的風險就愈大，因爲在破產時債權人受償的順序較股東優先。實際上，股東權益對於提供債務者有緩衝的作用。R.E.C.公司於2003至2004年間，這三種指標都有所提高，表示公司的資本結構風險稍有增大。

　　分析者應該注意到負債比率並不代表所有的風險。還有一些固定的承諾，例如租賃費用，它與債務相同但不包括在債務中。固定費用承擔率考量了這些支付義務，對此將在後面繼續說明。第1章中有提到過的資產負債表表外融資協議，也具有債務的特性，根據財務會計準則第105號公告，該項目必須在財務報表的附註中揭露。因此評估一家個公司的整體資本結構時，以上項目都應該納入考量。

■ 利息保障倍數

	2004年	2003年
$\dfrac{\text{營業利潤}}{\text{利息費用}}$	$\dfrac{19,243}{2,585} = 7.4$ 倍	$\dfrac{11,806}{2,277} = 5.2$ 倍

■ 現金利息保障倍數

	2004年	2003年
$\dfrac{\text{經營活動現金流量}+\text{已付利息}+\text{已付稅款（註5）}}{\text{已付利息}}$	$\dfrac{10,024+2,585+7,478}{2,585} = 7.77$ 倍	$\dfrac{(3,767)+2,277+4,321}{2,277} = 1.24$ 倍

　　若要從債務融資中獲益，營業收益（註6）必須比債務帶來的固定利息支

出高出許多。利息保障倍數比率越高越好，但是，如果公司取得了高額利潤卻沒有產生經營活動現金流量，該比率就會產生誤導的作用。公司需要用現金來支付利息！現金利息保障倍數衡量公司在支付利息與稅款前經營活動現金流量對利息支出的倍數。儘管R.E.C.公司2004年借債增多，但是公司利用經營利潤與經營現金流量負擔利息費用的能力也提高了。要注意的是，在2003年公司的經營活動現金流量狀況不佳，在支付利息與稅款前僅爲利息支出的1.24倍。在這種情況下，2003年的利息保障倍數就容易起誤導作用。

■ 固定費用保障比

	2004年		2003年	
營業利潤＋租賃支出	19,243＋13,058	＝2.1倍	11,806＋7,111	＝2.0倍
利息費用＋租賃支出	2,585＋13,058		2,277＋7,111	

　　固定費用負擔率比利息保障倍數衡量償債能力的範圍更廣，因爲它包括與租賃有關的固定費用支付。分子加上租賃費用，因爲在計算營業利潤時租賃費用被當作營業費用扣除。租賃費用的支付與利息費用類似，都代表每年必須履行的支付義務。固定費用負擔率對於廣泛以經營租賃協議展開業務的公司很重要。R.E.C.公司2004年的年度租賃費用的支出成長很大，但固定費用負擔率仍稍有提高。

■ 現金流量充足率

	2004年		2003年	
經營活動現金流量	10,024	＝0.58倍	(3,767)	＝(0.46)倍
資本支出＋債務償還額＋已付股利	14,100＋30＋1,516＋1,582		4,773＋1,593＋1,862	

　　信用評估公司通常使用現金流量充足率來評估公司的經營活動現金流量

滿足每年需支付的項目的程度,例如債務、資本支出和股利。分析者對於現金流量充足率的定義各不相同;但是理解實際衡量的內容卻相當重要的。現金流量充足率在這裏衡量公司每年進行資本支出、償還到期的長期債務和支付股利的能力。從長期來看,公司應該從經營活動中產生足夠的現金流量來滿足公司投資和融資活動的資金需求。如果用舉債方式獲得的資金購買固定資產,公司應該要能夠用自己經營活動產生的現金歸還本金。如果公司每年支付股利,那麼該比率應該再高一點,因為發放股利的現金只能從公司內部產生,而不能透過借款。正如在第4章中提到過的內容,公司要想要順利發展就必須產生現金流量。從長期來看,公司若每年靠借款來支付股利並歸還債務,表示公司是處於一個有問題的循環之中。

2004年R.E.C.公司的現金流量充足率為0.58,比2003年公司經營活動現金流量為負數時的情況有顯著提高。

獲利指標:整體效率與業績

■ 毛利率

	2004年		2003年	
毛利	86,236		61,121	
淨銷售額	215,600	= 40.0%	153,000	= 39.9%

■ 營業利潤率

	2004年		2003年	
營業利潤	19,243		11,806	
淨銷售額	215,600	= 8.9%	153,000	= 7.7%

■ 淨利率

	2004年		2003年	
淨收益	9,394	= 4.4%	5,910	= 3.9%
淨銷售額	215,600		153,000	

　　毛利率、營業利潤率、淨利率顯示公司將銷售額轉化爲利潤的能力。毛利率顯示銷售額和銷貨成本之間的關係，衡量公司控制存貨或產品製造成本的能力，以及在銷售至客戶的過程中產品價格增加的能力。營業利潤衡量整體營業效益，包括與一般經營活動相關聯的所有費用。淨利潤衡量考慮所有收入和費用（包括利息、稅款和非營業項目）在內的利潤。

　　R.E.C.公司的毛利率幾乎沒有變化，但是公司的營業利潤率提高了。顯然地，公司能夠在大幅度提高銷售額的同時控制營業費用的成長。由於營業利潤率的成長，公司的淨獲率也稍有成長。分析者有必要長時間來觀察這些比率的變化，並與其他的分析項目結合起來以解釋變化的原因。

■ 現金流量獲利率

	2004年		2003年	
經營活動現金流量	10,024	= 4.6%	(3,767)	= (2.5%)
淨銷售額	215,600		153,000	

　　另一項評估經營業績的重要項目是經營活動產生的現金與銷售額之間的關係。正如第4章中所提到的，公司需要用現金而不是按應計基礎計算出的收益來歸還債務、支付股利和投資於新資產。現金流量獲利率衡量公司將銷售收入轉化爲現金的能力。

　　2004年R.E.C.公司的現金流量獲利率高於淨獲利率，這是大量產生現金的結果。2004年的業績說明公司與2003年相比有明顯地提高。2003年公司

的現金流量為負,現金流量獲利率也為負。

■ 總資產報酬率(ROA)或投資報酬率(ROI)

	2004年	2003年
$\dfrac{淨利益}{總資產}$	$\dfrac{9,394}{95,298} = 9.9\%$	$\dfrac{5,910}{75,909} = 7.8\%$

■ 股東權益報酬率(ROE)

	2004年	2003年
$\dfrac{淨利益}{股東權益}$	$\dfrac{9,394}{45,935} = 20.5\%$	$\dfrac{5,910}{37,867} = 15.6\%$

　　投資報酬率與股東權益報酬率是衡量公司管理總資產投資及產生股東收益的總體效率的指標。投資報酬率和資產報酬率顯示賺取的利潤與總資產投資規模的比率。股東權益報酬率衡量普通股股東的收益。如果公司有優先股發行在外,那麼該比率只計算了普通股的收益。R.E.C.公司2004年這兩個報酬率都有明顯的升高。

■ 資產的現金報酬率

	2004年	2003年
$\dfrac{經營活動現金流量}{總資產}$	$\dfrac{10,024}{95,298} = 10.5\%$	$\dfrac{(3,767)}{75,909} = (5.0\%)$

　　資產的現金報酬率有助於投資報酬的比較。並且,分析者可以透過經營活動產生的現金與應計基礎下數字之間的關係,評價公司資產產生現金的能力。因為現金可用來進行未來的投資。

圖5-1總結本章節所討論的重要財務指標。

圖5-1 財務比率摘要

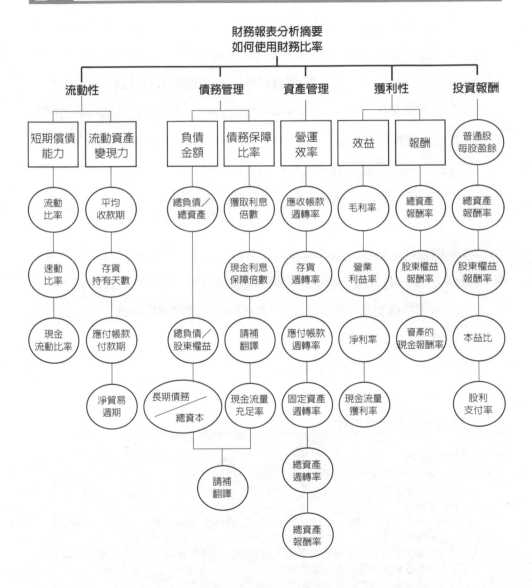

5.4　分析資料

　　若您是銀行信貸部門的職員，你會發放150萬美元的新貸款給R.E.C.公司嗎？作為投資者，你會以每股30美元的市場價購買R.E.C.公司的普通股股票嗎？作為經營鞋業的批發商，你會將你的產品以信用方式銷售給R.E.C.公司嗎？作為新畢業的大學生，你會接受作為R.E.C.公司實習經理的職位嗎？作為R.E.C.公司的財務總監，你會主張在兩年內新開25家零售店嗎？

　　為了回答這些問題，有必要根據共同比財務報表和主要財務指標以及本書中提到的其他資訊，對R.E.C.公司財務報表進行分析。一般而言，每種分析只能回答上述其中一個問題，財務報表使用者的角度將決定分析的重點。由於本章的目的是提供一般的財務分析方法，包括下列構成財務報表基本分析的五個方面：(1)公司、產業、經濟背景與前景；(2)短期流動性；(3)經營效率；(4)資本結構與長期償債能力；(5)獲利性。透過這種方式，可以分析各種狀況以滿足各使用者的分析目的。

　　圖5-2說明了財務報表分析的步驟。

圖5-2　財務報表分析步驟

1. 確定分析目標。
2. 研究公司經營的行業以及當前與未來的經濟發展的關係。
3. 瞭解公司狀況及管理品質。
4. 評估財務報表。
   - **工具**：共同比財務報表，重要財務比率、趨勢分析、結構分析，以及與產業競爭者的比較分析。
   - **主要範圍**：短期流動性、經營效率、資本結構和長期償債能力、獲利性、市場指標，以及各業務部門分析（當有相關時）。
5. 依據分析結果提出摘要報告並根據所定的目標做出相關結論。

背景分析：經濟、產業和公司

任何一家公司都不是在無其他人的環境下經營。經濟發展與競爭者的行為都會影響企業成功經營的能力。因此有必要先從評估公司經營的經濟環境開始分析公司的財務報表。這個過程需要將事實與估計結合在一起。本章節前面所提到的各種參考資訊來源對這部分的分析會很有幫助。下面是關於R.E.C.公司產業環境的簡單討論（註7）。

休閒設備與服裝公司（R.E.C.公司）屬於美國第三大休閒產品的零售商。公司提供中等價位到高價位的各類運動用品、設備以及運動服裝。R.E.C.公司的銷售產品種類包括：用於跑步、有氧運動、步行、籃球、高爾夫、網球、滑雪、足球、潛水與其他運動的設備；露營、釣魚、打獵所使用的商品；男女運動服裝；禮品；遊戲；消費者電子產品。公司也將產品直接銷售給集團消費者，例如學校與運動球隊等。

公司的行政辦公部門位於德州的Dime Box，該辦公機構於2004年進行擴建。大部分的零售商店都是租用店面，分佈在美國西南部主要地區和郊區中的商業區。公司在2003年底新增了18個零售點，在2004年新開了25家商店。公司的配銷中心倉庫坐落在亞利桑那州、加利福尼亞州、科羅拉多州、猶他州和德克薩斯州。

休閒產品產業受消費者偏好趨勢、銷售需求週期以及天氣狀況的影響。美國人從流行跑步轉而熱衷步行與有氧運動；曾經一度較不受歡迎的高爾夫球又逐漸興盛起來；由於在法國自行車賽取得了勝利，美國的自行車產業重新有了新的發展。因為運動服的毛利一般比運動設備高，休閒產品零售商因此靠銷售運動服獲取利潤，當然這類產品也受到消費者偏好的影響。從季節的角度分析，大部分的銷售都在11月、12月、5月和6月。而團體的銷售額

在8月及9月最高。天氣狀況也會影響銷售量，尤其是冬季運動器材──洛基山快點下雪吧！

休閒產品業的競爭是基於產品的價格、品質和多樣性，以及店面的位置與服務品質。R.E.C.公司的兩個主要競爭對手也是經營全體育產品的公司。一個在美國的西北部經營，另一個在東部和東南部，減低了三家公司的直接競爭。

在2003年的不景氣結束後（註8），目前體育用品業的發展前景是非常看好的。美國人越來越意識到健身的重要性，因而更積極地參與娛樂運動。25歲到44歲的人是最積極參加體育活動的族群，預計在下一個十年中這個年齡層是美國人數最多的一個族群。由於美國西南部的人口的成長以及一年四季都可以進行娛樂活動的良好氣候條件，被認為是發展快速的一個市場。

短期流動性

短期流動性分析對債權人、供應商、管理者和其他關心公司滿足短期現金需求能力的人來說特別重要。評估R.E.C.公司的短期流動性狀況要從編制與理解本章前面提到的公司共同比資產負債表開始。很明顯地在流動資產中存貨相對於現金及有價證券有所增加。短期和長期債務所佔比例都有所增加。這些成長主要由於與新店相關的政策和融資需要。對分析短期流動性有幫助的其他資料包括某些財務比率的5年發展趨勢及與產業平均值的比較。可比的產業比率來源包括Dun&Bradstreet出版的《產業標準和主要產業比率》，Robert Morris Associates出版的《年報研究》，標準普爾公司出版的《產業研究》。分析者可以計算一個或幾個主要競爭者的一系列財務比率，以作為產業可比比率的來源。

R.E.C.公司	2004年	2003年	2002年	2001年	2000年	產業平均值 2004年
流動比率	2.40	2.75	2.26	2.18	2.83	2.53
速動比率	0.68	0.95	0.87	1.22	1.20	0.97
現金流動比率	0.70	0.32	0.85	0.78	0.68	*
平均收款期（天）	15	20	13	11	10	17
存貨持有天數（天）	133	146	134	122	114	117
應付帳款付款期（天）	41	33	37	34	35	32
淨貿易週期（天）	107	133	110	99	87	102
經營活動現金流量 （千美元）	10,024	(3,767)	5,629	4,925	3,430	*

*無資料

　　流動性分析涉及預測公司達成未來現金需求的能力。預測來自於公司的歷史記錄，沒有哪個財務比率或一系列財務比率或者是其他財務資料能夠詮釋未來的發展人。對於R.E.C.公司而言，財務比率從某些角度看是互相矛盾的。

　　流動比率和速動比率在5年間的趨勢呈現下的，表示短期流動性降低。從另一方面看，現金流動比率在2003年現金流量為負數之後，在2004年有了大幅度的提高。應收帳款平均收款期和存貨週轉率在2000年至2003年間呈現惡化的狀況，但是在2004年有了改善。這些比率衡量了應收帳款和存貨的品質或流動性。2003年平均收款期增加了20天，該年屬於經濟衰退的一年。在2004年時，該指標縮短到15天，這個水準是可以接受的。2000年至2003年間淨貿易週期呈現惡化，這是由於收款期延長和存貨持有天數增多而帶來的。2004年，流動資產和流動負債管理有了顯著的改善，促使淨貿易週期從2003年的133天降了26天，到達107天現在該指標更接近於產業平均水準。

　　R.E.C.公司的共同比資產負債表顯示目前公司的存貨佔了公司總資產的一半。存貨的成長對於滿足開設新店面的要求是必要的，但是存貨的成長伴

隨著所持有的現金和約當現金的減少。這意味著以潛在流動性較低的資產替代了高流動性的資產。有效管理存貨對於公司的流動性來說是相當重要的一部分。2004年,儘管新店面需要有足夠存貨,存貨週轉率仍舊提高了。2004年的銷貨需求量非常大,足以完全消耗當年新增的28%的存貨。

公司從經營活動中產生現金的能力是公司流動性的主要問題。2003年銷售減緩的原因部分來自於美國經濟的衰退與不利於滑雪的氣候條件。在銷售需求減少的這一年,公司正好進行大規模的市場擴張,因此公司受到嚴重的打擊。在經濟蕭條的年份中,對於有限的銷售成長來說,存貨和應收帳款成長速度顯得有些太快。而且,供應商感受到經濟緊縮因此減少了對R.E.C.公司的信用銷售。結果公司的現金短缺並且經營活動產生負的現金流量。

2004年R.E.C.公司經歷了大幅度的改善,經營活動產生了1,000萬美元的現金,而且存貨和應收帳款的管理有了提高。目前公司的短期流動性狀況似乎沒有太大問題。但是若再遇到經濟蕭條的年份,可能還會引起與2003年類似的問題。零售市場進一步擴張的時機是公司成功與否的重要關鍵性因素。

■ 經營效率

R.E.C.公司	2004年	2003年	2002年	2001年	2000年	產業平均值 2004年
應收帳款週轉率	24.06	18.32	28.08	33.18	36.50	21.47
存貨週轉率	2.75	2.50	2.74	2.99	3.20	3.12
應付帳款週轉率	9.05	12.10	9.90	10.74	10.43	11.40
固定資產週轉率	7.41	8.06	8.19	10.01	10.11	8.72
總資產週轉率	2.26	2.02	2.13	2.87	2.95	2.43

週轉率指標衡量了公司的經營效率。公司應收帳款、存貨和應付帳款的管理效率在短期流動性分析中已經進行了討論。R.E.C.公司的固定資產週轉

率在過去5年間有所下降,現在低於產業平均水準。先前我們已經注意到,由於辦公設施和店面的擴張,R.E.C.公司增加了對固定資產的投資。資產週轉率顯示公司的固定資產和總資產投資產生銷售的效率出現了下降的趨勢。2004年總資產週轉率上升,這成績可以歸因於存貨和應收帳款加強管理的結果。固定資產週轉率仍在下降,這是辦公設施和零售店面擴張的結果,如果擴張成功,該比率也應該提高。

資本結構與長期償債能力

這裏的分析過程包括評估公司資本結構中債務的數額與所佔比例以及償還債務的能力。債務隱含著著風險,因為債務表示必須承擔固定的財務責任。債務融資一項不利之處是為了使公司持續經營,必須履行固定的承諾。債務融資的主要優點是,當成功地使用融資時,股東報酬會透過財務槓桿而放大。財務槓桿的概念可以透過圖5-3中的例子表示。

R.E.C.公司	2004年	2003年	2002年	2001年	2000年	產業平均值 2004年
負債比率	51.8%	50.1%	49.2%	40.8%	39.7%	48.7%
長期債務比總資本比率	31.4%	31.0%	24.1%	19.6%	19.8%	30.4%
負債與股東權益比率	1.07	1.00	0.96	0.68	0.66	0.98

R.E.C.公司的負債比率顯示了公司借入資金的漸進式成長。總負債相對於總資產有所成長、公司固定融資的長期債務部分有所成長、外部或者說債務融資相對於內部融資有所成長。由於融資的風險程度較大,必須要分析以下幾點:(1)為什麼債務會增加;(2)公司使用債務是否成功;(3)公司支付固定費用的狀況如何。

圖5-3　財務槓桿的例子

　　尚奇(Sockee)襪子公司總資產為100,000美元，公司的資本結構包括50%債務和50%的股東權益：

債務	50,000美元
股東權益	50,000美元
總資產	100,000美元

債務成本＝10%　平均稅率＝40%

　　如果尚奇公司有20,000美元的營業收益，股東的收益用股東權益報酬率表示將是18%：

營業收益	20,000美元
利息費用	5,000美元
稅前盈餘	15,000美元
稅費	6,000美元
淨收益	9,000美元

股東權益報酬率：（9,000/50,000）× 100% ＝ 18%

　　如果尚奇公司的營業收益能夠呈現倍數成長，從20,000美元變為40,000美元，股東權益報酬率的成長將高於一倍，從18%成長到42%：

營業收益	40,000美元
利息費用	5,000美元
稅前盈餘	35,000美元
稅費	14,000美元
淨收益	21,000美元

股東權益報酬率：（21,000/50,000）× 100% ＝ 42%

　　放大的股東權益報酬率來自於財務槓桿。但可惜的是，財務槓桿有兩面性。如果營業收益減少一半，從20,000美元減少到10,000美元，股東權益報酬率將減少一半以上，從18%降到6%：

營業收益	10,000美元
利息費用	5,000美元
稅前盈餘	5,000美元
稅費	2,000美元
淨收益	3,000美元

股東權益報酬率：（3,000/50,000）× 100% ＝ 6%

圖 5-3 **財務槓桿的例子（續）**

　　不管營業收益的水準如何，利息費用仍是固定的。當營業收益增加或減少時，財務槓桿對股東權益報酬率產生正或負的影響。當評估一個公司的資本結構和償債能力時，分析者必須不斷權衡債務的潛在收益與使用它的固有風險。

　　為什麼債務會增加？第4章討論過的現金流量表綜合分析在本章節以表5-2的形式再次出現以解釋借款的原因。表5-2以金額和百分比的形式顯示現金流入和流出。

　　表5-2顯示R.E.C.公司大量增加資本資產的投入金額，特別是2004年，對土地、工廠及設備的投資佔現金總流出量的82%。這些投資大部分透過借款融資，特別是在2003年公司經營狀況停滯及內部沒有現金產生的情況下。營業收入在2002年提供了R.E.C.公司73%的現金，2004年提供62%的現金，但是2003年公司不得不大量舉債（佔98%的現金流入）。這些借款所造成的影響在公司負債比率中可以看到。

　　R.E.C.公司使用財務槓桿的效果如何呢？答案可以透過計算財務槓桿指數(FLI)得出，計算式如下：

$$\frac{股東權益報酬率}{調整後資產報酬率} = 財務槓桿指數$$

計算式分母中的調整後資產報酬率計算如下：

$$\frac{淨收益 + 利息費用 \times （1-稅率）（註9）}{總資產}$$

　　當FLI比1大時，表示股東權益報酬率超過資產報酬率，公司使用借債方式是有益的。若FLI比1小則表示公司沒有成功地使用債務。對於R.E.C.公司，調整後資產報酬率與FLI的計算結果如下：

	2004年	2003年	2002年
淨收益＋利息費用×（1－稅率）	9,394＋2,585（1－0.45）	5,910＋2,277（1－0.43）	5,896＋1,274（1－0.45）
總資產	95,298	75,909	66,146

	2004年	2003年	2002年
股東權益報酬率	$\dfrac{20.45}{11.35}=1.8$	$\dfrac{15.61}{9.50}=1.6$	$\dfrac{17.53}{9.57}=1.8$
調整後資產報酬率			

　　R.E.C.公司的FLI在 2004年是1.8，2003年是1.6，2002年是1.8，表示借款增加的3年中財務槓桿的使用是成功的。公司產生了足夠的營業收入足以支付所借資金的利息。公司承擔固定費用的狀況如何？回答這個問題之前先要複習一下承擔率。

R.E.C.公司	2004年	2003年	2002年	2001年	2000年	產業平均值 2004年
利息保障倍數	7.44	5.18	8.84	13.34	12.60	7.2
現金利息保障倍數	7.77	1.24	9.11	11.21	11.90	＊
固定費用保障比率	2.09	2.01	2.27	2.98	3.07	2.5
現金流量充足率	0.58	(0.46)	0.95	1.03	1.24	＊

＊無資料

　　由於借款水準的增加，利息保障倍數和現金利息保障倍數在5年裏逐步下降，但仍然高於產業平均值。R.E.C.公司的大部分零售店面都是租用的，因此統計租賃支出及利息費用的固定費用保障比率要比利息保障倍數更為重要。該比率也下降，原因是店面的擴張以及較高的租賃及利息支出。儘管低於產業平均值，公司的營業收益仍是固定支出的兩倍多，似乎並不會帶來什麼問題。儘管如此，如果R.E.C.公司繼續擴張的話，固定費用保障比率必須在將來仔細地追蹤。2002年、2003年和2004年的現金流量充足率降到1.0以下，說明公司未能從經營活動中產生足夠的現金用於資本支出、債務償付和支付現金股利。為了改善該比率，公司需要著手減少應收帳款和存貨，進

而增加經營活動現金流量。只要擴張的階段完成，就會出現上述情況，但是，如果擴張仍然持續，現金流量充足率可能仍低於1.0。

表5-2　R.E.C.公司現金流量表綜合分析

單位：千美元

	2004年	2003年	2002年
現金流入（千美元）			
經營	$10,024	$　0	$5,629
出售其他資產	295	0	0
出售普通股股票	256	183	124
短期負債增加	0	1,854	1,326
長期負債增加	5,600	7,882	629
合計	$16,175	$　9,919	$7,708
現金流出（千美元）			
經營	$0	$3,767	$　0
購買固定資產	14,100	4,773	3,982
短期負債減少	30	0	0
長期負債減少	1,516	1,593	127
支付股利	$1,582	$1,862	$1,841
合計	$17,228	$11,995	$5,950
現金和有價證券的變化額（千美元）	（$1,053）	（2,076）	$1,758
現金流出（佔合計額的百分比，%）			
經營	62.0	0.0%	73.0
出售其他資產	1.8	0.0	0.0
出售普通股股票	1.6	1.8	1.6
短期負債增加	0.0	18.7	17.2
長期負債增加	34.6	79.5	8.2
合計	100.0%	100.0%	100.0%
現金流出（佔合計額的百分比，%）			
經營	0.0%	31.4%	0.0%
購買固定資產	81.8	40.0	66.9
短期負債減少	0.2	0.0	0.0
長期負債減少	8.8	13.2	2.1
支付股利	9.2	15.4	31.0
合計	100.0%	100.0%	100.0%

獲利性

現在要開始分析公司整體的獲利情況了,首先是先評估一些重要比率。

由於經濟衰退、不利的滑雪條件及新店開張成本的因素,2003年呈現情況較差的一年,但是獲利性現在看起來還是會有不錯的表現。管理階層採用了成長策略,反映在積極的行銷以及2003年開設18家新店,2004年開設25家新店上。除了現金流量獲利率外,其他的獲利率指標都低於2000年和2001年的水準,但2004年有所提高,並且超過了產業的平均值。由於2004年經營活動中產生了大量的現金,該年的現金流量獲利率在5年中是最高的。

R.E.C.公司	2004年	2003年	2002年	2001年	2000年	產業平均值 2004年
毛利率	40.00%	39.95%	42.00%	41.80%	41.76%	37.25%
營業利潤率	8.93%	7.72%	8.00%	10.98%	11.63%	7.07%
淨獲利率	4.36%	3.86%	4.19%	5.00%	5.20%	3.74%
現金流量獲利率	4.65%	(2.46)%	4.00%	4.39%	3.92%	*

*無資料

即使新店開張時採用「特價」及打折的方式吸引顧客,毛利仍相當穩定,是一個正面的訊息,而且公司在2004年也提高了營業利潤率。營業利潤率的增加特別值得注意,因為發生在營業費用增加,尤其是在擴展新店所必要的租賃費用大規模增加的階段。儘管利息與稅費增加以及來自有價證券投資的利息收入減少,淨獲利率仍舊是提高。

R.E.C.公司	2004年	2003年	2002年	2001年	2000年	產業平均值 2004年
資產報酬率	9.86%	7.79%	8.91%	14.35%	15.34%	9.09%
股東權益報酬率	20.45%	15.61%	17.53%	24.25%	25.46%	17.72%
資產的現金報酬率	10.52%	(4.96)%	8.64%	15.01%	15.98%	*

*無資料

歷經2003年資產報酬率、股東權益報酬率和資產的現金報酬率的下降之後，2004年這些比率有了大幅反彈。資產報酬率和股東權益報酬率衡量公司整體利潤產生的狀況，而資產的現金報酬率衡量公司從投資及管理策略中獲得現金的能力。很明顯地，R.E.C.公司妥善地確立了未來的發展方向。前面已經提到過，由於存貨佔總資產將近一半，而且過去曾出現問題，因此追蹤公司對存貨的管理相當重要。公司的擴張政策使得有必要持續支出廣告費用。R.E.C.公司採用債務融資方式獲得擴張所需的資金，到目前為止，透過財務槓桿，股東從債務的使用中獲得了報酬。

R.E.C.公司2003年的經營活動出現了負的現金流量，這是將來需要注意的另一個問題。負的現金流量發生在銷售與盈餘成長平緩的一年：

R.E.C.公司	2004年	2003年	2002年	2001年	2000年
銷售額成長率	40.9%	8.7%	25.5%	21.6%	27.5%
盈餘成長率	59.0%	0.2%	5.2%	16.9%	19.2%

由於經濟復甦與新開立店面開始獲利，2004年銷售額成快速。預期經濟狀況將繼續好轉。

相關比率──杜邦體系

學過了各個財務比率以及衡量短期流動性、資本結構和長期償債能力、經營效率以及獲利性等各種財務比率之後，透過檢視公司各財務比率之間的內在關係，對於完成一個公司的評估是很有幫助的。也就是說，如何將各種財務衡量工具結合起來產生一個整體的效果？杜邦分析體系幫助分析者看到公司在一個會計期間內的決策與活動──這正是財務比率所要衡量的內容──如何相互作用對公司的股東帶來整體的報酬，即股東權益報酬率。使用

的主要比率如下：

<table>
<tr><td align="center">(1)</td><td></td><td align="center">(2)</td><td></td><td align="center">(3)</td></tr>
<tr><td align="center">淨獲利率</td><td align="center">×</td><td align="center">總資產週轉率</td><td align="center">=</td><td align="center">投資報酬率</td></tr>
<tr><td align="center">$\dfrac{淨利}{銷售額}$</td><td align="center">×</td><td align="center">$\dfrac{銷售額}{資產}$</td><td align="center">=</td><td align="center">$\dfrac{淨利}{資產}$</td></tr>
</table>

<table>
<tr><td align="center">(3)</td><td></td><td align="center">(4)</td><td></td><td align="center">(5)</td></tr>
<tr><td align="center">投資報酬率</td><td align="center">×</td><td align="center">財務槓桿</td><td align="center">=</td><td align="center">股東權益報酬率</td></tr>
<tr><td align="center">$\dfrac{淨利}{資產}$</td><td align="center">×</td><td align="center">$\dfrac{資產}{股東權益}$</td><td align="center">=</td><td align="center">$\dfrac{淨利}{股東權益}$</td></tr>
</table>

透過檢視這一系列的關係，分析者可以分辨公司的優勢與劣勢，也可以追蹤公司財務狀況及經營中出現問題的原因。

前三個比率顯示(3)投資報酬率（整個資產投資的收益）是(1)淨獲利率（銷售中產生的利潤）和(2)總資產週轉率（公司的資產產生銷售的能力）的乘積。繼續深入分析，後三個比率顯示(5)股東權益報酬率（股東的整體報酬率）是如何由(3)投資報酬率和(4)財務槓桿（債務在資本結構中所佔比例）的乘積所得到的。使用這一系統，分析者可以評價公司經營狀況的變化，可以顯示狀況改善還是惡化或者是兼而有之。然後評估可以著重在造成變化的特定項目上。

使用杜邦分析體系評價R.E.C.公司從1998年到2002年這五年間的狀況，顯示了如下的關係：

■ 杜邦系統應用於R.E.C.公司

	(1)	×	(2)	=	(3)	×	(4)	=	(5)
	淨獲利率	×	總資產週轉率	=	投資報酬率	×	財務槓桿	=	淨資產報酬率
2000年	5.20	×	2.95	=	15.34	×	1.66	=	25.46
2001年	5.00	×	2.87	=	14.35	×	1.69	=	24.25
2002年	4.19	×	2.13	=	8.92	×	1.97	=	17.57
2003年	3.86	×	2.02	=	7.80	×	2.00	=	15.60
2004年	4.36	×	2.26	=	9.85	×	2.07	=	20.39

　　正如本章前面討論過的，股東權益報酬率在2003年低於以前年度，但之後又有所提高。杜邦體系提供了為什麼發生這些變化的線索。2004年的獲利率和資產週轉率都低於2000和2001年。債務的增加（財務槓桿）以及獲利性和資產利用程度的提高，使2004年的報酬率高於前兩年。特別是公司在資產擴張時增加了債務並且債務的使用也很有效。儘管債務帶來風險並以利息費用的形式增加了成本，但是債務融資也有有利的一面，即成功使用時可以透過財務槓桿獲益，R.E.C.公司就是一個例子。2004年存貨管理的改進對公司產生了良好的影響，表現在總資產週轉率提高。公司在擴張期間增加銷售額的同時控制了成本，因而提高了淨獲利率。在這些因素綜合作用下，整體投資報酬率正在提高。

預測、擬制性報表和市場比率

　　其他一些分析工具和財務比率也與財務報表分析有關，特別對於投資決策和長期計畫。儘管對這些工具的進一步討論超過了本章的範圍，但我們還是提供對於預測、擬制性報表和一些與投資相關的財務比率的介紹。

　　投資分析者在評估證券進行投資決策時，必須預測企業未來的盈餘收

入。提供收入預測的參考資料可以在本章前部分找到。

擬制性財務報表是以未來收入、費用、資產投資水準、融資方式與成本以及營運資金管理的一系列假設爲基礎估計財務報表。擬制性財務報表主要使用在長期計畫和長期信用決策中。一家銀行考慮向R.E.C.公司發放150萬美元的新貸款，如果發放的話，銀行將希望看到R.E.C.公司的擬制性財務報表並判斷——根據公司的經營狀況使用不同的方法——公司的現金流量是否能夠歸還貸款。R.E.C.公司的財務總監需要對新商店的擴張做出決策，將根據對營運結果不同的估計和多種融資方法編制擬制性財務報表。

對投資者來說有特定意義的四個市場比率是普通股每股盈餘、本益比、股利支付率和股利報酬率。普通股每股盈餘指當期的淨利除以發行在外的普通股加權平均股數。對於100萬美元的盈餘，發行在外的普通股爲100萬股還是10萬股對於投資者來說是不同的。每股盈餘指標提供給投資者一個衡量投資收益的方法。

R.E.C.公司的普通股每股基本盈餘的計算方法如下（單位：美元）：

	2004年		2003年		2002年	
淨利	9,394,000	= 1.96	5,910,000	= 1.29	5,896,000	= 1.33
流通在外平均股數	4,792,857		4,581,395		4,433,083	

本益比反映普通股每股盈餘與股票交易的市場價格之間的關係，表示爲股票市場價格與公司收益之間的「倍數」。例如，兩個競爭的公司年收益都是每股2美元，公司1的股票每股售價10美元，公司2的股票每股售價20美元，對於同樣2美元的盈餘，市場提供了不同的價格。本益比比是許多因素作用的結果，包括盈餘的品質、未來的盈餘潛力和公司歷史經營狀況（註10）。

R.E.C.公司的本益比計算如下：

	2004年	2003年	2002年
普通股市場價格 / 每股盈餘	$\dfrac{30.00}{1.96} = 15.3$	$\dfrac{17.00}{1.29} = 13.2$	$\dfrac{25.00}{1.33} = 18.8$

R.E.C.公司2004年的本益比較2003年高，但低於2002年的水準。這可能是由於市場的總體發展態勢或者是市場對於發展好的年度持謹慎態度。另一個因素可能是現金股利的支付額減少。

股利支付率由每股現金股利除以每股盈餘得到：

	2004年	2003年	2002年
每股股利 / 每股盈餘	$\dfrac{0.33}{1.96} = 16.8\%$	$\dfrac{0.41}{1.29} = 31.8\%$	$\dfrac{0.41}{1.33} = 30.8\%$

R.E.C.公司2004年支付的現金股利減少。一個公司減少現金股利是不尋常的，因爲這一決策會被認爲是對公司前景不看好的信號。一個公司如果在發展好的年度裏減少股利就更加不尋常。管理者的解釋是公司採取的新策略導致減少股利支付以增強擴張所需的內部融資能力，管理者希望長期影響會對股東非常有利，並且承諾保持每年每股0.33美元的現金股利。

股利報酬率反映現金股利和普通股股票市場價格之間的關係：

	2004年	2003年	2002年
每股股利 / 普通股市場價格	$\dfrac{0.33}{30.00} = 1.1\%$	$\dfrac{0.41}{17.00} = 2.4\%$	$\dfrac{0.41}{25.00} = 1.6\%$

R.E.C.公司的股票按照2004年年底的市場價格取得1.1%的股利報酬率。投資者選擇R.E.C.公司作爲投資對象很可能是出於長期投資的目的，而不是爲獲得分配的股利。

總結分析

　　分析任何公司的財務報表都需要將相互影響的各個比率與步驟整合起來。沒有任何一部分分析能夠獨立地進行解釋。短期流動性影響獲利；獲利從銷售開始，而銷售又與資產的流動性相關。資產管理的效率影響獲得信用的成本與可能性，獲得信用的狀況又決定了公司的資本結構。公司財務狀況、經營業績和前景的每一個方面都影響股票的價格。財務報表分析的最後一步是將各個分散的部分匯總成一個整體以得出結論。具體的結論將受到開始分析時所確定的原始目標的影響。

　　分析R.E.C.公司的財務報表的主要結論可以將歸結爲以下的優勢和劣勢。

■ 優勢

　　1. 較好的經濟和產業前景；公司優越的地理位置使其能夠從預期的經濟和產業發展中獲益。

　　2. 積極的行銷與擴張策略。

　　3. 近期對於應收帳款與存貨管理的有所改進。

　　4. 成功地使用財務槓桿以及穩定的債務償債能力。

　　5. 有效控制營業成本。

　　6. 顯著的銷售成長，部分來自於市場擴張並反映了未來的經營潛力。

　　7. 2004年利潤的增加和經營活動產生了大量的正現金流量。

■ 劣勢

　　1. 對經濟波動和天氣狀況非常敏感。

　　2. 2003年產生負的經營活動現金流量。

3. 過去的存貨管理問題以及整體資產管理效率較低。

4. 與債務融資相關的風險增加。

R.E.C.公司的優勢與劣勢將決定口述問題的答案。總體來說，公司的發展是有前景的。R.E.C.公司看起來是一個具有投資潛力、信用風險穩定的公司。存貨的管理、持續有效的成本控制以及審慎地安排公司未來發展的步調，對於公司成功與否有著關鍵性的作用。

儘管財務報表使用者在尋找和解釋必要的資訊時將面臨極大的挑戰，本書在一開始的時候即指出財務報表可以作為公司成功決策的地圖。本章涵蓋了公司財務報表中無數的資訊、會計準則及選擇所帶來的複雜性與困惑、管理階層操縱財務報表結論的可能性，以及尋找所需資訊的困難度。分析財務報表時必須仔細研究公司年報中每份財務報表的內容與格式，並找出分析資料時所要使用的工具和方法。作者希望本書的讀者發現財務報表是一張地圖，幫助你得出最佳且具獲利性決策。

圖5-4　迷宮變成了地圖

自我評量 （答案請見附錄D）

_____ 1. 分析財務報表的第一步是什麼？

(a) 核對審計報告。

(b) 檢視包括的財務資訊的參考資料。

(c) 確定分析的目標。

(d) 進行共同比分析。

_____ 2. 在進行財務報表分析時債權人的目標是什麼？

(a) 確定借款人是否有能力歸還所借資金的利息和本金。

(b) 確定公司的資本結構。

(c) 確定公司未來的盈餘狀況。

(d) 確定公司過去的經營是否獲利。

_____ 3. 在進行財務報表分析時投資者的目標是什麼？

(a) 確定公司是否有風險。

(b) 確定盈餘的穩定性。

(c) 確定提高未來業績所需的變化。

(d) 確定投資是否可以透過估計公司未來的收入流得到保障。

_____ 4. 審計報告中包含什麼資訊？

(a) 經營結果。

(b) 無保留意見。

(c) 關於財務報表公正性的意見。

(d) 詳細介紹公司的流動性、資本來源與經營狀況。

_____ 5. 下列哪一項有助於分析者評價公司的業績？

(a) 理解公司經營所處的經濟和政治環境。

(b) 檢視公司的供應商、客戶和競爭者的年報。

(c) 編制共同比財務報表,並計算關鍵的財務比率。

(d) 以上皆是。

_____ 6. 下面哪方面不需要在財務狀況與經營結果的管理階層討論與分析中提及?

(a) 流動性。

(b) 資本來源。

(c) 經營。

(d) 盈餘預測。

_____ 7. 補充資料中的哪種資訊必須包含在年報中?

(a) 各部門資料。

(b) 通貨膨脹資料。

(c) 訴訟資料與管理者相片。

(d) 管理者報酬與各部門資料。

_____ 8. 何謂10-K表?

(a) 向美國會計師協會提交的文件,包括關於管理者報酬和詳細財務報表揭露的補充說明。

(b) 由對公眾出售證券的公司向證券交易委員會提交的文件,包括的資訊除附加細節外與年報基本相同。

(c) 向證券交易委員會提交的文件,內容包含產業比率與盈餘預測。

(d) 向證券交易委員會提交的文件,包含非公開的資訊。

_____ 9. 從《產業標準和主要產業比率》、《年報研究》、《分析者手冊》和《產業調查》這些資料中可以獲得什麼樣的資訊?

(a) 一般的經濟狀況。

(b) 盈餘的預測。

(c) 財務報表揭露的詳細資料。

(d) 公司在產業中的相對地位。

_____ 10. 下面哪一個不是財務報表分析者使用的工具或技巧？

(a) 共同比財務報表。

(b) 趨勢分析。

(c) 隨機抽樣分析。

(d) 產業比較。

_____ 11. 流動比率衡量什麼？

(a) 公司滿足現金需求的能力。

(b) 固定資產的流動性。

(c) 公司的總體業績。

(d) 相對股權而言公司採用債務融資的程度。

_____ 12. 哪一類比率有助於分析公司的資本結構和長期償債能力？

(a) 流動比率。

(b) 營運比率。

(c) 槓桿比率。

(d) 獲利率。

_____ 13. 財務比率的有一個嚴重的限制是什麼？

(a) 比率是檢視的工具。

(b) 比率只能單獨使用。

(c) 比率只能指出缺點。

(d) 比率不具有預測性。

_____ 14. 什麼是最廣泛被使用的流動比率？

    (a) 速動比率。

    (b) 流動比率。

    (c) 存貨週轉率。

    (d) 負債比率。

_____ 15. 流動比率和速動比率共同的侷限性是什麼？

    (a) 應收帳款可能是不流動的。

    (b) 存貨可能是不流動的。

    (c) 有價證券不是流動的。

    (d) 預付費用是現金的潛在來源。

_____ 16. 為什麼速動比率與流動比率相比是測試短期償債能力的更為嚴格的指標？

    (a) 速動比率只將現金和有價證券作為流動資產。

    (b) 速動比率扣除了分子中的預付費用。

    (c) 速動比率扣除了分母中的預付費用。

    (d) 速動比率扣除了分子中的存貨。

_____ 17. 愈來愈長的應收帳款回收期顯示公司的信用政策？

    (a) 信用政策過於嚴格。

    (b) 公司可能會失去合格的顧客。

    (c) 信用政策可能太寬鬆。

    (d) 回收期與公司的信用政策無關。

_____ 18. 下列關於存貨週轉率的敘述何種有誤？

    (a) 存貨週轉率衡量公司管理和銷售存貨的效率。

    (b) 存貨週轉率是衡量公司存貨流動性的標準。

(c) 計算存貨週轉率以售貨成本爲分子。

(d) 存貨週轉率低一般表示存貨有效地管理。

_____ 19. 下列哪一項會導致淨貿易週期縮短？

(a) 應付帳款的還款天數延長。

(b) 平均收款期延長。

(c) 存貨持有天數延長。

(d) 以上皆非。

_____ 20. 資產週轉率衡量什麼？

(a) 公司流動資產的流動性。

(b) 管理層是否有效地從所投資的資產中獲得銷售額。

(c) 公司的整體效率和獲利性。

(d) 資金在投資在各種資產上的分配。

_____ 21. 下面哪一個比率不用來衡量公司債務融資的程度？

(a) 負債比率。

(b) 負債與股東權益比率。

(c) 利息保障倍數。

(d) 長期債務與總資本比率。

_____ 22. 爲什麼公司資本結構中的債務數量對於財務分析者很重要？

(a) 債務隱含著風險。

(b) 債務比股權的成本低。

(c) 股權比債務的風險大。

(d) 債務等於總資產。

_____ 23. 爲什麼固定費用保障率是一種比利息保障倍數更廣泛地衡量公司債務承擔能力的方法？

(a) 固定費用保障率表示公司能夠承擔的利息支出的倍數。

(b) 利息保障倍數沒有考慮較高利率的可能性。

(c) 固定費用保障率包括租賃支出和利息支出。

(d) 固定費用保障率包括經營租賃和資本租賃，而利息保障倍數只包括經營租賃。

_____ 24. 哪種獲利率衡量公司的總體經營效率？

(a) 毛利率。

(b) 營業利潤率。

(c) 淨獲利率。

(d) 股東權益報酬率。

_____ 25. 哪一種或哪幾種比率衡量公司管理資產投資和產生股東報酬的效率？

(a) 毛利率和淨獲利率。

(b) 投資報酬率。

(c) 總資產週轉率和營業利益率。

(d) 投資報酬率和股東權益報酬率。

_____ 26. 公司的財務槓桿係數大於1表示什麼？

(a) 沒有成功地使用財務槓桿。

(b) 經營報酬足以支付借款利息。

(c) 債務融資比股權融資多。

(d) 借款程度增加。

_____ 27. 本益比衡量什麼？

(a) 股票市場價格是公司收益的「倍數」。

(b) 股利和市場價格之間的關係。

(c) 普通股每股盈餘。

(d) 支付股利佔公司淨收益的百分比。

利用下列資料回答問題28～31：

JDL公司的部份財務資料
20X9年12月31日　　　　　　　　　　單位：美元

流動資產	$150,000
流動負債	100,000
存貨	50,000
應收帳款	40,000
淨銷售額	900,000
銷貨成本	675,000

_____ 28. JDL公司的流動比率是：

(a) 1.0比1。

(b) 0.7比1。

(c) 1.5比1。

(d) 2.4比1。

_____ 29. JDL公司的速動比率是：

(a) 1.0比1。

(b) 0.7比1。

(c) 1.5比1。

(d) 2.4比1。

_____ 30. JDL公司的平均收款期是：

(a) 6天。

(b) 11天。

(c) 16天。

(d) 22天。

_____ 31. JDL公司的存貨週轉率是：

(a) 1.25倍

(b) 13.5倍

(c) 3.0倍

(d) 37.5倍

使用下面的資料回答問題32～35：

RQM公司的某些財務資料

20X9年12月31日	單位：美元
淨銷售額	$1,800,000
銷貨成本	1,080,000
營業費用	315,000
淨營業收益	405,000
淨收益	195,000
股東權益	750,000
總資產	1000,000
經營活動現金流量	25,000

_____ 32. RQM的毛利率、營業利潤率和淨獲利率分別是：

(a) 40.00%，22.50%，19.50%

(b) 60.00%，19.50%，10.83%

(c) 60.00%，22.50%，19.50%

(d) 40.00%，22.50%，10.83%

_____ 33. RQM的股東權益報酬率是：

(a) 26%

(b) 54%

(c) 42%

(d) 19%

_____ 34. RQM的投資報酬率是：

(a) 22.5%

(b) 26.5%

(c) 19.5%

(d) 40.5%

_____ 35. RQM的現金流量獲利率是：

(a) 1.4%

(b) 2.5%

(c) 10.8%

(d) 12.8%

問題與討論

5.1 愛蓮諾(Eleanor)電腦公司是電腦產品的零售商。請使用提供的財務資料，完成 2007 年的財務比率計算。並告知管理者哪些比率可以發現潛在的問題，並且解釋產生問題的原因。

	2005年	2006年	2007年	產業平均值 2007年
流動比率	1.71X	1.65X		1.70X
速動比率	0.92X	0.89X		0.95X
平均收款期	60天	60天		65天
存貨週轉率	4.20X	3.90X		4.50X
固定資產週轉率	3.20X	3.33X		3.00X
總資產週轉率	1.40X	1.35X		1.37X

	2005年	2006年	2007年	產業平均值 2007年
總資產負債率	59.20%	61.00%		60.00%
獲取利息倍數	4.20X	3.70X		4.75X
毛利率	25.00%	23.00%		22.50%
營業利潤率	12.50%	12.70%		12.50%
淨獲利率	6.10%	6.00%		6.50%
總資產報酬率	8.54%	8.10%		8.91%
股東權益報酬率	20.93%	20.74％		22.28%

截止日為2007年12月31日的損益表　　單位：美元

銷售額	$1,500,000
銷貨成本	1,200,000
毛利	$ 300,000
營業費用	100,000
營業利潤	$ 200,000
利息費用	72,000
稅前盈餘	128,000
所得稅（稅率0.4）	51,200
淨收益	$ 76,800

截止日為2007年12月31日的資產負債表　　單位：美元

現金	$ 125,000
應收帳款	275,000
存貨	325,000
流動資產	$ 725,000
固定資產	$ 420,000
資產總計	$1,145,000
應付帳款	$ 150,000
應付票據	225,000
應計負債	100,000
流動負債	475,000
長期負債	400,000
總負債	$ 875,000
股東權益	270,000
負債與股東權益總計	$1,145,000

5.2 盧那燈飾(Luna Lighting)公司是一家零售公司，在過去的3年中銷售收入成長穩定，但是該公司很難將銷售收入成長的部分轉化成利潤的提高。根據3年的財務報表，計算出以下比率及產業比較值。根據這些資訊，提出造成盧那公司獲利出現問題的可能原因。

	2009年	2008年	2007年	產業平均值 2009年
流動比率	2.3X	2.3X	2.2X	2.1X
平均收款期	45天	46天	47天	50天
存貨週轉率	8.3X	8.2X	8.1X	8.3X
固定資產週轉率	2.7X	3.0X	3.3X	3.5X
總資產週轉率	1.1X	1.2X	1.3X	1.5X
總資產負債率	50%	50%	50%	54%
利息保障倍數	8.1X	8.2X	8.1X	7.2X
固定費用保障比	4.0X	4.5X	5.5X	5.1X
毛利率	43%	43%	43%	40%
營業利潤率	6.3%	7.2%	8.0%	7.5%
淨獲利率	3.5%	4.0%	4.3%	4.2%
總資產報酬率	3.7%	5.0%	5.7%	6.4%
股東權益報酬率	7.4%	9.9%	11.4%	11.8%

5.3 瑞爾金屬(RareMetals)公司銷售一種只有在未開發國家才能找到的稀有金屬。由於這些國家政權不穩定加上這種金屬十分稀少，因此價格波動非常大。下面提供存貨計價採用先進先出法與後進先出法時的財務資訊。

■ 要求：

(a) 假設公司對存貨計價採用先進先出法，計算下列比率：毛獲利率、營業利潤率、淨獲利率、流動比率和速動比率。

(b) 假設公司對存貨計價採用後進先出法，計算(a) 中所列的比率。

(c) 評估並解釋(a) 和(b)中所計算的比率之間的差異。

(d) 經營活動現金流量會因所採用的存貨計價方法而有所不同嗎？如果是，估計其差額並進行解釋。

	瑞爾金屬公司損益表	單位：千美元
	先進先出法	後進先出法
淨銷售額	$3,000	$3,000
銷貨成本	1,400	2,225
毛利	1,600	775
銷售、總務和管理費用	600	600
營業利潤	1,000	175
利息費用	80	80
稅前盈餘	920	95
所得稅準備	322	33
淨收益	$ 598	$ 62

5.4 柯達(Kodak)公司與佳能(Canon)公司是照相機製造業中的兩個競爭對手。下面提供兩家公司的財務比率與資訊。

■ 要求：

(a) 比較並評估柯達公司和佳能公司的優勢和劣勢。

(b) 計算兩家公司的本益比。解釋本益比能提供分析者什麼樣的資訊。什麼原因造成兩家公司的本益比不同？

2000年度財務比率	柯達公司	佳能公司
流動性		
流動比率	0.88	1.71
速動比率	0.61	1.21
現金流動比率	0.20	0.87
經營活動現金流量（百萬美元）	982	2,610

2000年度財務比率	柯達公司	佳能公司
營運		
應收帳款週轉率	5.27	5.80
存貨週轉率	4.67	3.21
應付帳款週轉率	2.45	3.55
固定資產週轉率	2.36	3.60
總資產週轉率	0.98	0.98
槓桿比率		
負債比率（％）	75.88	54.13
利息保障倍數	12.44	16.39
現金利息保障倍數	9.84	30.39
現金流量充足率	0.40	1.29
獲利性		
毛利率（％）	42.70	43.28
營業利潤率（％）	15.82	8.84
淨獲利率（％）	10.05	4.82
現金流量獲利率（％）	7.02	12.46
總資產報酬率（％）	9.90	4.73
股東權益報酬率（％	41.04	10.33
資產的現金報酬率（％）	6.91	12.24
每股盈餘（美元）	4.62	1.16
每股成交價（美元）	39	34

5.5 計算下列交易對流動比率、速動比率、淨營運資本（流動資產減流動負債）、負債比率（總負債比總資產）的影響。個別分析各種計算並假設每項交易前流動比率是2、速動比率是1、負債比率是50%。公司採用壞帳準備金。用I表示增加，D表示減少，N表示沒有變化。

交易	流動比率	速動比率	淨營運資本	總資產負債率
(a) 利用短期票據向銀行借款10,000美元				
(b) 勾銷5,000美元的顧客帳款				
(c) 發行25,000美元的新普通股股票換取現金				
(d) 用7,000美元現金購買新設備				

交易	流動 比率	速動 比率	淨營運 資本	總資產 負債率
(e) 5,000美元的存貨被火災摧毀				
(f) 投資3,000美元於短期有價證券				
(g) 發行10,000美元的長期債券				
(h) 以7,000美元將帳面價值為6,000美元的設備售出				
(i) 發行10,000美元的股票以換取土地				
(j) 用現金購買3,000美元的存貨				
(k) 賒購5,000美元的存貨				
(l) 向供應商支付2,000美元以減少應付帳款				

5.6 藍若史翠特(Lanrel Street)是Uvalde製造公司的總經理，他正在準備一份關於成本為1,000萬美元的廠房擴建建議書給董事會。問題是擴張應該採用債務融資（以15%的利率在Uvalde第一國民銀行發行長期債券）或者採用發行普通股的方式（200,000股，每股50美元）。

Uvalde製造公司目前的資本結構是（單位：美元）：

負債（年率12%）	40,000,000
權益	50,000,000

公司最近的損益表如下（單位：美元）：

銷售額	$100,000,000
銷貨成本	65,000,000
毛利潤	35,000,000
經營費用	20,000,000
經營利潤	15,000,000
利息費用	4,800,000
稅前盈餘	10,200,000
所得稅（40%）	4,080,000
淨收益	$ 6,120,000
每股盈餘	$ 7.65

Lanrel Street瞭解到採用債務融資的擴張方式將會增加風險，但是

283

卻可能透過財務槓桿獲益。假設擴張會使經營利潤成長20%。預期稅率仍是40%。假設100%的股利支付率。

■ 要 求：

(a) 計算每種選擇下的負債比率、利息保障倍數、每股盈餘和財務槓桿係數，假定預期的經營利潤能夠實現。

(b) 討論董事會做決定時會考慮的因素。

5.7 特許通訊公司(Charter Communications, Inc)是美國2001年第四大電纜系統營運商。利用所提供的比率和資訊，分析公司2001年時的短期流動性和營運效率。由於該公司是一家服務企業，沒有計算有關存貨的比率。在計算應付帳款還款期以及應付帳款週轉率時用收入額代替銷貨成本。

財務比率	2001年	2000年
流動性		
流動比率	0.27	0.32
現金流動比率	0.38	0.92
平均收款期（天）	27	25
應付帳款付款期（天）	127	154
淨貿易週期（天）	（100）	（129）
營運		
應收帳款週轉率	13.61	14.93
應付帳款週轉率	2.88	2.38
固定資產週轉率	0.16	0.15
總資產週轉率	0.16	0.14
其他資訊		
經營活動現金流量（百萬美元）	519	1131
收入（百萬美元）	3,953	3,249

特許通訊公司和子公司合併現金流量表摘錄 （截止日為12月31日） 單位：千美元			
	2001年	**2000年**	**1999年**
經營活動現金流量：			
淨虧損	$（1,177,677）	$（828,650）	$（66,229）
將淨虧損調整為經營活動淨現金流量：			
子公司的少數權益虧損	（1,478,239）	（1,226,295）	（572,607）
折舊和攤銷	3,010,068	2,473,082	745,315
選擇權薪酬費用	（45,683）	40,978	79,979
非現金利息費用	295,984	181,436	100,674
股權投資的損失	54,103	19,262	—
營業資產和負債的變動，扣除資產收購 和處置的影響數：			
應收帳款	（70,261）	（138,453）	（32,366）
預付費用和其他資產	（41,888）	（45,203）	13,627
應付帳款和應計費用	（51,338）	699,602	177,321
對關聯方的應收款和應付款，包括			
遞延管理費	14,115	（49,138）	27,653
其他營業活動	9,491	4,589	6,549
經營活動淨現金流量	518,675	1,131,210	479,916

5.8 下面提供玩具製造商孩之寶(Hasbro)公司的財務比率。分析該公司的資本結構、長期償債能力和獲利性。

財務比率	2000年	1999年
槓桿比率		
資產負債率（％）	65.3	57.9
長期債務與總資本比率（％）	46.8	18.3
負債與股東權益比率	1.9	1.4
利息保障倍數	（1.1）	4.7
現金利息保障倍數	3.8	8.7
固定費用保障比	（0.3）	3.1
現金流量充足率	0.2	0.8
獲利性		
毛利率（％）	55.8	59.9

財務比率	2000年	1999年
營業利潤率（％）	（2.8）	7.7
淨獲利率（％）	（3.8）	4.5
現金流量獲利率（％）	4.3	9.3
總資產報酬率（％）	（3.4）	4.2
股東權益報酬率（％）	（10.9）	10.1
資產的現金報酬率（％）	4.2	8.8

5.9 寫作技巧題

R.E.C.公司的會計師完成了2004年度財務報表的編制工作，下星期將會見到公司的執行長、投資關係董事以及來自行銷部與技術部的代表以共同設計公司當年的年報。

■ 要求：撰寫一段文字，闡述你認為應該向股東提出的觀點。

5.10 網際網路問題

從網際網路上搜尋現金流量比率的資訊。撰寫一份簡單的報告以總結你所發現的資訊。當你搜尋的時候，你很可能發現許多相關資訊。從分析為目的選擇並計算與現金流量比率相關的內容。

5.11 英代爾問題

英代爾公司2001年度年報可在下述網址找到：www.prenhall.com/fraser。

(a) 利用年報，計算所有年份的關鍵財務比率。

(b) 在圖書館中尋找(a)中比率的產業平均值。

(c) 寫一份報告給英代爾公司的管理階層。報告中應包括對短期流動性、經營效率、資本結構和長期償債能力、獲利性以及市場指標的評價。並且要找出公司的優劣勢所在以及表達你對公司的投資潛力與信用度的看法。

提示：利用第1章至第4章英代爾習題中的資訊來完成以上問題。

案例 5.1　蘋果電腦公司(Apple Computer, Inc)

蘋果電腦公司設計、製造和行銷個人電腦及關於個人運算及通信等解決方案，主要銷售對象有教育界、設計界、消費者與企業等客戶。在過去5年中，公司大部分銷售額都來自於麥金塔個人電腦產品線及相關軟體與週邊設備。蘋果公司於2001年在美國市中心共開設有27家零售店。

蘋果公司處在競爭相當激烈的市場上，尤其是價格競爭。公司的競爭對手銷售視窗作業環境的產品，並大幅削價與降低產品毛利以獲取並維持市場佔有率。因此，蘋果公司的經營成果與財務狀況受到了的影響。下面有來自蘋果公司10-K表中的部分資訊。

要求

1. 分析公司的財務報表和補充資訊。分析資料中應該包括：編制共同比財務報表，與產業相比較的關鍵財務比率，並評估短期流動性、經營效率、資本結構和長期償債能力、獲利性與市場指標。

2. 找出公司的優劣勢所在。

3. 蘋果公司10-K表中的管理階層討論與分析認為，由於許多「因素影響公司的經營成果和財務狀況，過去的財務業績不應被視為預測未來的績效的可靠依據，投資者不應利用歷史趨勢來預期未來的結果或趨勢。」請盡量列舉多項可支持該論點的理由。

合併資產負債表（單位為百萬美元，每股資料單位為美元）

	2001年9月29日	2000年9月30日
資產：		
流動資產：		
現金和現金等值物	$2,310	$1,191
短期投資	2,026	2,836
應收帳款，分別減去5,100萬美元和6,400萬		
美元的壞帳準備	466	953
存貨	11	33
遞延稅款資產	169	162
其他流動資產	161	252
流動資產合計	5,143	5,427
固定資產淨值	564	419
非流動性債券和股票投資	128	786
其他資產	186	171
資產總計	$6,021	$6,803
負債和股東權益：		
流動負債：		
應付帳款	801	1,157
應計費用	717	776
流動負債合計	1,518	1,933
長期負債	317	300
遞延稅款負債	266	463
負債合計	2,101	2,696
承諾和或有事項		
股東權益：		
A系列無投票權可轉換優先股，無面值；核准了		
150,000股；流通在外的股數分別為0和75,750股	—	76
普通股，無面值；核准了900,000,000股；流通在		
外的股數分別為350,921,661股和335,676,889股	1,693	1,502
與購併相關的遞延股票薪酬	（11）	0
保留盈餘	2,260	2,285
累積其他全面收益（損失）	（22）	244
股東權益合計	3,920	4,107
負債和股東權益總計	$6,021	$6,803

參考財務報表附註。

合併損益表

（單位為百萬美元，每股資料單位為美元；截至2001年9月29日的三個會計年度）

	2001年	2000年	1999年
淨銷售收入	$ 5,363	$ 7,983	$ 6,134
銷貨成本	4,128	5,817	4,438
毛利	1,235	2,166	1,696
營業費用：			
研發	430	380	314
銷售、總務和管理	1,138	1,166	996
特殊費用：			
經理人員獎金	—	90	—
重組成本	—	8	27
進行中研發	11	—	—
營業費用合計	1,579	1,644	1,337
營業損益	（344）	522	359
非流動投資淨收益	88	367	230
可轉換證券的未實現損失	（13）	—	—
利息和其他收益淨值	217	203	87
利息和其他收益淨值總額	292	570	317
所得稅準備前損益	（52）	1,092	676
所得稅準備（利益）	（15）	306	75
會計變更前損益	（37）	786	601
會計變更的累積影響數，扣除500萬美元的所得稅	12	—	—
淨損益	$（25）	786	601
會計變更前的普通股每股損益：			
簡單	$（0.11）	$ 2.42	$ 2.10
稀釋後	$（0.11）	$ 2.18	$ 1.81
普通股每股損益：			
簡單	$（0.07）	$ 2.42	$ 2.10
稀釋後	$（0.07）	$ 2.18	$ 1.81
計算每股損益所用的股數（千股）			
簡單	345,613	324,568	286,314
稀釋後	345,613	324,568	348,328

參考財務報表附註。

合併現金流量表（單位：百萬美元）
（截至2001年9月29日的三個會計年度）

	2001年	2000年	1999年
年初的現金和現金等值物	$ 1,191	$ 1,326	$ 1,481
經營：			
淨損益	（25）	786	601
會計變更的累積影響數，扣除稅款	（12）	—	—
將淨損益調整為經營活動產生的現金：			
折舊和攤銷	102	84	85
遞延所得稅款準備	（36）	163	（35）
固定資產處置損失	9	10	—
非流動投資淨收益	（88）	（367）	（230）
可轉換證券的未實現損失	13	—	—
購入的進行中研發	11	—	—
營業資產和負債的變化額：			
應收帳款	487	（272）	274
存貨	22	（13）	58
其他流動資產	106	（37）	（32）
其他資產	12	20	21
應付帳款	（356）	318	95
其他流動負債	（60）	176	（15）
經營活動產生的現金	185	868	822
投資：			
購入短期投資	（4,268）	（4,267）	（4,236）
短期投資到期所帶來的收入	4,811	3,075	3,108
出售短期投資所帶來的收入	278	256	47
購入長期投資	（1）	（232）	（112）
出售固定資產所帶來的收入	—	11	23
購入固定資產	（232）	（142）	（71）
出售股權投資所帶來的收入	340	372	245
其他	（36）	（45）	8
投資活動產生（使用）的現金	892	（972）	（988）
融資：			
發行普通股股票所帶來的收入	42	85	86
回購普通股股票所使用的現金	—	（116）	（75）
融資活動產生（使用）的現金	42	（31）	11

現金和約當現金的增加（減少）額	1,119	（135）	（155）
年終的現金和約當現金	$ 2,310	$ 1,191	$ 1,326
補充的現金流量資訊揭露：			
當年用於支付利息的現金	20	20	58
用於支付所得稅稅款的現金淨額	42	47	33
非現金交易：			
發行普通股贖回長期負債	—	—	654
發行普通股轉換A系列優先股	76	74	—
發行與購併相關的普通股	66	—	—

附註1──重要會計政策摘要

存貨

存貨以成本（先進先出法）與市價孰低法列示。如果存貨的成本超過其市場價值，在當期為成本和市價之間的差額認列跌價準備。

廣告成本

廣告成本在發生時列為費用。2001年、2000年和1999年的廣告費用分別是2.61億、2.81億和2.08億美元。

股票基礎的薪酬

本公司採用內在價值法衡量股票基礎的員工薪酬計畫的酬勞費用，並揭露了如果採用公平價值法衡量薪酬費用對淨收益與每股盈餘的影響。

附註2——財務工具

■ 貿易應收款

　　本公司透過第三方銷售商經銷產品，也直接向某些教育界客戶與個人客戶銷售產品。本公司通常不要求顧客提供抵押品。不過只要有可能，公司儘量對拉丁美洲和亞洲的某些客戶，要求使用第三方融資公司和信用保險的財務安排來限制貿易應收款的信用風險。但在本公司的經銷和零售通路夥伴中，還有許多未得到抵押品與信用保險保障的貿易應收款。對單一的客戶Ingram Micro公司的貿易應收款，在2001年9月29日和2000年9月30日分別佔應收帳款淨值的約9.4%和17.2%。

　　下表提供壞帳準備帳戶的情況（單位：百萬美元）：

	2001年	2000年	1999年
壞帳準備期初值	$ 64	$ 68	$ 81
記入成本和費用	7	5	2
扣減(a)	（20）	（9）	（15）
壞帳準備期末值	$ 51	$ 64	$ 68

(a)表示從壞帳準備中沖銷的金額，已減去回收款。

長期負債

■ 未擔保票據

　　1994年，本公司在一次已向SEC註冊的公開發售中，發行了本金總計3億美元、年率6.5%的無擔保票據。票據按面值的99.925%發售，有效到期報酬率為6.51%。票據每半年付息一次，2004年2月15日到期。至2001年

9月29日和2000年9月30日，這些票據的帳面值分別是3.17億美元和3.00億美元，而公平價值分別是2.95億美元和2.79億美元。這些票據的公平價值是基於它們在2001年9月29日和2000年9月30日的交易市場價值。

附註5──特殊費用

經理人員獎勵

2000年第一季度，本公司董事會批准向本公司的CEO發放特殊獎勵，以表彰其過去的服務。獎勵的形式是一架飛機，本公司的總成本約為1,080萬美元，其中大部分不能抵稅。總費用中大約有一半為飛機的成本，另一半為與獎勵相關的所有其他成本與稅費。

技術收購

附註4中討論過，本公司2001年在購買PowerSchool時收購了某些技術，這些技術正處於研發中，且不能作其他用途。這導致在收購時認列了1,008萬美元的進行中研發費用。

附註9──股票基礎的薪酬

為了揭露擬制資訊，選擇權和股票的估計公平價值被分攤至選擇權的有效期和股票計畫期的擬制淨收益。本公司對過去三年的擬制資訊如下（以百萬美元為單位，每股資料的單位為美元）：

	2001年	2000年	1999年
淨損益——表揭示	（25）	786	601
淨損益——擬制	（396）	483	528
普通股每股淨損益——表揭示			
基本	（0.07）	2.42	2.10
稀釋	（0.07）	2.18	1.81
普通股每股淨損益——擬制			
基本	（1.15）	1.49	1.84
稀釋	（1.22）	1.38	1.61

附註10 ——承諾和或有事項

租賃承諾

　　本公司在不可撤銷的經營租賃協議下租賃多種設施和設備。主要的設施租賃的期限是5～10年，並通常提供額外3～5年的續租選擇。零售場地的租賃期限是5～12年，通常額外提供多年的續租選擇。所有經營租賃下的租賃費用在2001年、2000年和1999年分別為8,000萬、7,200萬和5,200萬美元。至2001年9月29日，在剩餘期限超過1年的不可撤銷經營租賃協議下的未來最低租賃付款額列示如下（單位：萬美元）：

會計年度	最低租賃付款額
2002年	$ 7,300
2003年	7,200
2004年	6,200
2005年	4,700
2006年	3,700
以後年度	14,000
最低租賃付款總額	$ 43,100

案例 **5.2**　西格公司 (Zila, Inc.)

　　西格公司是醫藥和生物技術產品的國際供應商，提供服務予醫生和消費者。在消費者醫藥領域中，西格公司以其老牌的西格ctin非處方藥產品線而著稱，該產品用於治療口疾。西格在專業醫藥領域上，向醫療服務機構提供處方及非處方產品。公司的Inter-Cal Nutraceuticals分部提供天然產品，例如以Ester-C為品牌的產品。西格公司2001年度年報中揭露OraTest項目的最新發展。OraTest是一種診斷口腔癌的方法，西格公司希望一旦FDA批准了該產品後就將在美國市場推出。

　　西格公司的總裁在致股東的信中解釋說，2001年度的盈餘受到了兩個主要負面因素的影響：巨額投資於OraTest的研發以及維他命/補充食物產業的銷售衰退。

要求

1. 分析公司的財務報表和補充資訊。分析應包括：編制共同比財務報表，與產業相比較的關鍵財務資料，以及對短期償債能力、經營效率、資本結構和長期償債能力、獲利性以及市場指標的評估。
2. 利用你的分析，提供支持和反對投資於西格公司普通股的理由。
3. 利用你的分析，提供支持和反對再次向西格公司提供貸款的理由。

西格公司及其子公司合併資產負債表（單位：美元）

	2001年6月31日	2000年6月31日
資產		
流動資產：		
現金和現金等值物	$ 1,651,266	$ 5,558,487
貿易應收款，分別減去312,061美元和345,857		
美元的壞帳準備	10,412,372	9,893,587
存貨（淨值）	17,751,148	13,204,137
預付費用和其他流動資產	2,254,764	2,723,860
流動資產合計	32,069,550	31,380,071
固定資產（淨值）	9,843,103	9,442,278
購入的技術權利（淨值）	5,164,535	5,600,975
商譽（淨值）	12,894,874	12,725,978
商譽和其他無形資產（淨值）	12,721,567	12,423,632
受託方持有的現金		2,928,001
其他資產	3,863,500	3,210,524
總計	$ 76,557,129	$ 77,711,459
負債和股東權益		
流動負債		
應付帳款	**$ 5,331,668**	$ 6,599,702
應計負債	**3,379,472**	3,622,330
短期借款	**6,160,947**	51,770
長期負債1年內到期的部分	**811,166**	776,866
流動負債合計	**15,683,253**	11,050,668
長期負債，減去1年內到期的部分	**4,153,271**	4,548,953
總負債	**19,836,524**	15,599,621
承諾和或有事項（附註13）		
股東權益：		
優先股，面值0.001美元；核准2,500,000股；流		
通在外的B系列優先股分別為100,000股和0股	**462,500**	
普通股，面值0.001美元；核准2,500,000股；流通		
在外的分別為43,653,727股和43,362,658股	**43,654**	43,363
額外實收資本	**79,930,094**	79,424,235
累積其他全面收益	**150,976**	71,666
累積虧空	**（23,331,499）**	（17,017,676）
減：庫藏股票，以成本計價，分別為195,000股和135,000股	**（535,120）**	（409,750）

	2001年6月31日	2000年6月31日
股東權益合計	**56,720,605**	62,111,838
總計	**$ 76,557,129**	$ 77,711,459

參考合併財務報表附註

西格公司及其子公司合併損益表（單位：美元）
（截止日為6月31日）

	2001年	2000年	1999年
淨收入	**$ 73,724,923**	$ 77,580,908	$ 71,294,751
營業成本和費用：			
銷貨成本	**41,425,083**	40,004,391	34,335,344
銷售、總務和管理	**31,864,041**	32,449,161	31,853,421
研發	**3,036,896**	1,628,580	3,988,028
折舊和攤銷	**3,524,707**	3,478,120	3,581,768
	79,850,727	77,560,252	73,758,561
營業損益	**（6,125,804）**	20,656	（2,463,810）
其他收益（費用）：			
利息收入	**274,073**	388,773	288,918
利息費用	**（596,870）**	（212,671）	（392,805）
其他收入（費用）	**（200,222）**	（182,921）	4,715
資產出售利得		4,677,860	
	（523,019）	4,671,041	（99,172）
所得稅前損益	**（6,648,823）**	4,691,697	（2,562,982）
所得稅利益（費用）	**335,000**	（1,759,670）	596,000
淨損益	**$（6,313,823）**	$ 2,932,027	$（1,966,982）
每股淨損益：			
簡單	**$（0.15）**	$　0.07	$（0.05）
稀釋後	**$（0.15）**	$　0.07	$（0.05）
流通在外的加權平均股數（股）：			
簡單	**43,412,786**	42,180,236	38,013,058
稀釋後	**43,412,786**	43,576,180	38,013,058

參考合併財務報表附註。

297

西格公司及其子公司合併現金流量表（單位：美元）
（截止日為6月31日）

	2001年	2000年	1999年
經營活動：			
淨損益	$（6,313,823）	$ 2,932,027	$（1,966,982）
將淨損益調整為經營活動現金流量：			
折舊和攤銷	3,524,707	3,478,120	3,581,768
資產出售利得	（17,116）	（4,677,860）	
資產減值	310,000		
服務品質擔保	30,000	30,000	
遞延所得稅款和其他	（264,005）	1,667,567	（553,239）
資產和負債的變化額：			
應收帳款淨值	（208,785）	（1,983,531）	（1,580,043）
存貨	（4,339,867）	（2,871,820）	144,126
預付費用和其他資產	161,275	（1,140,726）	（103,935）
應付帳款和應計負債	（1,565,893）	3,618,248	（727,357）
遞延收入		83,281	414,081
經營活動所提供（使用）的淨現金	（8,683,507）	1,135,306	（791,581）
投資活動：			
購入固定資產	（2,597,690）	（5,198,064）	（1,762,927）
資產出售的淨收入	1,030,662	7,749,927	
為購併支付的淨現金	（1,849,418）		
購入無形資產	（833,844）	（159,210）	（686,236）
投資活動所提供（使用）的淨現金	（4,250,290）	2,392,653	（2,449,163）
融資活動：			
短期借款的淨收入（還款額）	6,109,177	(20,999)	39,352
發行普通股股票的淨收入	476,150	224,477	259,312
籌借長期債務的淨收入			9,209,486
回購普通股股票	（125,370）	（409,750）	
受託方發放（持有）的現金	2,928,001	1,906,754	（4,834,755）
長期債務的本金償還	（361,382）	（5,440,924）	（892,882）
融資活動所提供（使用）的淨現金	9,026,576	（3,740,442）	3,770,513
現金和約當現金的淨增加（減少）額	（3,907,221）	（212,483）	529,769
期初的現金和現金等值物	5,558,487	5,770,970	5,241,201

	2001年	2000年	1999年
期末的現金和約當現金	$ 1,651,266	$ 5,558,487	$ 5,770,970
用於支付利息的現金	$ 505,898	$ 172,813	$ 229,318
用於支付所得稅款的現金	$ 136,636	$ 128,074	

對非現金投資和融資活動的補充揭露：

發行B系列可轉換優先股用於購併	$ 462,500		
由於行使普通股股票選擇權而帶來的所得稅利益		$ 990,000	$ 250,000
將A系列可轉換可贖回優先股轉換為普通股		$ 8,787,191	$25,014,739

參考合併財務報表附註。

來自合併財務報表附註的摘錄

◤ 1. 業務活動的性質和對重要會計政策的綜述

■ 對估計值的使用

依照公認會計準則編制財務報表，必然要求管理層做出會影響財務報表截止日的資產和負債列示金額、或有資產和負債揭露，以及報告期間的收入和費用列示金額的估計和假設。實際結果可能會與這些估計值有所差異。重要的估計值包括用於度量長期資產減值損失的估計現金流量與存貨的估計可實現淨價值。

用於衡量與OraTest相關的長期資產的現金流量取決於兩個因素：獲得食品與藥物管理局（FDA）的批准，從OraTest的銷售中產生充足的收入。本公司在行銷任何新藥物前，FDA和國外相應機構都要求進行嚴格的臨床檢驗並實施廣泛的監管審核過程。這會耗時多年並需要巨額的費用。獲得批准和完成檢驗是一個成本高昂且費時的過程，而且最終不一定能獲得批准。由於證明具體某種產品的安全性和有效性所要求的資料量不同，FDA的考

察期的長度有很大差異。2001年7月31日本公司與OraTest相關的無形資產淨值認列660萬美元。

　　Nutraceuticals集團在當前這個會計年度以商標為Palmettx的產品線進入鋸齒棕櫚條業務。為了利用大宗購買折扣和建立可靠供應商的聲譽，本公司購買了大量存貨，至2001年7月31日剩餘450萬美元。與這些存貨相關的最終未來可能經濟價值，取決於本公司能否繼續以高於存貨帳面價值的價格銷售其鋸齒棕櫚條產品。

7. 短期借款與長期負債

　　2001年7月31日的短期借款包括：與亞利桑那第一銀行(Bank One)的610萬美元的循環信用額度，以及本公司的各種保險保單的60947美元的分期應付款（利率6.99%）。200年7月31日的短期借款為本公司的各種保險保單的分期應付款51770美元，利率7.12%。

　　2000年12月，本公司將其與第一銀行的900萬美元的信用額度以相同的條件延長了12個月，其中可變利率等於基礎利率「指數」，在2001年7月31日是6.75%。根據信用額度貸款協定，本公司被要求遵從基於某些財務比率的財務條款。至2001年4月30日，本公司違反了債務償還保障率指標。2001年5月7日，本公司與第一銀行簽署了貸款的第一修正協議，從而把信用額度降至725萬美元，把利率提高至高於基礎利率3個百分點。本公司同意對第一銀行的所有貸款和債務實行交叉違約規定和交叉抵押，第一銀行同意對至2001年5月31日的違約行為不予以追究。2001年6月14日，對協議進行了修改，將不予追究期延長至2001年6月29日。

　　2001年7月3日，本公司再一次把與第一銀行的貸款第一修正協議延

期，2001年6月29日生效。根據這一安排，信用額度被降至690萬美元，第一銀行同意對信用額度下至2001年7月31日的某些違約行為不予追究，並同意把本公司的第七大街建築貸款延長至2001年7月31日。

本公司第三次把與第一銀行的貸款第一修正協議延期，2001年7月31日生效。在這一安排下，第一銀行同意對信用額度下至2001年8月31日的某些違約行為不予追究，並同意把本公司的第七大街建築貸款延長至2001年8月31日。

2001年8月27日，本公司與Congress財務公司簽署了一項貸款和擔保協議，其中Congress將向本公司提供1200萬美元的循環信用額度，利率為基礎利率加0.75個百分點。本公司從信用額度中可得的資金是根據合格的應收帳款和存貨（不包括西格 Dental的存貨）的價值的一個百分比得出的，在2001年8月27日是770萬美元。該協議下的債務是由不同資產抵押的，包括但不侷限於本公司及其某些營業子公司的貿易應收帳款、存貨、設備和無形資產。根據該協定，西格及其所有的直接和間接子公司為債務提供保證。該協議2004年8月17日到期，但由於Congress所要求的某些條款，信用額度歸為流動項目。根據該協定，本公司需要遵循一項基於調整後有形資產淨值計算的財務條款。新的信用額度下可得資金的一部分被用於完全償還所欠第一銀行的信用額度和建築貸款，總計約640萬美元。西格公司的一個營業分公司——Oxycal實驗室——與「1999年產業收入發展」債券相關的對第一銀行的債務沒有變化。

13. 承諾和或有事項

本公司依據2006年到期的經營租賃合約租賃辦公室、倉儲設施和某些

設備。這些不可撤銷的租賃下的未來最低租賃付款如下：

2002年	$ 492,464
2003年	489,881
2004年	501,499
2005年	310,632
2006年	111,919
合計	$ 1,906,395

截至2001年7月31日、2000年7月31日和1999年7月31日的會計年度的租賃費用分別是475,230美元、352,502美元和340,170美元。

股價資料（單位：美元）
截至2001年7月31日的年度

	高	低
第一季	4.000	2.844
第二季	3.625	1.875
第三季	3.125	2.000
第四季	3.020	2.050

截至2000年7月31日的年度

	高	低
第一季	3.688	3.000
第二季	5.375	2.625
第三季	8.000	3.094
第四季	4.938	3.125

股利

本公司尚未對普通股支付任何現金股利。董事會目前的政策是：保留未來的任何盈餘以提供公司業務發展的資金需求。

盈餘與財務報告品質指南

　　盈餘與財務報告品質分析是財務報表分析中非常重要的一環。損益表中有很多領域可以使管理階層有機會影響報告的盈餘結果，因此無法最適切地反映一家公司實際的經濟狀況或將來的經營潛力。這些領域包括：

- 會計選擇、會計估計與會計判斷。
- 會計方法與會計假設的變更。
- 自主決定的費用。
- 非經常性交易。
- 營業外損益。
- 與實際現金流量不相符的收入或支出認列。

　　在評估一家企業時，財務分析者必須認真地針對一段會計期間的盈餘進行定量和定性的分析。財務報告的品質越高，對企業的決策越有用。分析者應該找到能反映企業未來潛力的盈餘資料。欲達到這個目的，需要考慮影響盈餘品質的因素，有時候必須對財務報表中的盈餘資料進行調整。

　　除了盈餘品質之外，資產負債表和現金流量表中的資訊的品質同樣很重要。由於這些財務報表是相互關聯的，因此財務報告的品質問題通常會影響許多報表。

　　本附錄的目的就是指導財務報表的使用者一步步地將損益表中各個項目與財務報表中影響盈餘品質的關鍵資料聯結起來。表 A.1 為審核盈餘品質所用的一覽表。表中很多項目也會同時影響其他的財務報表，部分未在一覽表中提及的項目將於本附錄後面繼續討論。

　　表 A.1 無法列舉影響盈餘品質的所有因素，但表中所列舉的因素顯示財

表 A-1　影響盈餘品質的因素的一覽表

Ⅰ. 銷售額

　　1. 提早認列收入

　　2. 毛價格與淨價格

　　3. 賣方融資

　　4. 壞帳準備

　　5. 銷售價格與銷售量的變化

　　6. 實際成長和名目成長

Ⅱ. 銷貨成本

　　7. 存貨的成本流假設

　　8. 後進先出基本層清算

　　9. 履約成本

　　10. 存貨跌價損失的認列（見第 13 項）

Ⅲ. 營業費用

　　11. 自主決定的費用

　　12. 折舊

　　13. 資產減值

　　14. 重組成本

　　15. 儲備

　　16. 進行中研發

　　17. 退休金會計──利率假設

　　18. 股票基礎的薪酬費用

Ⅳ. 營業外收入和支出

　　19. 資產處置損益

　　20. 利息收入

　　21. 股票投資盈餘

　　22. 所得稅

　　23. 特殊事項

　　24. 停業部門

　　25. 會計變更

　　26. 非常事項

Ⅴ. 其他因素

　　27. 流通在外的股數的重大變化

　　28. 營業盈餘，包括核心盈餘、擬制性盈餘或息前稅前折舊前攤銷前盈餘

務報表資料最常遇到的品質問題。此外，本附錄另一個目的就提供財務報表使用者一種分析和理解品質因素的方法。表 A.1 旨在提供分析盈餘品質的一個架構，而非列出全部的影響因素。

　　雖然本書所舉的例子主要是批發、零售與製造業的財務情況，但所講述的概念與方法同樣適用於其他類型的企業。例如本附錄討論了壞帳準備對盈餘品質的影響。金融機構在提列貸款損失準備時也可以適用同樣的原則。表中列舉了絕大多數的因素，除了直接與銷貨成本相關的因素以外，都可以應用到大多數類型的企業中，包括服務業。

使用 A-1 一覽表

　　我們將以上市公司為例，對表 A.1 中所列的各項因素進行討論。

Ⅰ. 銷售額或收入

1. 提早認列收入

　　根據公認會計準則，只有到有證據表明發生真實的銷售時才可以認列收入，即產品已交付或產品所有權已轉移給買方，或者服務已提供，價格已確定，並且預期可以收款。然而，許多公司違反了這項會計準則，在完成這些條件之前就先紀錄了收入。雖然財務報表使用者通常不能判斷企業是否提早紀錄收入，但可以透過分析財務報表的關鍵項目來找到一些線索，例如銷售額、應收帳款、壞帳準備與存貨之間的關係。

　　在 1995 ～ 1997 年間，Sunbeam 公司為了誇大收入，在冬季就先認列家用烤肉架與相關產品的銷售收入，雖然這些商品直到第二年的春季才交給客

戶。公司允許客戶延遲付款，並退回未售出的商品（註1）。讀者可以從 Sunbeam 公司 1997 年的年報中，針對這個問題找到一點線索，即應收帳款與銷售額之間的關係（見第 2 章）以及存貨與銷售額之間的相對成長情況。在 1996 年和 1997 年之間，銷售額成長了 19%，而應收帳款成長了 38.5%，表示公司可能沒有成功地收回銷售款。存貨成長了 58%，這也表示公司可能沒有在實際銷售所製造出來的產品。由於收入認列和其他方面的問題，Sunbeam 公司不得不重新提報 1995 至 1997 年的盈餘，最後卻導致破產。

2. 毛價格與淨價格

另一種誇大收入的手段是按毛價格而不是淨價格紀錄銷售額。透過閱讀財務報表附註來判斷收入紀錄的方式，可以讓財務報表使用者清楚公司是否是按毛價格紀錄。 priceline.com 公司在 2001 年度年報中的附註 2「重要會計政策綜述」寫道：

> 交易收入主要來自機票、飯店訂房、租賃車輛與長途電話服務的銷售價格。對於這些交易，公司制定自己能接受的價格，全權選擇服務提供方，購買並取得所有權，屬於記帳方。公司將從客戶那裏收到的金額扣除稅款後記為收入。公司分別支付給航空公司、飯店、出租車公司與長途電話服務商的款項則被紀錄為取得收入的成本。

諸如 priceline.com 之類的公司如果在交易中擔當委託方，擁有機票的所有權，或者承擔與所有權相關的風險，證券交易委員會允許它們按毛價格紀錄收入（註2）。問題在於從財務報表使用者的角度來看，當交易完成時公司實際上只收到淨值。 priceline.com 公司於 2001 年旅遊業務的毛收入是 11.62 億美元，但取得收入的成本（即支付給航空公司、飯店等的金額）是 9.76 億

美元。該公司從旅遊收入中實際實現的收入只有 1.86 億美元。

3. 賣方融資

有時候公司會透過借款給客戶來購買自己的產品以增加收入。摩托羅拉公司就使用過這個技巧，稱為**賣方融資**(vendor financial)。該公司於 2000 年的 10-K 表中，揭露了下述內容：

> 摩托羅拉所處的競爭環境需要摩托羅拉及其眾多競爭者提供巨大金額的中期或長期客戶融資。客戶融資協議包括對摩托羅拉產品與服務的全部或部分購買價格，以及營運資本。

摩托羅拉在 2001 年第一季提交給 SEC 的 10-Q 表中揭露其 27 億美元的融資應收款中有 20 億美元與一家客戶有關，即土耳其的 Telsim 公司。Telsim 公司並沒有在 7.28 億美元的期票 4 月份到期時付款。這筆交易很有可能就是造成摩托羅拉公司的股價從 2000 年 3 月宣佈這筆貸款時的 57.58 美元下降到 2001 年 4 月的 11.50 美元的罪魁禍首。

4. 壞帳準備

大多數公司都是信用銷售。當銷售發生時，損益表中的收入項目即被認列，而在資產負債表中則記為應收帳款，直到收回現金。因為總會有無法收回的現金，所以資產負債表中就有了壞帳準備。有關銷售收入、應收帳款和壞帳準備的討論請見第 2 章和第 3 章。

壞帳準備應從應收帳款帳戶中扣除。壞帳準備顯示信用銷售額、與客戶過去的合作經歷、客戶基礎、公司信用政策、收帳政策和經濟情勢等。銷售收入、應收帳款和壞帳準備之間有一定的比例關係。如果三者之間的比例關

係發生變化或者變化的方向不一致，例如銷售收入和應收帳款增加，而壞帳準備減少或增加量很少，那麼分析者就應該懷疑是否存在透過壞帳準備造假的可能性。當然，這種變化也可能有正常的原因。

正如第 2 章討論的，壞帳準備是一種儲備項目，可以透過高估或低估壞帳費用來操控。在 20 世紀 90 年代，一些公司透過低估該項目來誇大淨盈餘。敏銳的分析者可以追蹤銷售額、應收帳款和壞帳準備之間的模式及關係，發現銷售額和應收帳款增加而壞帳準備減少，而判斷出發生了此種情況。另一方面，透過高估壞帳準備，公司可以在以後進行修正以提高最後的淨盈餘。在 21 世紀的前幾年，經濟處於衰退階段，一些公司就採取了這種做法，因為投資者已經預期會有較差的盈餘數據。

關於連結銷售收入成長情況與應收帳款和壞帳準備所需的相關項目，可以在損益表（銷售收入）和資產負債表（應收帳款和壞帳準備）中找到（註3）。

下面的資訊來自思科公司 2001 年度的 10-K 表（單位：百萬美元）：

	2001 年	2000 年	變化百分比（%）
銷售收入	$ 22,293	$ 18,298	21.8
應收帳款	1,754	2,342	（25.1）
減：壞帳準備	（288）	（43）	569.8
應收帳款淨額	1,466	2,299	

雖然銷售額增加但思科公司 2001 年的應收帳款減少了，這應該表示公司的收款工作增強了。但通常如果應收帳款減少了，壞帳準備也應該減少，但思科的壞帳準備增加了 569.8%。思科在 2000 年和 2001 年實際註銷的金額分別為 2,400 萬美元和 2,300 萬美元。如果思科有充分的理由認為某個大客戶有可能違約，那麼應該在財務報表附註或管理階層討論與分析中揭露，但公

司並沒有對這項不尋常的成長幅度做出解釋。無論該費用是否合理，公司的盈餘品質卻受到質疑。會計操縱是不合乎商業道德的，但如果這一費用是合理的，分析者就應該質疑公司的信用政策。

5. 銷售價格與銷售量的變化

如果一家公司的銷售收入正在成長或減少，那就必須弄清楚這種變化是價格變動還是銷售量變動所造成，或者是兩者都有，這點相當重要。銷售收入增加了，是價格提高了？還是銷售量增加了？還是兩個原因都有？一般情況下，高品質的盈餘是銷售量和價格（通貨膨脹時期）共同提高的結果。企業要銷售更多的產品並使價格的成長至少與通貨膨脹率保持一致。

銷售收入增減的原因是年報或 10-K 報告中管理層討論與分析部分應該涵蓋的一個領域，這一點在第 1 章中已經討論過。要找到銷售額增加的原因，需要用到損益表中銷售收入的資料及管理階者討論與分析中部分的銷售量與銷售價格資料。

Robert Mondavi 公司的合併損益表包含下述資訊：

	2001 年	2000 年
淨收入（千美元）	505,827	427,723

下面是摘自 Robert Mondavi 公司經營狀況和財務狀況的管理層討論與分析部分：

淨收入成長了 18.3%，顯示出銷售量由於受到 Woodbridge 和 Robert Mondavi 品牌的推動而成長了 14.3%。單位淨收入成長了 3.4%，達到 50.94 美元，顯示 2001 財政年度開業的 Golden Vine Winery 帶來的價格提升和零售收入提高。

從上述資訊可以判斷出 2001 年銷售收入的成長主要是銷售量增加的結果，但也有一部分是價格提升所帶來的。

6. 銷售收入的實際成長與名目成長

　　銷售收入的成長有實際的成長（扣除通貨膨脹因素）和名目成長（如報表中所呈現）之分。根據損益表中的資料，可以很容易地計算出銷售收入的名目變動。我們可以將報表中的銷售收入數據根據消費物價指數（CPI）（或者其他衡量通貨膨脹率的指標）進行調整，這樣分析者就可以比較實際銷售收入的變化和名目銷售收入的變化。要比較兩者需用到損益表中的銷售收入的數據，然後用 CPI 或其他價格指數調整以前年度的銷售收入。下面的例子為諾基亞公司 2001 年度年報中的資訊（單位：百萬歐元）：

	2001 年	2000 年	變化百分比（％）
報表中的銷售收入（名目）	$31,191	$30,376	2.68
調整後數據（實際）	31,191	31,236	（0.14）

基期的 CPI（1967 年＝ 100）
（2001 年的 CPI/2000 年的 CPI）× 2000 年的銷售額＝調整後的銷售額
（530.4/515.8）× 30,376 ＝ 31,236

　　2001 年根據通貨膨脹率調整後的銷售額實際上比前一年減少了。我們也可以比較名目銷售收入 2.68% 的成長率和 CPI 的 2.8% 的成長率（從 515.8 上升到 3,530.4），從而得出同樣的結果。這說明諾基亞公司銷售收入的成長跟不上通貨膨脹率的成長。

II. 銷貨成本

7. 存貨成本流假設

　　我們在第 2 章中講過，在通貨膨脹時期，存貨會計的後進先出成本流假設產生的盈餘低於先進先出或平均成本假設時的盈餘。如果企業所在行業的價格動盪不定或下跌，則情況相反。但是後進先出法呈現了當前成本與當前盈餘相符，因此產生的盈餘品質比先進先出法和平均成本法高，企業所採用的存貨計價方法一般應在介紹會計政策的財務報表附註或討論存貨的附註中進行揭露。下面摘自吸塵器生產商皇家(Royal)電器製造公司 1995 年度年報，是一個關於存貨計價方法選擇的有趣例子：

　　　　國內和國際存貨按成本與市價孰低法列示。1995 年 9 月，本公司把對國內存貨的計價方法由後進先出法改為先進先出法。國內存貨在 1994 年 12 月 31 日和 1995 年 12 月 31 日分別占到存貨的 91% 和 100%。按照公認會計準則的要求，本公司針對這一變化對以前年度的財務報表進行了調整。管理階層相信，鑒於成本在過去和未來都在下降，而且隨著本公司把新產品引入市場的能力增強，產品組合發生變化，因此先進先出法更能使得當期成本和當期收入相符。

　　　　對於 1995 年來說，會計方法變更的影響並不顯著。1993 年和 1994 年盈餘和普通股每股盈餘的增加額如下：

會計方法變更的影響

	1993 年	1994 年
淨盈餘增加額（千美元）	545	407
普通股每股淨盈餘增加額（美元）	0.02	0.02

　　管理階層認為先進先出法使當期成本和當期收入相符，但事實並不如此。如果公司是在一個通貨緊縮的環境下營運，先進先出法可能是一個好選擇，因為它能減少納稅額。在年報的另一部分，標題為「通貨膨脹」寫道：

　　　　本公司的供貨商提高價格，這包括由於通貨膨脹而帶來的漲價。

　　　　然而，零售業的壓力可能會阻止本公司提高產品價格。

　　改成先進先出法會導致淨盈餘上升。這個現象，加上上面關於通貨膨脹的描述，表示公司是在一個價格上漲的環境中經營。此時，財務報告的品質比較差。

8. 後進先出基本層清算

　　如果使用後進先出法對存貨計價的公司在一個會計期間售出的商品多於買進的商品，就會出現基準後進先出分層清算。在通貨膨脹時，這種情況使用後進先出法會導致最低的銷貨成本，因為較舊、較便宜的商品被售出。公司通常保持有一個比較穩定的後進先出存貨基本層。商品在當年買進，銷售的是最近購買的存貨（用於成本分配）。只有當庫存大幅降低時，基準層才受到影響，且後進先出法下的盈餘會提高。當公司縮減而不是擴大存貨時，會發生後進先出基本層清算。存貨水準實際減少了，而盈餘由於成本流轉假設而增加：正在出售的是舊的、低定價的產品。這一影響在財務報表附註中揭露，可能會很顯著。基準後進先出分層清算降低了盈餘的品質，是因為存貨的縮減通常被認為是負面現象，而營業利潤的改善卻是由它帶來的。在考慮公司未來的持續經營潛力時，應該從盈餘中把後進先出基本層清算的影響排除在外，因為公司不會希望繼續靠存貨縮減而獲益。

　　柯達公司2001年就發生了後進先出基本層清算的例子。下面摘自柯達

公司 2001 年度年報的附註 3：

> 2001 年，使用存貨卻導致後進先出存貨數量清算。總體上看來，與當前購貨的成本相比，這些存貨是按先前年度以較低成本紀錄。由於後進先出清算的影響使得 2001 年的銷貨成本減少了 1,400 萬美元。

9. 履約成本

近年來，一些公司在營業費用中增加一種稱為**履約成本**(fulfillment costs) 的費用類別。有時，通常分類為銷貨成本的成本會被紀錄在此項目中。這種與常規不同的分類方法會使毛利率受到影響，產生不同公司之間的可比較性問題，因而降低了盈餘品質。根據亞馬遜網路公司 2001 年度的年報，該公司紀錄的履約成本包括 「……由接收、檢查和庫存存貨而帶來的成本……」這些成本是典型的銷貨成本。問題在於，分析者無法分辨被分錯類別的金額，因為亞馬遜網路公司確實把一些項目包括信用卡費用、壞帳費用與顧客服務成本放在該項目之下。此時，分析者在比較亞馬遜網路公司和其他公司時，應該審核營業利潤而不是毛利。

10. 存貨跌價損失的認列

會計中保守性原則要求企業以成本（根據成本流動性假設，計價方法為後進先出法、先進先出法和平均成本法等）與市價孰低法來對存貨進行計價。如果存貨的當前價值低於原始價值，那麼就應該紀錄為市場價。市場價通常由存貨的重置成本決定，但不應該高於公司銷售存貨的可實現淨價值（售價減去完工與處置成本）。存貨的跌價會影響不同期間利潤的可比較性，

因此對盈餘品質產生影響。

　　當銷售成本中包含存貨跌價損失時，就會影響到當年的毛利率。重大的存貨跌價損失相對並不常見，最近的一個例子是由福特汽車公司於 2002 年 1 月所宣佈的狀況。由於汽車製造中所使用的鈀金屬的價格大幅度下跌，公司宣佈將紀錄 10 億美元的跌價損失。福特以每盎司 1,000 多美元的價格購入了這種金屬，而其價格曾經不到每盎司 100 美元。在價格下跌後，福特公司對其鈀金屬存貨重新估價為每盎司 440 美元（註 4）。在比較各個期間的毛利率時，分析者應該注意到這種存貨跌價對利潤率的影響。

III. 營業費用

11. 自行決定的費用

　　一個公司可以透過控制諸如固定資產維修、研發、廣告和市場營銷等多種領域的可變營業費用來增加盈餘。如果這些自行決定的費用的減少主要是為了增加當期的盈餘，對公司的長期獲利並沒有好處，那麼盈餘的品質就會降低。分析者應注意這些費用的發展趨勢，並且與企業的業務量與資本投資規模相互比較。這些費用通常會在財務報表及附註中揭露，例如下面孩之寶公司的例子（單位：百萬美元）：

	2000 年	1999 年	1998 年
廣告	$453	$457	$441
研發	208	255	185

　　孩之寶公司在 1999 年增加了廣告和研發支出，但在 2000 年又把這些費用都降低。費用的降低發生在銷售額和利潤下降而資本投資水準上升的一年（單位：百萬美元）：

	2000 年	1999 年	1998 年
淨收入	$3,787	$4,232	$3,304
營業利潤	（104）	328	325
土地、工廠和設備	125	107	104

　　分析者應該找到這些費用減少的原因，並且評估所採取的政策對獲利性的長期影響。

12. 折舊

　　每年確定的折舊費用（見第 1 章）的多少決定於所用的折舊方法及對資產的使用壽命和殘值的估計。大多數公司採用直線折舊法編製報表，而不是加速折舊法，這是因為直線折舊法產生的盈餘更為穩定，並且在折舊年限的早些年會帶來較高的盈餘。然而，在大多數情況下，直線折舊法的品質是較低的，它並不能反映產品使用的真實經濟效益，因為大多數機器設備在折舊期內的磨損並不是很平均。

　　還有其他與折舊費用數據有關的影響盈餘品質的問題。把營業費用誤分類為資本支出的公司，會對損益表和資產負債表都產生低品質的財務報告。把一個應該在一年內全部扣減的費用記為一項資本支出，會導致該費用在若干年內被進行折舊。這正是世界通訊公司在 2001 年和 2002 年的行為。該公司因而把利潤高估了 38 億美元。本附錄後面將介紹此做法對現金流量的影響。雖然幾乎無法透過閱讀年報或 10-K 表來判斷一家公司的費用分類是否產生錯誤，但謹慎的財務報表分析還是有可能針對問題提供警訊（註 5）。

　　與折舊有關的另一個問題是，各家公司不僅選擇使用不同的折舊方法，而且對長期資產選擇不同的估計壽命，要對這些進行比較就相當困難。折舊政策在財務報表附註中有進一步解釋，例如下面摘自相互競爭的美泰兒公司 (Mattel, Inc)和孩之寶公司(Hasbro, Inc)2000 年度年報中的內容：

美泰兒公司——採用直線法計算折舊,建築物的估計有效壽命為
10至40年,機械和設備為3至10年,租賃設施改良為10至20年
(不超過租賃期限)。工具、印模和築模採用直線法在3年內攤銷。

孩之寶公司——採用加速法和直線法計算折舊和攤銷,在土地、
工廠和設備的估計有效壽命內分攤其成本。在確定不同資產的折舊率
時所使用的年限為:土地改良為15至19年,建築物和改良15至25
年,機械和設備3至12年。

工具、印模和築模採用加速法攤銷,攤銷期為3年或其有效壽命
(取其短者)。

13. 資產減值

在第10項已討論過,按照以成本與市價孰低法來紀錄資產價值的原則
對資產的價值進行減記,會影響財務資料的可比較性與品質。進行減記的原
因對評價財務資料的品質也很重要。資產跌價資訊在財務報表附註中揭露。
當土地、工廠和設備的價值受到永久性損害,公司也會減記它們的帳面價
值。對權益類有價證券的某些投資(根據第2章討論過的FASB第115號公
告)是以市場價值記帳。PETsMART在2001年度年報的附註7報告了下述
資產減值變化:

由於其PETsMART Direct子公司的持續虧損,加之對現有業務模
式的分析,本公司依據SFAS第121號公告「**對長期資產和待處理長
期資產的減值的會計處理**」(Accounting for the Impairment of Long-
Lived Assets and Long-Lived Assets to Be Disposed Of),實施了減值分
析。分析表明,與PETsMART Direct的建築物、設施、設備、軟體和

商譽有關的資產減值為 6,927,000 美元,記為總務管理費用。這些資產的公平價值是根據市場評估和預期未來折現現金流量分析二者共同決定。本公司在 2001 年度還分析了 PETsMART Direct 的存貨以確定處理某些項目,結果為了按照淨可實現價值紀錄存貨而增記了 2,100,000 美元的銷貨成本。本公司無法保證,持續評估 PETsMART Direct 的業務模式,不會需要承擔額外的費用。

此時,分析者應該注意到資產減值費用對營業利潤的影響與存貨跌價損失對毛利的影響。

14. 重組費用

公司有時候利用歸類為重組費用的大筆支出來清洗自己的資產負債表。這些費用常被稱為「洗澡」費用。分析者應該仔細察看附註中揭露的資訊,以便分析重組費用是的確與公司的一次重大重組有關,還是只是普通的業務費用。把普通的業務費用錯誤地分類為重組費用的公司是希望分析者會忽略這些看似一次性的費用。而且,在往後年份轉回這些費用將導致公司認列一筆盈餘,因此又再一次降低財務盈餘的品質。若一家公司不斷地進行重組,則表示是某種問題的信號。第 1 章討論過 AT&T 的重組費用的例子。另一個有關重組費用的例子是柯達公司,在第 2 章的「應計負債」中有說明。

15. 儲準備

公司通常會成立準備帳戶,好先在目前為未來可知的成本額外提撥資金。20 世紀 90 年代,在 Arthur Levitt 領導下的 SEC 向美國公司發出了一個資訊:將不再容許任何濫用準備帳戶的行為。當公司建立準備帳戶是為了在

好光景時先撥出資金（即減少淨盈餘）而在較差的年份時把準備金額轉移到損益表中，這就屬於濫用行為。它的淨效應是使各年之間的盈餘變得平順。第2章的「應計負債」中討論過準備項目，例子來自柯達公司2001年度年報。

16. 進行中研發

進行中研發費用是在收購時承擔的一次性費用。這筆費用是收購價格的一部分，按照當前的會計規則可以立即註銷。未來從這些研究中得到的收入將導致盈餘偏高，因為沒有與收入相符的費用。

要估計註銷的研發的價值是相當困難的，因此，財務報表使用者不可能判斷這些費用是否適當。從使用者的角度，這個問題涵蓋很多範圍，因為公司可以在收購的當年註銷鉅額的研發費用以提高往後年度的盈餘。 1998年，康柏公司以91億美元購買了數位公司(Digital)，並立即註銷了32億美元的進行中研發費用。雖然這些金額可能是正確的，但投資者與貸款者卻沒有辦法確切地知道。

17. 退休金帳戶——利率假設

雖然對退休金會計的深入探討超出了本書的範圍，但是我們還是應該瞭解一些基本的退休金會計原則，因為它們會對盈餘品質產生影響。除了本書第2章中有關於退休金的討論外，讀者還可以查閱其他有關退休後福利待遇方面的文章。

退休金會計的基礎是員工對於退休時應得退休金的預期和退休金所能賺取的利息。財務會計準則第87號「員工退休金會計」(註6)中對退休金有詳細的規定。

如果公司根據計算調整了退休金會計的利率，那麼將會影響年度退休金

費用和退休金福利的現值。如果假設利率提高則退休金的成本降低，而使得盈餘增加。例如，假設你 20 年後需要 5,000 美元，那麼根據你的利率是 6% 或 8%，你現在需要投資的金額大小則不同。如果利率爲 6%，你需要投資 1,560 美元，20 年後按複利計算即可得到 5,000 美元；如果利率爲 8%，那麼你僅需投資 1,075 美元（註7）。相同的道理，將來所支付的退休金的現值也會受到提高利率的影響。利率爲 6% 時，20 年後需支付 5,000 美元的現值是 1,560 美元，如果利率爲 8%，則現值爲 1,075 美元。

讓我們來總結一下退休金利率假設出現變化的影響，如果假設利率降低，那麼退休金成本將會增加，退休金的現值也增加；如果假設的利息率提高，退休金成本和現值都會減少。

FASB 第 87 號公告規定設確定給付型退休金計劃——該計劃明確了員工退休後應得到的福利或計算這些福利的方法——的公司應該揭露如下內容：

1. 該計劃的概要應該包括所承擔的員工團體、退休金計算公式類型、資金政策及持有的資產類型。

2. 退休金費用金額，以服務成本、利息成本、當期實際資產報酬和其他組成部分的淨額分開表示（註8）。

3. 公司的資產負債表中所揭露的退休金計畫資金的使用情況。

4. 加權平均貼現率與補償成長率，用於衡量該計劃的預計退休金負債和該計劃中資產的長期加權平均報酬率。

5. 該計劃中資產包括的證券的類型與數量。

如果到期認列的退休金費用高於基金數額，就形成負債。如果到期退休金費用低於基金數額，就形成資產。如果累積退休金負債大於該計劃中資產的市價與應計退休金負債帳戶的差額，或者大於該計劃中資產市價與遞延退休金資產帳戶之和，那麼就會需要認列額外的負債。

下表來自 Qwest 通信公司 2001 年度年報的附註中揭露的關於員工限定型退休金計劃的資訊（單位：百萬美元）：

	2001 年	2000 年	1999 年
服務成本	$187	$182	$203
利息成本	686	702	658
退休金計劃資產的期望報酬	（1,101）	（1,068）	（935）
轉移資產的攤銷	（79）	（79）	（79）
前期服務成本的攤銷	—	2	2
認列的淨精算盈餘	（53）	（58）	—
淨成本（貸項）	（360）	（319）	（151）
退休金計劃資產的期望長期報酬率（%）	9.4	9.4	8.8

表中的資訊有三點值得注意。首先，Quest 在 2001 年由退休金淨成本的計算得出了 3.6 億美元的淨盈餘，表示為貸項。其次，該公司由退休金計劃資產 11.01 億美元的「期望」報酬，紀錄了淨盈餘。第三，11.01 億美元的「期望」報酬是基於退休金計劃資產的期望長期報酬率，Quest 將其選定為 9.4%。Quest 把假設利率由 1999 年的 8.8% 提高到 2000 年的 9.4%。鑒於假設利率的大幅提高與經濟衰退的事實，Quest 提高利率且沒有在 2001 年將它調降是令人覺得不解（註9）。分析者可能會認為假設利率過高，公司提高它只不過是為了增加淨盈餘。下表提供了解釋（單位：百萬美元）：

	2001 年	2000 年
年初退休金計劃資產的公平價值	$13,594	$14,593
退休金計劃資產的實際報酬	（851）	（78）
420 條款下的轉移	（98）	（90）
支付的福利	（1,524）	（831）
年末退休金計劃資產的公平價值	$11,121	$13,594

退休金計劃資產的公平價值從 2000 年的 135.94 億美元降低到 2001 年的 111.21 億美元。在這兩年裏，資產的實際報酬（2001 年和 2000 年分別為

8.51 億和 0.78 億美元的虧損）要大大低於第一個表中顯示的期望報酬。

下表揭露了退休金計劃到底是資金充裕還是資金不足：

	2001 年	2000 年
年末退休金計劃資產的公平價值	11,121	13,594
年末的福利負債	9,625	9,470
資金充裕（不足）額	1,496	4,124
未認列的淨精算盈餘	（265）	（2,922）
未認列的轉移資產餘額	（229）	（308）
預付（應付）福利成本	1,002	894

Quest 的退休金計劃資金充裕，因此在 2001 年度資產負債表上紀錄了 10.02 億美元的餘額。還需要注意， 2001 年 Quset 有 2.65 億美元的未認列的淨精算盈餘，遠遠低於 2000 年紀錄的 29.22 億美元。如果在未來實際報酬率低於期望報酬率，這些盈餘會繼續降低。

18. 股票基礎的薪酬費用

自從 20 世紀 80 年代以來，如何對給予員工的股票選擇權進行會計處理就一直是一個有爭議的話題。 FASB 多年來一直希望能制定一條規則，要求公司把該成本在損益表中記為薪酬費用。然而，廣泛使用股票選擇權的公司（主要是高科技公司），成功地阻止了這條規則的頒佈。由於國會進行干預， FASB 最終妥協並允許公司在財務報表附註中揭露該資訊。到本書出版時，由於安隆公司的醜聞，該問題再次浮出檯面，有可能會出現新的規則取代現有的規則。有些公司已經願意將股票選擇權成本在損益表上記為薪酬費用。關於所涉及到成本的重要性可以從微軟公司 2001 年度年報中所揭露的資訊看到。擬制性金額假設薪酬成本已計入損益表中。

	2001 年報告金額	2001 年擬制性金額
營業盈餘（百萬美元）	$11,720	$8,343
淨盈餘（百萬美元）	7,346	5,084
基本每股盈餘（美元）	$1.38	$0.95
稀釋後每股盈餘（美元）	$1.32	$0.91

　　紀錄該費用後，營業盈餘和淨盈餘分別降低約 29% 和 31%。在評估一個公司的獲利性時應該考慮該項目。

IV. 營業外收入和費用

19. 資產處置損益

　　當一家企業出售資本資產，例如財產或設備時，其損益應當包含在當期的淨盈餘中（詳見第 1 章）。如果公司經營狀況不好，那麼就會出售一項主要資產來增加盈餘或者提供所需的現金。這種交易不屬於公司正常營業範圍，因此在考慮企業未來經營潛力時應該從淨盈餘中扣除。

20. 利息收入

　　除了某些公司，例如金融企業外，利息收入一般屬於營業外收入。利息收入來自對有價證券暫時進行的短期投資，即對不會立即使用的現金獲取報酬。證券投資詳見第 2 章。分析者在評估盈餘品質時，應該對利息收入金額的重要性和變化性提高警覺，因爲這些不屬於營業收入。損益表中或會計報表附註中會揭露利息收入。下面摘自 Microchip 公司 2001 年度合併損益表：

	2001 年	2000 年	1999 年
利息收入（百萬美元）	$13,494	$2,816	$1,599

利息收入分別占 2001 年、2000 年和 1999 年淨盈餘的 9.4%、2.4% 和 3.4%。對管理階層討論與分析的進一步探討表明,2001 年的利息收入金額之所以相當大,是由於將兩次股票公開發行所得的大量現金餘額用於投資所造成的。在分析盈餘品質時這一資訊很重要,因為 2001 年的利息收入可能是非持續性的。

21. 股權投資盈餘

使用權益法紀錄對非合併編製報表的子公司的投資,已經在第 3 章討論並解釋過了。權益法允許投資者以在被投資公司擁有的股權比例來確定投資盈餘,而不是以實際得到的分紅作為投資盈餘。在許多情況下,這種方法帶來的影響是投資者所紀錄的投資盈餘在大多數情況下要大於實際收到的現金。 Insituform 技術公司在 2001 年度損益表中報告的股權投資盈餘如下:

	2001 年	2000 年	1999 年
附屬公司的股權投資盈餘(百萬美元)	$1,131	$812	$264

經營活動現金流量(詳見第 4 章)中刪除了認列的投資盈餘超過實際收到的股利的部分。由於 Insituform 技術公司未能從附屬公司收到股利,從可比較性角度考慮,也應該將此非現金部分的盈餘刪除。

22. 所得稅

在第 2 章和第 3 章中討論過,損益表上的所得稅費用準備不同於實際支付的稅款。在評價淨盈餘數據時,區分由稅務事項引起的淨盈餘增減是很重要的。有效稅率的顯著改變可能只是一次性的非經常項目。在財務報表的所得稅附註中包括由美國聯邦法定稅率調整至公司有效稅率的過程,例如下面

梅塔格公司 2001 年度年報中的資訊（單位：%）：

	2001 年	2000 年	1999 年
在所得稅、少數股東權益、非常項目和會計變更的累積影響數之前的持續經營盈餘所適用的美國法定稅率	35.0%	35.0%	35.0%
由下述項目導致的增減：			
稅抵	（2.1）	（2.1）	（0.6）
由於少數股東權益造成的差異	（3.3）	（2.6）	（1.1）
州所得稅，減去聯邦所得稅利益	1.7	1.9	2.7
資本損失	1.2	0.9	0.0
審計結算	（19.8）	0.0	0.0
商譽攤銷	1.6	1.0	0.7
其他（淨值）	（0.1）	（0.5）	（0.5）
有效稅率	14.2%	33.6%	36.2%

2001 年，梅塔格公司的有效稅率為 14.2%，明顯低於法定稅率以及它在前兩年的有效稅率。原因在於國稅局的審計結算，梅塔格降低了對遞延稅款資產的估值準備。該審計結算與以前年度納稅申報表上認列的資本利得有關，因為資本損失結轉可以抵銷資本利得。如果沒有該筆結算，梅塔格的有效稅率將是 34%。分析者在預測未來的淨盈餘時，應考慮這個因素。

而且，財務報表關於所得稅的附註揭露了下述事項：由於國外的稅率不同於美國而導致的稅款準備金的增加和減少，遞延稅款帳戶各年之間的明顯波動等等。

23. 特殊項目

一些公司在損益表上增加了一行項目，例如特殊項目或特殊費用。公司希望財務報表使用者認識到這些項目不是經常性的營業費用。分析者應該閱讀附註及管理層討論與分析，以判斷這些項目是否為非營業性的與（或）非

經常性的。Waste Management 公司 2001 年度公佈的第二季盈餘中，把 100
萬美元的垃圾車油漆費用和 3,000 萬美元的諮詢費用歸類為「特殊費用」(註
10)。當調整營業利潤和淨利潤數據以便於不同公司間的比較時，應當把這些
項目歸類為普通的營業費用。

24. 停業部門

在考慮未來盈餘時，應該把停業部門排除在外。如果停業部門被出售，
應紀錄為兩個項目：該部門直到出售時的營業損益以及出售所帶來的損益，
兩者都應扣除稅款。美泰兒公司 2001 年度年報的附註中揭露了如下內容
（單位：百萬美元）：

	2000 年	1999 年	1998 年
淨銷售額	$ 337.9	$ 919.5	$ 922.9
所得稅前虧損	（179.6）	（280.9）	（67.8）
所得稅準備金（利益）	（53.0）	（90.1）	54.4
淨虧損	（126.6）	（190.8）	（122.2）
資產處置虧損	（406.8）		
在退出階段的實際和估計損失	（238.3）		
	（645.1）		
所得稅利益	（170.6）		
資產處置淨損失	（474.5）		
停業部門的總虧損	$（601.1）	$（190.8）	$（122.2）

比較時，最好把各年份的總虧損加回到盈餘中。

25. 會計變更

財務報表附註中對會計變更做了解釋與量化。Winnebago Industries 在
2001 年度報告了由會計原則變更的累積影響數帶來的 105.0 萬美元的虧損，
已扣除了稅款。在報表的附註中如此解釋會計變更：

2000 年 8 月 27 日，本公司採用了 SEC 的 SAB 第 101 號「財務報表中的收入認列」，這是 SEC 在 1999 年 12 月發佈的。SAB 第 101 號闡明了 SEC 關於收入認列的觀點。根據 SAB 第 101 號，本公司開始於 Winnebago Industries 的經銷商收到產品時紀錄收入，而不是在本公司發貨時紀錄。由於收入認列的變更，本公司必須在 2001 年第一季度損益表中提列非現金費用，以反映 SAB 第 101 號對以前年度的盈餘所帶來的累積影響數。

該變更的累積影響數在扣除稅款後，單獨列示在損益表上，而且與未來年度和以前年度的盈餘做比較時應予以刪除，因爲先前年度的盈餘是採用不同的會計方法計算出來的。

26. 非常項目

非常項目是指不經常發生的特殊盈餘或損失。它們通常在損益表上以扣除稅務影響後的形式單獨揭露。由於沒有多少交易能夠符合非常項目的定義，所以在損益表中很少看到這些項目。許多企業的非常項目是債務提前清償的結果。雖然債務提前清償不符合非常項目的標準，FASB 認爲把該項目包含在持續營業部門的收入中會造成誤導的作用。因此，按照 FASB 第 4 號「報告債務清償的損益」，債務清償的損益應被記爲非常項目。

Tyco 公司在 2001 年度計有非常項目，在財務報表附註中對該項目的解釋如下：

Tyco Industrial 在 2001 年度由於提前清償債務，在扣除 920 萬美元的稅收利益後，計有 1,710 萬美元的非常項目。

在評價一個公司未來的盈餘潛力時，應從盈餘中刪除該筆損失。

V. 其他因素

27. 流通在外的股數的重大變化

不同年度的流通在外的股數可能有很大的變化，因此各年度每股盈餘的計算也會發生變化。這種變化主要是由於公司購買庫藏股票或買回普通股股票而引起的。應該盡可能地去了解買回普通股股票的原因。有些公司使用買回計劃來獲得用於員工股票選擇權計畫的股票。在 2001 年度年報中，微軟這樣解釋其買回計劃：

> 本公司在公開市場上買回普通股股票，以根據股票選擇權與股票購買計畫發放給員工。

微軟 2001 年時買回 8,900 萬股股票，卻發放了 18,900 萬股，造成流通在外的普通股總體增加了 10,000 萬股。財務報表使用者應該審查股東權益表，以判斷公司買回的股票是否多於其所需要發放的股票。而且，股票買回的資金來源也非常重要。如果公司必須借款來買回股票，分析者就應判斷這是否為明智之舉。

有些公司，例如迪士尼，買回自己的股票作為投資，該公司於 2001 年報描述：

> 迪士尼還透過買回自己的股票來提高報酬率。本公司 2001 年總計投資了 11 億美元購買了 6,390 萬股迪士尼普通股股票，平均購買價為每股 16.62 美元。自 1983 年以來，本公司已經買回近 5.49 億股股票，成本近 44 億美元。按照 11 月 30 日的股價，這些股票的市價高於 110 億美元。

有些公司並沒有提供買回計劃的理由。必須要弄清一家公司是否僅僅是為了提高每股盈餘而花費稀少的資源。減少流通在外的普通股股數，會造成每股盈餘上升。我們可以看一下 Oshkosh B'Gosh 公司的買回計劃。該公司於 1999 年買回並註銷了 544.7 萬股普通股股票，總金額為 11,037.6 萬美元。這表示公司為每股支出了近 20 美元。有趣的是，2001 年股價提升高到了每股 42.77 美元，然而這些股票不能被重新出售，因為它們已被註銷。1998 年 Oshkosh B'Gosh 公司平均有 1,904.9 萬股股票流通在外，報告的每股盈餘為 1.54 美元。如果用此數字來計算 1999 年的每股盈餘（假設沒有發生買回計畫），每股盈餘將為 1.70 美元，而不是報告的 2.01 美元。每股盈餘 30.5% 的成長率看起來當然比 10.4% 的成長率還要好看。很可惜的是，年報中沒有解釋買回計劃的理由，因此財務報表使用者只能自己去猜測買回和註銷股票的原因了。

28. 營業盈餘，或核心盈餘、擬制性盈餘、息前稅前折舊和攤銷前盈餘

營業盈餘或利潤（見第 3 章）是評估一個公司持續獲利潛力的重要數據。近年來，公司創造出了自己的營業利潤數字，並力圖使財務報表使用者相信應該關心這些數字而不是根據公認會計準則計算出的數字。這些「公司創造」的數字有許多名稱，例如核心盈餘、擬制性盈餘或者息前稅前折舊和攤銷前盈餘。息前稅前折舊和攤銷前盈餘是指在扣除利息費用、稅款、折舊費用和攤銷費用前的營業盈餘。支持關心息前稅前折舊和攤銷前盈餘的人認為，折舊和攤銷費用是非現金項目，因此可以忽略。在本質上，他們是要要求財務報表使用者忽略公司正在進行長期投資的這項事實。折舊和攤銷費用是花費在設備等項目上的原始現金額的分配過程。

對於結束於 2001 年 9 月 30 日的那個季度，北電網絡提供了三種不同的

盈餘數據。按照公認會計準則，北電該季度每股虧損 1.08 美元。按照一種排除了「特殊費用」（例如收購和重組成本）的預計盈餘衡量方法，北電該季度的虧損僅爲每股 68 美分。而且，有一種「擬制」盈餘計算方法透過刪除一些「遞增費用」，例如存貨的跌價損失，得出了每股虧損 27 美分的結果（註 11）。 2003 年 1 月，SEC 採用了一條新規則，要求報告擬制性財務資料的公司應該用一種不會造成誤導的方式來揭露這些資訊，並且要按照公認會計準則對擬制財務資訊進行調整。

什麼是真實的盈餘？

財務報表的每一個使用者都應該對盈餘數據進行調整，以反映與自己的決策相關的資訊。表 A-2 列出調整盈餘時應考慮的項目。

表 A-2 盈餘的調整

從淨收益爲出發點，考慮下述調整：
a. 加或減記爲壞帳費用的可疑項目金額（第 4 條）
b. 減去基準後進先出基本層清算（第 8 條）
c. 加上資產註銷所認列的損失（第 10 條和第 13 條）
d. 減去公司延遲的自主決定的費用金額（第 11 條）
e. 加或減記重組成本的費用或貸項（第 14 條）
f. 加上進行中研發的費用（第 6 條）
g. 減去股票基礎的薪酬費用（第 18 條）
h. 加或減資產處置損益（第 19 條）
i. 減去利息收入的非經常性部分的金額（第 20 條）
j. 加或減股權投資損益（第 21 條）
k. 加或減所得稅費用的非經常性部分的金額（第 22 條）
l. 加上非經常性的特殊費用（第 23 條）
m. 加或減歸因於停業部門、會計變更和非常項目的損益〔第 24 、 25 、 26（第 4 條）條〕

財務報告的品質——資產負債表

在盈餘品質部分所討論的很多項目也會影響資產負債表品質,例如應收帳款、存貨和長期資產的金額。在評估資產負債表資訊時,需要分析幾個方面。用於為資產融資的債務類型通常應該是相符的,即用短期負債來為短期資產融資,用長期負債(或股權)來為長期資產融資。負債和資產之間的不相符,可能表示公司在尋找融資來源方面有困難。

如第2章所討論,對財務報表附註中揭露的「承諾和或有事項」應仔細進行分析。在這些地方常常能找到關於資產負債表外融資與其他負責的融資安排的資訊。雖然安隆公司的瓦解似乎令人感到震驚,但如果追查其破產前幾年中種種複雜的承諾和或有事項,是可以找到許多線索。

有關承諾和或有事項的附註中還包含了資本租賃與營業租賃資訊。資本租賃包括在資產負債表中,但如果營業租賃使用範圍很廣,財務報表使用者則應該考慮對某些槓桿比率的影響。公司有責任支付租賃款,而如果這些租賃被當成資本租賃,那麼對負債與長期負債與總資本之間的比率以及負債與權益的比率都會造成影響。

財務報告的品質——現金流量表

自從20世紀80年代要求提供現金流量表以來,許多投資者與貸款者對經營現金流量(CFO)比盈餘的數字更加關心。讀者應該注意到,經營現金流量雖然非常有用,但也很容易被操縱。世界通訊公司於2002年倒閉時,將操縱經營現金流量的問題浮上了檯面。

世界通訊公司把應記為營業費用的數十億美元認列為資本支出。在現金

流量表上，這筆現金流出被表示爲投資活動，而不是經營活動現金流量的直接扣減項。（在確定經營活動現金流量時，資本支出所帶來的折舊會被加回到淨盈餘中。）下面的例子說明了把營業費用記爲資本支出所產生的影響：

一個公司把 1 億美元的營業費用記為資本支出。該資本支出在 10 內予以折舊，沒有殘值。

—淨盈餘被高估 9,000 萬美元。（只有 1,000 萬美元的折舊費用被包括在費用中。）

—經營活動現金流量被高估 1 億美元。現金流量表中，在確定經營活動現金流量時，1,000 萬美元的折舊費用被加回到淨盈餘中。

—投資活動的現金流出被高估 1 億美元。

還有其他技巧可以誇大經營活動現金流量數字。透過對流動資產和流動負債項目的處理，公司可以造成經營活動現金流量增加。例如，透過出售應收帳款，公司立即收到現金，這被記爲應收帳款的減少和經營活動現金流量的增加。對應付帳款延遲現金付款也會使經營活動現金流量增加。在分析經營活動現金流量時，應審查流動資產和流動負債項目的重大變化。

投資於交易性證券的非金融公司（見第 2 章）在現金流量表的經營活動部分紀錄這些證券的購買和出售行爲。雖然這一處理是符合公認會計準則的指導方針，但這些項目是投資性而非經營性的活動，因此，如果財務報表使用者希望得到更爲準確的經營活動現金流量數據，就應刪除這些項目。如果存在被認爲是非經常性或非經營性的項目，也要對經營活動現金流量進行調整。除了刪除對交易性證券投資所產生的現金流量，來自於停業部門或者非經常性費用或收入等項目的現金流量在分析時也要去除。

問題與討論

A.1 在下述網址能找到柯達公司 2000 年度年報： www.prenhall.com/ fraser。

(a) 利用附錄 A 中的內容，討論柯達公司年報的品質。

(b) 為了與未來年度的盈餘進行比較，請針對柯達公司 2000 年度的淨盈餘數據進行調整。請注意： 1999 年的 CPI 是 499.0。

自 1998 年度開始，FASB 第 131 號公告「對企業分部和相關資訊的揭露」要求公司對每個報告分部揭露補充財務資訊。FASB 第 131 號公告的報告並要求揭露的資訊應涵蓋國外業務、主要客戶銷售以及只有單一分部的企業。分部資訊的揭露有助於財務分析者分辨公司的優勢與劣勢，確定各分部對收入及利潤的貢獻程度、清楚各經營領域內資本支出和報酬率之間的關係，以及判斷哪些分部應該縮小規模或取消。關於分部的資訊可以作爲基本財務報表的其中一部分、於財務報表附註內補充說明，或者在單獨的表格中揭露以作爲財務報表的參考資料。

FASB 第 131 號把營業分部定義爲企業的組成部分：

1. 從事能產生收入與承擔費用的經營活動；

2. 其營運成果受到公司主要營運決策者的定期考察，以制定對該分部分配資源的決策和評估其績效；

3. 可以獨立提供其財務資訊。

只要符合下述三項標準中的任何一項，該分部就被認定爲是應報告的：

1. 收入占合併收入的 10% 或更高，包括分部間收入；

2. 營業損益占所有獲利分部的合併利潤的 10% 或更高，或者占所有虧損分部的合併虧損的 10% 或更高；

3. 分部的資產占所有分部的合併資產的 10% 或更高。

根據 FASB 第 131 號公告，必須揭露下述資訊：

1. **總體資訊**(General Information)。「管理法」被用來識別企業中的經營分部。管理法是基於管理階層在制定經營決策與評估績效時對公司中各分部

的組織方法。公司必須識別本身是如何組織的以及有哪些因素被用於識別經營分部，並描述各經營分部獲取收入的產品與服務類型。

2. **關於損益的資訊**(Information About Profit or Loss)。公司必須報告每個報告分部的損益情況。而且，如果某些項目的特定金額被包括在主要經營決策者所考察的資訊中，則必須揭露這些數字。對於審核持續經營業務的稅前盈餘的公司，必須揭露下述資料（註1）：

● 收入（分為對外部客戶的銷售額和分部間銷售額）

● 利息收入

● 利息費用

3. **關於資產的資訊**(Information About Assets)。公司必須報告各經營分部的總資產情況。只需要包括那些向主要經營決策者報告的資訊中所涉及的資產。也應該針對每個經營分部報告被加入長期資產的資本總支出。

各經營分部的收入、損益、資產和其他報告項目的總數應調整至公司對每個項目的合併總金額。

下面對摩托羅拉公司分部資訊揭露的分析，可以說明該如何理解分部資料。

表 B-1 摘自摩托羅拉公司 1998 年度年報所揭露的總體資訊與地理區域資訊。表 B-2 顯示了摩托羅拉公司 5 個報告分部的收入、損益、資產、資本支出、折舊費用、利息收入、利息費用和淨利息數據：無線產品分部，半導體產品分部，陸地行動產品分部，傳呼、資訊與媒體產品分部，以及其他產品分部。分部報告不包括完整的財務報表，但足以對所提供的關鍵財務資料實施分析。

首先參考表 B-1。摩托羅拉的大部分淨銷售額來自美國；但 1998 年美國國內銷售額有所下降，而英國和其他國家的銷售額每年都在成長。

表 B-1　摩托羅拉公司分部和地理區域資訊

　　本公司實施自 1998 年 1 月 1 日生效的財務會計準則第 131 號公告「對企業分部和相關資訊的揭露」。該公告為上市企業在向股東發佈的年度財務報表和期中財務報告中報告關於經營分部的資訊建立了標準。該公告不要求適用於最初一個年度的期中財務報表。本公司為了遵循公告中的管理法，再次重申了以前報告的年度分部經營結果。

　　本公司的經營集中於無線通信、半導體技術和高級電子業務，涉及設計、製造和銷售多樣化的產品線。本公司的報告分部是根據對顧客所提供的產品的性質來分類，包括但不限於無線電話和系統、半導體（包括半導體零件與積體電路）、雙向無線電及個人通信設備和系統、傳呼機及數據通信設備和系統。汽車、國防和太空電子產品屬於其他產品分部。

　　分部經營成果是以稅前損益來衡量，必要時需對某些分部的特定項目進行調整。分部間和區域間的銷售是根據公平市價來衡量。

地理區域資訊（截至 12 月 31 日的年度）　　　　單位：百萬美元

	淨銷售額			資產		
	1998 年	1997 年	1996 年	1998 年	1997 年	1996 年
美國	$20,397	$21,809	$20,614	$14,932	$14,000	$12,797
英國	5,709	5,254	4,571	2,083	2,098	1,816
其他國家	12,812	12,778	12,312	8,804	7,966	6,788
調整與刪除	（9,520）	（10,047）	（9,524）	（851）	（651）	（568）
地理區域總計	$29,398	$29,794	$27,973	$24,968	$23,413	$20,833
公司總體				3,760	3,865	3,243
合併總計				$28,728	$27,278	$24,076

　　參考表 B-2，注意到摩托羅拉 1998 年的總收入在下降；更值得注意的是，與 1997 年和 1996 年的獲利相比，1998 年公司出現了總體的營業虧損。

　　為了分析各個分部的業績，根據表 B-2 中的數字計算得出了 6 個表格。表 B-3 顯示了各個分部對總收入的貢獻比例。

　　必需要注意 3 年間的變化趨勢。無線產品分部不僅仍舊是最大的收入來源，而且對總收入的貢獻比例也在不斷地增加。陸地行動產品分部在 1996 至 1998 年 3 年間對總收入的相對貢獻比例也在提高。相反地，半導體產品分部及傳呼、資訊與媒體產品分部在過去 3 年中對總收入的貢獻比例卻一直在

表 B-2　摩托羅拉和分部的資訊　　（單位：百萬美元，截至 12 月 31 日的年度）

	淨銷售額			稅前營業利潤					
	1998年	1997年	1996年	1998年		1997年		1996年	
無線產品分部	$12,483	$11,934	$10,804	$ 428	39%	$1,283	10.8%	$1,162	10.8%
半導體產品分部	7,314	8,003	7,858	(1,225)	(16.8)%	168	2.1%	186	2.4%
陸地行動產品分部	5,397	4,926	4,008	729	13.5%	542	11.0%	452	11.3%
傳呼、資訊與媒體產品分部	2,633	3,793	3,958	(699)	(26.5)%	41	1.1%	46	1.2%
其他產品分部	4,385	4,326	4,061	(544)	(12.4)%	(85)	(2.0)%	30	0.7%
調整與刪除	(2,814)	(3,188)	(2,716)	14	(0.5)%	(48)	1.5%	(29)	1.1%
分部總計	$29,398	$29,79	$27,973	(1,243)	(4.2)%	$1,901	6.4%	$1,847	6.6%
公司總體				(131)		(85)		(72)	
所得稅前損益				$(1,374)	(4.7)%	$1,816	6.1%	$1,775	6.3%

	資產			資本支出			折舊費用		
	1998年	1997年	1996年	1998年	1997年	1996年	1998年	1997年	1996年
無線產品分部	$ 9,282	$ 8,021	$ 6,314	$ 607	$ 900	$ 673	$ 411	$ 534	$ 474
半導體產品分部	8,232	7,947	7,889	1,783	1,153	1,416	1,178	1,169	1,160
陸地行動產品分部	2,720	2,538	2,130	270	228	159	183	168	162
傳呼、資訊與媒體產品分部	2,043	2,391	2,506	97	149	275	164	219	243
其他產品分部	3,111	2,974	2,256	199	178	196	216	191	221
調整與刪除	(420)	(458)	(262)	—	—	—	—	—	—
分部總計	$24,968	$23,413	$20,833	$2,956	$2,608	$2,719	$2,152	$2,281	$2,260
公司總體	3,760	3,865	3,243	265	266	254	45	48	48
合併總計	$28,728	$27,278	$24,076	$3,221	$2,874	$2,973	$2,197	$2,329	$2,308

	利息收入			利息費用			淨利息		
	1998年	1997年	1996年	1998年	1997年	1996年	1998年	1997年	1996年
無線產品分部	$ 7	$ 2	$ 1	$ 90	$ 41	$ 57	$ (83)	$ (39)	$ (56)
半導體產品分部	12	12	15	116	71	103	(104)	(59)	(88)
陸地行動產品分部	2	5	2	20	14	16	(18)	(9)	(14)
傳呼、資訊與媒體產品分部	15	18	22	22	28	36	(7)	(10)	(14)
其他產品分部	5	2	2	21	5	—	(16)	(3)	2
分部總計	$41	$39	$42	$269	$159	$212	$(228)	$(120)	$(170)

表 B-3　各個分部對收入的貢獻			單位：%
	1998 年	1997 年	1996 年
無線產品分部	42.46	40.06	38.62
半導體產品分部	24.88	26.86	28.09
陸地行動產品分部	18.36	16.53	14.33
傳呼、資訊與媒體產品分部	8.95	12.73	14.15
其他產品分部	14.92	14.52	14.52
調整與刪除	（9.57）	（10.70）	（9.71）
總收入	100.00%	100.00%	100.00%

下降。其他產品分部則一直是穩定的收入來源。

　　表 B-4 提供各個分部對營業損益的貢獻程度，並提供了一個基礎來評估各分部將收入轉化為利潤的能力。 1998 年陸地行動產品分部是營業利潤的最大貢獻者。無線產品分部 1998 年對營業利潤也起了正面的貢獻。其他三個分部帶來了鉅額的營業虧損，其中半導體產品分部對營業總虧損的影響最大。請注意，半導體產品分部及傳呼、資訊與媒體產品分部從 1996 至 1998 年對總收入的貢獻在逐漸降低，這些分部的營業利潤在 1996 年是正的，但隨後每一年都在下降，直至 1998 年兩個分部都產生了鉅額虧損。其他產品

表 B-4　各個分部對營業損益的貢獻			單位：%
	1998 年	1997 年	1996 年
無線產品分部	38.78	67.49	62.91
半導體產品分部	（98.55）	8.84	10.07
陸地行動產品分部	58.65	28.51	24.47
傳呼、資訊與媒體產品分部	（56.24）	2.16	2.49
其他產品分部	（43.77）	（4.47）	1.63
調整與刪除	1.13	（2.53）	（1.57）
總營業利潤	（100.00%）	100.00%	100.00%

分部帶來的收入一直占到總收入的 14% 以上，但就利潤而言也是處於下降的趨勢。該分部在 1997 年與 1998 年都產生了鉅額虧損。

　　表 B-5 提供各分部的營業利潤率（營業利潤除以收入）。營業利潤率顯示每一美元的銷售額中有多少能轉化為（稅前）利潤。陸地行動產品分部在 3 年中的利潤率都是最高的。無線產品分部是唯一的另外一個在 1998 年利潤率為正的分部，但它的利潤率也從 1996 年和 1997 年的高於 10% 下降到 1998 年的 3.86%。其他三個分部的利潤率自 1996 年來每一年都在下降，到 1998 年都不再產生利潤。

　　表 B-6 是對各個分部的資本支出的百分比分析。摩托羅拉選擇對半導體產品分部進行鉅額投資，尤其是在 1998 年。該筆投資尚未造成收入的成長，收入在 1998 年卻相反地減少了。有必要進一步調查該投資是否轉移，

表 B-5　各個分部的營業利潤率	1998 年	1997 年	單位：% 1996 年
無線產品分部	3.86	10.75	10.76
半導體產品分部	（16.75）	2.10	2.37
陸地行動產品分部	13.51	11.00	11.28
傳呼、資訊與媒體產品分部	（26.55）	1.08	1.16
其他產品分部	（12.41）	（1.96）	0.74

表 B-6　各個分部的資本支出比例	1998 年	1997 年	單位：% 1996 年
無線產品分部	20.54	34.51	24.75
半導體產品分部	60.32	44.21	52.08
陸地行動產品分部	9.13	8.74	5.85
傳呼、資訊與媒體產品分部	3.28	5.71	10.11
其他產品分部	6.73	6.83	7.21
總資本支出	100.00	100.00	100.00

而且在未來是否會產生持續的獲利潛力。此外，公司選擇了在 1998 年大量減少對無線產品分部的投資。雖然收入未因此而受到損害，但該部對營業利潤的貢獻從 67% 降到了 1998 年的不足 39%。

　　為了找出出現這些變化的原因，需要閱讀摩托羅拉公司 1998 年度年報中的管理階層討論與分析部分。陸地行動產品分部的資本支出每年都在成長，這對該分部的收入和利潤都產生了正面的影響。對傳呼、資訊與媒體產品分部及其他產品分部的投資的減少，也許可以說明這兩個分部利潤下降的原因。

　　還必須檢查投資與報酬之間的關係，表 B-7 提供相關資訊。表 B-7 提供各個分部的投資報酬率（營業利潤除以可識別資產）。陸地行動產品分部各年持續產生穩定成長的投資報酬率。其他所有分部的投資報酬率都在惡化，這是一個警訊。尤其值得注意的是，摩托羅拉顯然對半導體產品分部做鉅額投資，但還未出現正的報酬率。

　　表 B-8 根據各個分部的資產所占比重進行排序，並比較了它們各自的營業利潤貢獻百分比、營業利潤率和投資報酬率。在考慮對資產的總投資時，無線產品分部是規模最大的分部。雖然它對收入的貢獻很大，但該分部的營業利潤率和投資報酬率卻一直在惡化。陸地行動產品分部是公司中唯一營運正常的分部。半導體產品分部對摩托羅拉公司來說是一個問題單位，而傳

表 B-7　各個分部的投資報酬率			單位：%
	1998 年	1997 年	1996 年
無線產品分部	5.19	16.00	18.40
半導體產品分部	（14.88）	2.11	2.36
陸地行動產品分部	26.80	21.36	21.22
傳呼、資訊與媒體產品分部	（34.21）	1.71	1.84
其他產品分部	（20.01）	（2.86）	1.33

表 B-8　對 1998 年各個分部的排序				單位：%
分部	占分部總資產的百分比	對營業利潤的貢獻百分比	營業利潤率	投資報酬率
無線產品分部	37.18	38.78	3.86	5.19
半導體產品分部	32.97	（98.55）	（16.75）	（14.88）
其他產品分部	12.46	（43.77）	（12.41）	（20.01）
陸地行動產品分部	10.89	58.65	13.51	26.80
傳呼、資訊與媒體產品分部	8.18	（56.24）	（26.55）	（34.21）

呼、資訊與媒體產品分部及其他產品分部也都是如此。

總結

　　評價摩托羅拉公司分部資料所使用的分析工具可適用於任何揭露分部資訊的公司。若使用於特定公司時，也許需要對為摩托羅拉所編製的這些表格進行些微的更動或增補，但是各分部應該至少包括 3 年的基本的分析有：(1)對收入的貢獻百分比；(2)對營業利潤的貢獻百分比；(3)營業利潤率；(4)資本支出；(5)投資報酬率；(6)審核各分部的規模與其相對貢獻度的關係。

問題與討論

B.1 在下述網址上能找到摩托羅拉公司 2001 年度年報中的分部資訊：www.prenhall.com/fraser。

　(a) 與 1998 年的分部相比，摩托羅拉 2001 年的分部發生了哪些變化？

　(b) 利用 2001 年度年報中的分部資訊，分析摩托羅拉公司的分部。編製能與本附錄中表 B-3 至表 B-8 相比較的表格。

比率名稱	計算方式	說明
流動比率	$\dfrac{流動資產}{流動負債}$	衡量短期償債能力，公司達成償債要求的能力。
速動比率或酸性測試比率	$\dfrac{流動資產－存貨}{流動負債}$	更嚴格的衡量短期償債能力指標，因為分子剔除了被認為是流動性最差的存貨。
現金流動比率	$\dfrac{現金＋有價證券＋經營活動現金流量}{流動負債}$	考量現金來源（分子）現金等值物與來自經營活動現金流量的一種衡量短期償債能力的方法
平均收款期	$\dfrac{應收帳款}{銷售額／365 天}$	將應收帳款轉變為現金平均所需的天數。
存貨持有天數	$\dfrac{存貨}{平均每日銷貨成本}$	將存貨售給顧客平均所需的天數。
應付帳款付款期	$\dfrac{應付帳款}{平均每日銷貨成本}$	公司付款給供應商平均所需的天數。
淨貿易週期	平均收款期＋存貨持有天數－應付帳款付款期	正常的營運週期天數或公司現金轉換週期。
應收帳款週轉率	$\dfrac{淨銷售額}{應收帳款}$	一年中應收帳款以現金形式收回的平均次數。
存貨週轉率	$\dfrac{銷貨成本}{存貨}$	衡量公司管理與銷售庫存的效率。
應付帳款週轉率	$\dfrac{銷貨成本}{應付帳款}$	衡量公司付款給供應商的效率。

比率名稱	計算方式	說明
固定資產週轉率	$\dfrac{淨銷售額}{土地、工廠和設備淨值}$	衡量公司管理固定資產的效率。
總資產週轉率	$\dfrac{淨銷售額}{總資產}$	衡量公司管理所有資產的效率。
負債比率	$\dfrac{總負債}{總資產}$	顯示所有資產融資的比率。
長期債務與總資本比率	$\dfrac{長期債務}{長期債務＋股東權益}$	衡量長期債務用於永久融資的程度。
負債與股東權益比率	$\dfrac{總負債}{股東權益}$	衡量債務相對於權益的比例。
財務槓桿比率	$\dfrac{股東權益報酬}{調整後資產報酬}$	顯示公司是否成功地使用債務。
利息保障倍數	$\dfrac{營業利潤}{利息費用}$	衡量公司營業利潤對利息費用的倍數。
現金利息保障倍數	$\dfrac{經營活動現金流量＋已付利息＋已付稅款}{已付利息}$	衡量公司在支付利息與稅款前經營活動現金流量對利息支出的倍數。
固定費用保障比	$\dfrac{營業利潤＋租賃支出}{利息費用＋租賃支出}$	固定費用負擔率比獲取利息倍數衡量償債能力的範圍更廣,因為它包括與租賃有關的固定費用。
現金流量充足率	$\dfrac{經營活動現金流量}{資本支出＋債務償還額＋已付股利}$	評估公司的經營活動現金流量滿足債務、資本支出和股利支付等項目的程度。
毛利率	$\dfrac{毛利}{淨銷售額}$	衡量考慮銷貨成本後的獲利能力。

比率名稱	計算方式	說明
營業利潤率	$\dfrac{營業利潤}{淨銷售額}$	衡量考慮營業費用後的獲利能力。
淨利率	$\dfrac{淨收益}{淨銷售額}$	衡量考慮所有收入和費用後的獲利能力。
現金流量獲利率	$\dfrac{經營活動現金流量}{淨銷售額}$	將銷售收入轉化為現金的能力。
總資產報酬率（ROA）	$\dfrac{淨收益}{總資產}$	衡量公司管理總資產及產生收益的總體效率。
股東權益報酬率（ROE）	$\dfrac{淨收益}{股東權益}$	衡量普通股股東的收益。
資產的現金報酬率	$\dfrac{經營活動現金流量}{總資產}$	評價公司資產產生現金的能力。
普通股每股盈餘	$\dfrac{淨收益}{流通在外平均股數}$	顯示普通股股東持有每一股股票的報酬。
本益比	$\dfrac{普通股市場價格}{每股盈餘}$	表示股市對公司盈餘的倍數。
股利支付率	$\dfrac{每股股利}{每股盈餘}$	顯示盈餘支付給股東的比率。
股利報酬率	$\dfrac{每股股利}{普通股市場價格}$	顯示股東所獲取股利相對於現金股利和普通股目前市場價格的比率。

第1章

1. (d)	8. (d)	15. (c)	(6) a
2. (d)	9. (c)	16. (d)	(7) d
3. (d)	10. (d)	17. (1) c	(8) b
4. (b)	11. (c)	(2) b	(9) d
5. (a)	12. (b)	(3) a	(10) a or b
6. (d)	13. (c)	(4) c	
7. (b)	14. (d)	(5) b	

第2章

1. (b)	16. (a)	(i) NC	(n) 6
2. (a)	17. (c)	(j) NC	(o) 8
3. (b)	18. (b)	24. (a) 4	25. (a) 7
4. (c)	19. (b)	(b) 5	(b) 1
5. (b)	20. (d)	(c) 8	(c) 5
6. (a)	21. (d)	(d) 7	(d) 9
7. (d)	22. (c)	(e) 1	(e) 4
8. (c)	23. (a) NC	(f) 2	(f) 6
9. (b)	(b) C	(g) 2	(g) 10
10. (c)	(c) C	(h) 5	(h) 2
11. (d)	(d) C or NC	(i) 8	(i) 3
12. (a)	(e) NC	(j) 5	(j) 8
13. (c)	(f) C	(k) 3	
14. (b)	(g) C	(l) 2	
15. (d)	(h) C	(m) 1	

第 3 章

1. (c)	12. (a)	(e) 5	(2) d
2. (d)	13. (a)	(f) 14	(3) a
3. (a)	14. (c)	(g) 1	(4) c
4. (c)	15. (d)	(h) 6	(5) d
5. (d)	16. (c)	(i) 11	(6) a
6. (a)	17. (b)	(j) 2	(7) e
7. (c)	18. (d)	(k) 10	(8) c
8. (d)	19. (a) 4	(l) 12	(9) c
9. (d)	(b) 9	(m) 3	(10) b
10. (b)	(c) 13	(n) 7	(11) d
11. (b)	(d) 8	20. (1) c	(12) c

第 4 章

1. (d)	8. (c)	15. (d)	22. (b)
2. (a)	9. (c)	16. (c)	23. (a)
3. (b)	10. (b)	17. (d)	24. (b)
4. (a)	11. (b)	18. (d)	25. (a)
5. (c)	12. (c)	19. (b)	26. (d)
6. (d)	13. (a)	20. (d)	
7. (b)	14. (d)	21. (c)	

第 5 章

1. (c)	10. (c)	19. (a)	28. (c)
2. (a)	11. (a)	20. (b)	29. (a)
3. (d)	12. (c)	21. (c)	30. (c)
4. (c)	13. (d)	22. (a)	31. (b)
5. (d)	14. (b)	23. (c)	32. (d)
6. (d)	15. (a)	24. (b)	33. (a)
7. (a)	16. (d)	25. (d)	34. (c)
8. (b)	17. (c)	26. (b)	35. (a)
9. (d)	18. (d)	27. (a)	

註釋

第1章

1. 更多與這項爭議相關的資訊,請參見: Stephen Barr, "FASB Under Siege," *CFO,* September 1994。

2. "SEC Calls for More Efficient FASB but Rejects Stronger Outside Influence," *Journal of Accountancy,* May 1996.

3. Floyd Norris, "Big Five Accounting Firm To Pay Fine in Fraud Case," *The New York Times,* June 20, 2001.

4. Jonathan Weil, "What Enron's Financial Reports Did — and Didn't — Reveal," *The Wall Street Journal,* November 5, 2001.

5. Amy Borrus, Mike McNamee, and Susan Zegel, "Corporate Probes: A Scorecard," *Business Week,* June 10, 2002.

6. James Bandler and Mark Maremont, "Harsh Spotlight: Accountant's Work With Xerox Sets New Test for SEC — KPMG Depicts Gutsy Audit; Agency Sees Shoddiness, Chance to Send a Message — Sour Note in 'Project Mozart,'" *The Wall Street Journal,* May 6, 2002.

7. Mark S. Beasley, Joseph V. Carcello, and Dana R. Hermanson, "COSO's New Fraud Study: CPAs 表示什麼" *Journal of Accountancy,* May 1999.

8. "Arthur Levitt Addresses 'Illusions,' " *Journal of Accountancy,* December 1998;關於作者 Levitt 的完整演說,請參見網站 www.sec.gov/news/speeches/spch220.txt.

9. Moses L. Parva and Marc J. Epstein, "How Good Is MD&A as an Investment Tool?" *Journal of Accountancy,* March 1993.

10. Dawn Gibertson, "Executive Privilege," *The Arizona Republic,* May 12, 2002.

11. Ronald Alsop, "Perils of Corporate Philanthropy," *The Wall Street Journal,* January 16, 2002.

12. Jathon Sapsford, "The Consumer Is King," *The Wall Street Journal,* February 25, 2002.

13. "Call Heard for More Independent IASC," *Journal of Accountancy,* June 1999.

14. 例子中計算加速折舊使用了雙重餘額遞減法,它是用直線法折舊率的兩倍乘以資產的帳面淨值(成本減累計折舊)。
    第 2 年的折舊為:
    直線法　50,000 美元／5 = 10,000 美元
    加速法　30,000 美元 × 0.4 = 12,000 美元

15. 期貨合約是指在未來規定的日期以規定的價格買入或出售一項商品或一份金融求索權的合約。期權合約是指在規定的期限內以規定價格買入或出售確定數量的股票的合約。

16. "Accounting for Derivative Instruments and Hedging Activities," FASB Statement of Financial Accounting Standards No.133, 1998.

17. "Reporting Comprehensive Income," FASB Statement of Financial Accounting Standards No.130, 1997.

18. 對於邊際稅率為 34% 的公司來說,差額將為 3,400 美元。加速法下的折舊費用減去直線法下的折舊費用,然後乘以邊際稅率:(20,000 美元 − 10,000 美元)× 0.34 = 3,400 美元。

19. James Bandler and Mark Maremont, "How Ex-Accountant Added Up to Trouble For Humbled Xerox," *The Wall Street Journal,* June 28, 2001.

20. Ralph T. King, Jr., "McKesson Restates Income Again as Probe of Accounting Widens," *The Wall Street Journal,* July 15, 1999.

21. Lawrence Dietz, *Soda Pop.* New York: Simon and Schuster, 1973.

22. Betsy McKay, 〝Pepsico Inc. Gains in Soda Market As Coca-Cola's Share and Sales Slip," *The Wall Street Journal,* March 1, 2002.

23. Betsy McKay, 〝Coke Net Rises 21%, as Spending Is Put Off," *The Wall Street Journal,* July 19, 2001.

24. Steve Hamm, Faith Keenan, and Andy Reinhardt, 〝Making the Tech Slump Pay Off," *Business Week,* June 24,2002.

25. Mark Maremont and William M. Bulkeley, 〝IBM Is Resolute On Accounting Despite Concern Raised by SEC," *The Wall Street Journal,* February 28, 2002.

26. R. Smith and S. Lipin, 〝Are Companies Using Restructuring Costs to Fudge the Figures?" *The Wall Street Journal,* January 30, 1996.

第 2 章

1. 下列專有名詞對讀者可能有所幫助：債務證券是指有借貸關係的證券，包括美國國庫債券、市政債券、公司債、可轉換債券和商業本票。權益證券代表對一個實體的所有權，包括普通股和優先股。公平價值是指交易雙方對一種金融工具在當前的交易中願意支付的金額；如果有市場報價，公平價值就是交易單元數乘以市場價格。當債券（債務證券）的票面利率不同於市場利率，債券就會以溢價或折價出售，因此會出現攤銷成本；溢價或折價必須於債券持有期間內「攤銷」，債券在到期時的成本才會等於面值。

2. 《會計趨勢與技巧》，American Institute of Certified Public Accountants, 1971, 1998.

3. 在通貨膨脹時期使用後進先出法會導致更高盈餘的另一個例外是後進先出基本層清算。當公司在一個會計期間內售出的物品多於買入或製造的物品時，就會發生這種情況。此時，成本最低的物品被計入銷貨成本。為了避免後進先出清算問題，一些公司使用金額後進先出法，即將產品分類並評估其成本金額的改變──採用價格指標──而非以實物為單位。

4. 「攤銷」這個名詞是用來指對除了建築物、機器和設備之外的資產成本分配過程，例如租賃改良和無形資產。

5. 對債務證券投資和權益證券投資的報告要求必須遵守 FASB 第 115 號公告的規定。第 3 章有針對非合併編製報表子公司更深入的討論。正如本章前面所提到的，FASB 第 115 號公告不適用於對合併編製報表子公司的投資，也不適用於採用權益法記帳的權益證券投資。

6. Peter Elstrom, David Henry, David Welsh, and Stephanie Anderson,」Today, Nortel. Tomorrow …,」商業週刊，July 2, 2001, pp. 32-35.

7. 欲更深入瞭解 FASB 第 109 號公告及其應用和實施，請參見：W. J. Read and A.J. Bartsch,」Accounting for Derferred Taxes Under FASB109」; and G. J. Gregory, T. R. Petree, and R. J. Vitray,」FASB 109: Planning for Implementation and Beyond,」Journal of Accountancy, December 1992.

8. 與退休金負債相關的資訊揭露請參見附錄 A。

9. DuPont, 1992 Annual Report, p. 26.

10. 實收資本帳戶受庫藏股交易、優先股、股票登出、股票股利和認股權證的影響，也受到債務轉換成股票的影響。

11. 對庫藏股交易採取的兩種會計處理方法是成本法（從權益中減去所購買股票的成本）和面值法（從權益中減去股票的面值或設定價值）。大多數公司採用成本法。

12. 輝瑞製藥公司 2001 年報，第 54 頁

13. 對庫藏股交易採取的兩種會計處理方法是成本法（從權益中減去所購買股票的成本）和面值法（從權益中減去股票的面值或設定價值）。大多數公司採用成本法。

14. 輝瑞製藥公司 2001 年報，第 54 頁

第3章

1. 雖然有很多錨珠集，但只有200首是符合聲韻學要求的。讀者可以寄來明言佳句，在本書以後的版本中可能會採用。
2. Robert Morris Associates, *Annual Statement Studies,* Philadelphia, PA, 2001.
3. 在高級會計的教科書中對合併財務報表會計有全整的討論與說明。
4. 或市價，取決於FASB第115號公告中的規定；該規定不適用於以權益法記帳的投資。
5. 梅塔格公司2001年度年報，p.29。
6. 梅塔格公司2001年度年報，pp.38-39。
7. Steve Liesman, 〝Accountants, in a Reversal, Say Costs from the Attack Aren't "Extraordinary,' 〞 The Wall Street Journal, October 1, 2001.
8. 梅塔格公司2001年度年報，pp.11, 28。
9. 有個例外的情況是，美國公司把美元當作為國外單位的「功能」貨幣——例如，當國外業務屬於母公司業務的擴展。在這種情況下，外幣折算損益就被納入損益表中淨利的計算在內。
10. FASB財務會計原則第133號公告「對衍生性工具和避險活動的會計」，1998年。

第4章

1. 未涉及現金收支的融資和投資活動——例如以債務交換股票或財產的交換——在現金流量表中單獨列示。
2. 也可以使用其他一些格式表示現金流量表，只要這些格式能夠與現金的變化相符合，並且反映營業活動、融資活動和投資活動的現金流入和流出。
3. 若以會計專有名詞表示，流入是由於借方餘額帳户的減少或者貸方餘額帳户的增加而導致的；流出是由於借方餘額帳户的增加或者貸方餘額帳户的減少而導致的。
4. *Accounting Trends and Techniques,* American Institute of Certified Public Accountants, 2001.
5. J.A. Largay and C.P. Stickney, 〝Cash Flows, Ratio Analysis, and THE W. T. Grant Bankruptcy,〞 *Financial Analysis Journal,* July-August 1980.

第5章

1. 通常在公共與學術圖書館中可以找到的資源是Infotrak ——通用商業索引。此光碟資料庫提供了大約800家商業、貿易和管理雜誌的索引；包括公司基本資料、投資分析報告與大量的商業新聞。欲瞭解如何取得與使用該系統，以及其他搜尋系統與資料庫，請諮詢圖書館管理員或商業圖書管理員。
2. 網站的內容不斷地更新，因此本書出版後，有些網站的內容與網址可能會有改變。
3. 對於分母為資產負債表項目的比率，分析者有時在這些比率的分母中使用平均值。當公司的資產負債表項目每年的變動很大時，這種方法是可行的。本章的例子沒有在分母中使用平均值。
4. 關於該比率及其應用，可參考：L. Fraser,「Cash Flow from Operations and Liquidity Analysis, A New Financial Ratio for Commercial Lending Decisions,〞 *Cash Flow,* Robert Morris Associates, Philadelphia, PA. 對於其他的現金流量比率可以參考: C.Carslaw and J.Mills,「Developing Ratios for Effective Cash Flow Statement Analysis,〞 Journal of Accountancy, November 1991 ; D.E.Giacomino and D.E.Mielke,「Cash Flows: Another Approach to Ratio Analysis,〞 *Journal of Accountancy,* March 1993 ; John R.Mill andJeanne H.Yananura, 「 The Power of Cash Flow Ratios,〞 *Journal of Accountancy,* October 1998 。
5. 已付利息和已付稅款在現金流量表的補充資訊揭露中可以找到。

6. 營業報酬率（即營業利潤除以資產）必須超過債務成本（即利息費用除以負債）。

7. R.E.C.公司的背景資料部分來自於 Kimberly Ann Davis 未公開發表的報告《Oshman 體育用品公司的財務分析》。

8. 不景氣是為了寫這本書所做的假設，不代表作者的預測。

9. 該比率中所使用的有效稅率在第 3 章中計算過。

10. 市場比率中使用稀釋後每股盈餘，提供了最壞情況下的資料，因而對分析者有幫助。

附錄 A

1. Harris Collingwood, "The Earnings Game: Everyone Plays, Nobody Wins," *Harvard Business Review,* June 2001.

2. "Revenue Recognition in Financial Statements," *Staff Accounting Bulletin No. 101,* Washington DC, Securities and Exchange Commission, December 3, 1999.

3. 在分析盈餘品質時，應收帳款的流動性也是非常重要的。詳見第 4 章和第 5 章。

4. Gregory L. White, "How Ford's Big Batch of Rare Metal Led to $1 Billion Write-off," *The Wall Street Journal,* February 6, 2002.

5. 關於這一問題的更多資料，參見：Lyn Fraser and Aileen Ormitston, *Understanding the Corporate Annual Report: Nuts, Bolts and a Few Loose Screw,* Upper Saddle River, NJ: Prentice-Hall 2003.

6. FASB 第 87 號公告的詳細解釋請參見：L. Revsine, "Understanding Financial Accounting Standards 87," *Financial Analysts Journal,* January-February 1989。

7. $5,000 \times 0.312 = 1560$；$5,000 \times 0.215 = 1,075$（0.312 和 0.215 分別是 20 年期、利率為 6% 和 8% 時的現值因子。）

8. 服務成本表示員工服務年限增加一年，應付退休金折現而帶來的盈餘的增加；利息成本表示隨著時間的流逝和利息費的增加，利息成本也會增加；計畫資產的報酬減少了退休金費用；其他組成部分包括淨攤銷費和遞延費用，與折現率和利率的選擇有關。在計算服務成本和利息成本時，必須使用同樣的比率，但在計算資產預期報酬率時可以使用不同的比率。

9. 有關假設利率的影響參見：Susan Pulliam, "Hopeful Assumptions Let Firms Minimize Pension Contributions," *The Wall Street Journal,* September 2, 1993.

10. Aaron Elstein, "Unusual Expenses' Raise Concerns," *The Wall Street Journal,* August 23. 2001.

11. Nanette Byrnes and David Henry, "Confused About Earnings?" *Business Week,* November 26, 2001.

附錄 B

1. 如果使用了更複雜的利潤衡量指標，公司則必須揭露所有的特殊項目、權益投資盈餘、所得稅費用、非常項目以及其他的重要非現金項目。

英文索引

中文索引

國家圖書館出版品預行編目資料

認識財務報表 / Lyn M. Fraser、Aileen Ormiston 著; 王力
宏、蕭莉蘭譯.-- 初版. -- 臺北市 : 臺灣培生教育,
2005[民 94]
　　面; 公分
譯自:Understanding Financial Statements, 7e
　ISBN 986-154-043-1 (平裝)

1. 財務報表

495.4　　　　　　　　　　　　　93017305

認識財務報表

原　　　著	Lyn M. Fraser、Aileen Ormiston
譯　　　者	王力宏、蕭莉蘭
審　　　校	廖咸興
發 行 人	洪欽鎮
主　　　編	鄭佳美
編　　　輯	賴文惠
編 輯 協 力	蕭莉蘭
美 編 印 務	謝惠婷
電 腦 排 版	歐陽碧智
封 面 設 計	陳健美
發 行 所 出 版 者	台灣培生教育出版股份有限公司
	地址／台北市重慶南路一段 147 號 5 樓 電話／02-2370-8168　　傳真／02-2370-8169 網址／www.pearsoned.com.tw E-mail／reader@pearsoned.com.tw
台灣總經銷	全華科技圖書股份有限公司
	地址／台北市龍江路 76 巷 20 號 2 樓 電話／02-2507-1300　傳真／02-2506-2993　郵撥／0100836-1 網址／www.opentech.com.tw E-mail／book@ms1.chwa.com.tw
全 華 書 號	18014
香港總經銷	培生教育出版亞洲股份有限公司
	地址／香港鰂魚涌英皇道 979 號（太古坊康和大廈 2 樓） 電話／852-3181-0000　傳真／852-2564-0955
版　　　次	2005 年 3 月初版一刷
I S B N	986-154-043-1